中等职业教育规划教材

机电一体化设备安装与调试

简伟炳 主编
赵旦旦 副主编

人民邮电出版社
北京

图书在版编目（CIP）数据

机电一体化设备安装与调试 / 简伟炳主编. -- 北京：人民邮电出版社，2015.9
中等职业教育规划教材
ISBN 978-7-115-36434-0

Ⅰ. ①机… Ⅱ. ①简… Ⅲ. ①机电一体化－设备安装－中等专业学校－教材②机电一体化－设备－调试方法－中等专业学校－教材 Ⅳ. ①TH-39

中国版本图书馆CIP数据核字(2014)第210630号

内 容 提 要

本书按照“岗位引领、任务驱动”的现代职业教育教学理念，以 SX-815N 型自动仿真生产线设备为项目载体，融合了可编程控制器（PLC）技术、变频器技术、触摸屏技术、通讯技术、传感器技术、电工电子技术、气动控制技术及机械传动技术，选择 8 个“典型工作任务”，设计成由浅入深、循序渐进的学习项目，分别是：仿真模拟生产线的认识，生产线传送带变频驱动的调试，生产线传送带工件自动分拣功能的调试，生产线传送带工件姿态调整功能的调试，生产线传送带工件颜色识别功能的调试，生产线移动机械手工件分装入仓功能的调试，生产线传送带系统与移动机械手系统联合调试，生产线传送带系统与移动机械手系统综合调试。通过以上项目的学习，学员可以较好的了解机电一体化综合应用技术，提高机电一体化设备编程调试、维修维护的能力。

本书可作为中等职业学校机电技术类、电气技术类和电子技术应用类专业的专业课教材，可作为考取《可编程序控制系统设计师中级（四级）》国家职业资格证书的技能训练教材，或作为机电设备安装与调试工程技术人员的参考资料。

◆ 主　　编　简伟炳
副 主 编　赵旦旦
责任编辑　吴宏伟
责任印制　张佳莹　杨林杰

◆ 人民邮电出版社出版发行　　北京市丰台区成寿寺路 11 号
邮编　100164　　电子邮件　315@ptpress.com.cn
网址　http://www.ptpress.com.cn
三河市海波印务有限公司印刷

◆ 开本：787×1092　1/16
印张：12　　2015 年 9 月第 1 版
字数：279 千字　　2015 年 9 月河北第 1 次印刷

定价：28.00 元

读者服务热线：(010) 81055256　印装质量热线：(010) 81055316
反盗版热线：(010) 81055315

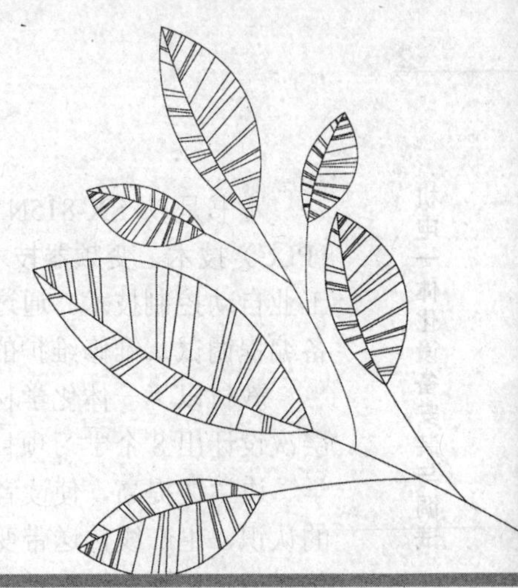

前言

Preface

2012年6月，国家教育部、人力资源社会保障部、财政部批复我校为国家中等职业教育改革发展示范学校建设计划第二批项目学校。立项以来，学校以“促进内涵提升，关注师生发展”作为指导思想，以点带面稳步推进，构建了“分类定制、校企融通”人才培养模式和模块化项目式课程体系，打造了一支结构合理、教艺精湛的高素质师资队伍，建立起“立体多元”的校企合作运行机制。

在教材建设方面，学校提倡以培养学生综合职业能力为目标，要求教材编写过程中与行业企业深度合作，将典型工作任务转化为学习任务，实现教材内容与岗位能力、职业技能的对接；要求教材编排以工作任务为主线，以模块+项目+任务（或活动）为主要形式，实现教材的项目化、活动化、情景化；要求教材表现形式尽可能多元化，综合图片、文字、图表等元素，配套动画、音视频、课件、教学设计等资源，增强教材的可读性、趣味性和实用性。

通过努力，近年我校教师编写了一大批校本教材。这些教材，体现了老师们对职业教育的热爱和追求，凝结了对专业教学的探索和心得，呈现了一种上进和奉献的风貌。经过我校国家中等职业教育改革发展示范学校建设成果编审委员会的审核，现将其中的一部分教材推荐给出版社公开出版。

电子技术应用专业是我校国家中职示范校重点建设专业之一。根据电子技术应用专业的人才培养方案，我校开发了《机电一体化设备安装与调试》课程，并将其确定为电子技术应用专业职业技能核心课程。该课程以可编程控制器（PLC）技术为核心，将变频器技术、触摸屏技术、通信技术、传感器技术、自动化技术、计算机技术、电工电子技术、气动控制技术、机械传动技术等新型工业自动控制技术融为一体，含有很多技术实践的成分，是一门实用性较强的重要的专业课程。

为提高教材开发建设的针对性、准确性和适应性，在教材开发建设中，遵循了先进的职业教育理念，并深入企业对中职电子技术应用专业毕业生从事与“机电一体化技术应用”相关的职业岗位和职业能力进行调研。调研了企业生产流程及岗位技术要求，听取了企业专家意见，与企业专家共同提取“典型的工作任务”作为学习任务，共同开发了教材的部分内容。

为充分体现本专业“突出应用、强化基础、着眼发展”的特点，确定本课程以“工作过程系统化”为导向，以8个“典型工作任务”为主线，优化整合为“工学结合”模块化项目课程，实施项目教学，充分体现专业与职业岗位对接，教材与岗位技术标准对接，教学过程与生产过程对接。

本书是以 SX-815N 型自动仿真生产线设备为项目载体，该设备综合了可编程控制器（PLC）技术、变频器技术、触摸屏技术为核心，融合通信、传感、气动、机械控制等新型工业自动控制技术。通过学习将使学生掌握机电一体化综合应用技术，提高机电一体化设备编程调试、维修维护的能力。

教材以“一体化学材”的形式呈现。针对实训设备的功能，由浅入深、循序渐进、分层次设计出 8 个学习项目，为读者建立一条学习机电一体化技术的学习阶梯，做到边做边学、边学边提高，使读者在实训与学习中一步一步地前进。学习项目有：仿真模拟生产线的认识，生产线传送带变频驱动的调试，生产线传送带工件自动分拣功能的调试，生产线传送带工件姿态调整功能的调试，生产线传送带工件颜色识别功能的调试，生产线移动机械手工件分装入仓功能的调试，生产线传送带系统与移动机械手系统联合调试，生产线传送带系统与移动机械手系统综合调试。每一个项目都有明确的“工作任务、任务描述和任务要求”以及要达到的“能力目标”；每个实训任务都有“任务准备”环节，为完成任务提供了相关理论知识、完成任务思路，使学生在了解任务所涉及的理论基础知识后紧跟着进行实际操作，在做中学，学中做，力求做到理论与实践相结合；在“制定计划、任务实施”环节提供了工作方法和参考步骤，引导读者分析与思考，并以工作页的方式指导任务实施过程；任务实施完毕后，配有思考与分析题、技能拓展题。最后的“任务检查、总结与评价”环节，引入过程考核评价体系，即在教学任务实施完毕后加入“学生自我评价”、“同学间互评”、“老师综合评价”等环节，设置有“功能评分表”、“各方评价、建议记录表”、“自我评估与总结”、“综合职业能力评价表”；体现了本课程的学习目标是通过完成工作任务，使学生掌握完整的工作过程，取得工作成果，培养学生的综合职业能力。

通过本书的学习，将会为初学者打下扎实的机电一体化设备安装与调试的综合应用技术知识基础，完成本书的训练后，将会使读者更自信地进入更高层次的学习。

本书由广州市番禺区职业技术学校简伟炳老师任主编，并完成全书统稿；赵旦旦老师任副主编；具体分工如下：赵旦旦老师编写学习任务一～学习任务二，简伟炳老师编写学习任务三～学习任务八。本书在编写过程中参阅了大量的技术资料，同时广东省三向教学仪器设备有限公司唐德安工程师及广州市诺登电子有限公司的邓俊杰工程师对部分实训项目提出了宝贵建议，提供了大量的技术支持；本专业部的同事提供了无私的指导和帮助。在此一并表示衷心的感谢。由于水平有限，错漏和不足之处在所难免，敬请各位读者不吝指教。

编　者

2014 年 6 月

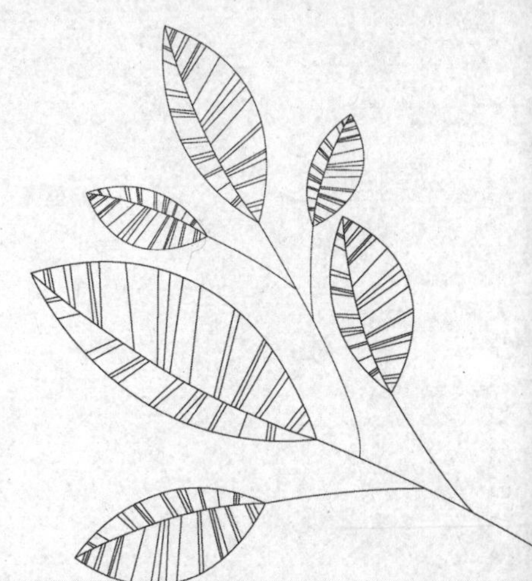

目录

Contents

学习任务一　仿真模拟生产线的认识 …… 1

学习任务二　生产线传送带变频驱动的调试 …… 39

学习任务三　生产线传送带工件自动分拣功能的调试 …… 61

学习任务四　生产线传送带工件姿态调整功能的调试 …… 89

学习任务五　生产线传送带工件颜色识别功能的调试 …… 107

学习任务六　生产线移动机械手工件分装入仓功能的调试 …… 129

学习任务七　生产线传送带系统与移动机械手系统联合调试 …… 147

学习任务八　生产线传送带系统与移动机械手系统综合调试 …… 169

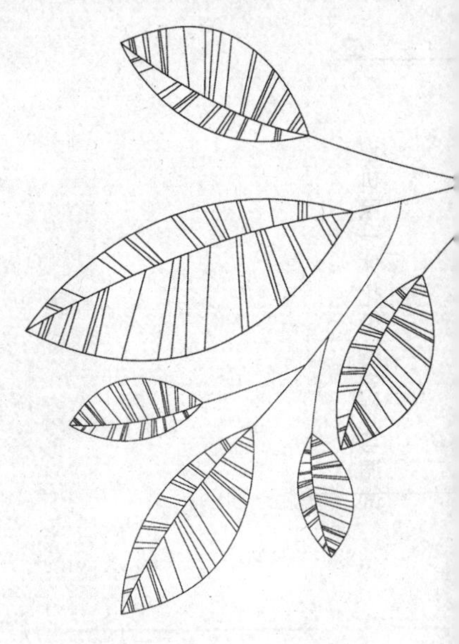

学习任务一

仿真模拟生产线的认识

Chapter 1

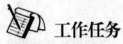

工作任务

对具有工件自动颜色识别、姿态调整、分拣及分装入仓功能生产线的认识

任务描述

生产线的组成主要由间歇式送料装置、传送带、颜色识别装置（光纤传感器）、姿态监测装置（电容传感器）、物性检测装置（电感传感器）、水平推杆装置、工件翻转装置、吸盘式移动机械手（龙门机械手）装置等功能单元的机械结构本体，以及配套的电气控制系统、气动回路系统组成。生产线的结构简图如图 1-1 所示。

任务要求

1．通过对仿真模拟生产线系统的结构观察和操作运行来认识各功能单元模块的结构配置和功能，以及配套的电气控制系统的控制特点和主要工控配置、传感器检测系统的功能特点和原理、气动回路系统的功能组成和原理。

2．通过阅读 1 号和 2 号 PLC 的 I/O 接线图的内容，掌握 2 个 PLC 外部的电气控制特点及所连接外部元器件的信息。

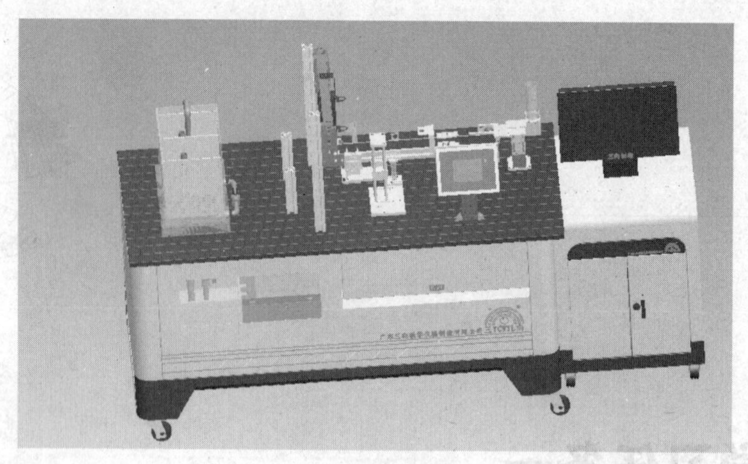

图 1-1

能力目标

1．职业素养目标

培养学生具有自觉遵守教学和企业规章制度、劳动纪律，使学生养成良好的职业道德和职业行为习惯，爱岗敬业、勤学好问、有较强责任意识，按时按质自觉地完成工作任务。

2．专业能力目标

（1）了解仿真模拟生产线系统的整体结构、功能及运行特征，学会操作运行设备；

（2）了解生产线各功能单元模块的结构、配置和功能，学会机械机构的调整方法；

（3）掌握传感器检测系统的功能、原理和特点以及位置和灵敏度调节方法；

（4）掌握气动回路系统的功能、原理和特点以及气动系统运行的调试方法；

（5）了解生产线工控系统配置，掌握 PLC 的 I/O 接线图的意义和 PLC 外部元器件电气控制的特点。

3．方法能力和社会能力目标

培养学生具有自学、阅读、表达、总结、信息收集处理与积累、独立分析、创新改造等方法能力；交流沟通、合作、评价、综合决策、处理和解决问题等社会能力。

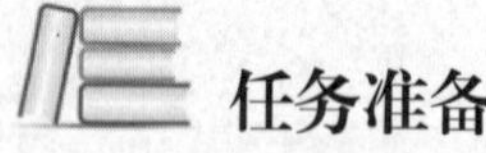

任务准备

一、系统结构介绍（见图 1–2）

1．上料机构

构成：该模块由储料仓、上料台、推料杆（双联气缸）、检测有无工件传感器（光纤传感器）、气缸位置检测用的磁性开关、电磁阀等组成（见图 1-3）。

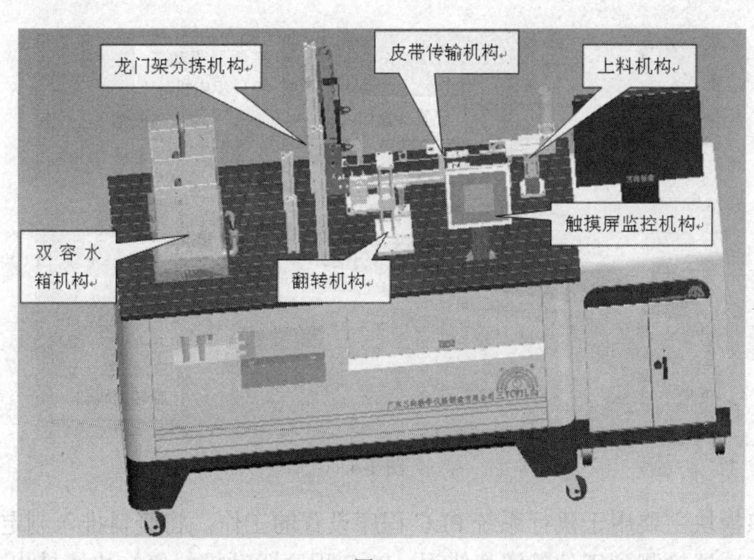

图 1-2

功能：上料筒用于堆放圆形工件，送料筒内装有光纤传感器，当光纤传感器检测到有工件时，光纤传感器将信号传输给 PLC，双轴快速复位气缸模块根据 PLC 的指令，自动将圆形工件推送到变频器输送带上。注：圆形工件的姿势位置是根据控制要求改变的。

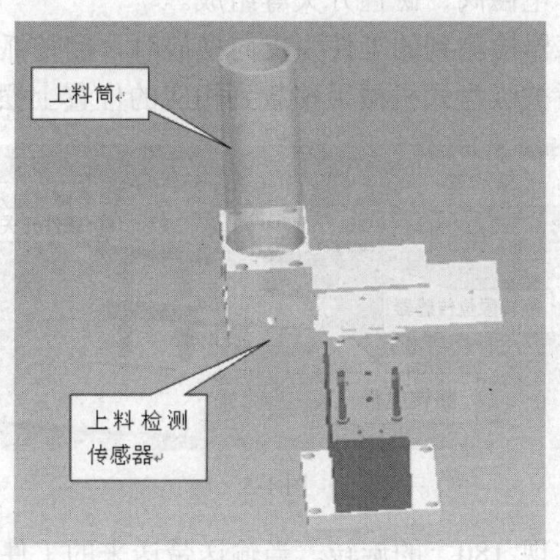

图 1-3

2．变频器调速输送带

构成：输送带单元主要由直线皮带、传动带驱动机构（AC220V 三相交流变频电动机）、变频器模块、编码器、颜色辨别传感器、材质辨别传感器、姿势辨别传感器、皮带末端传感器等组成（见图 1-4）。

功能：当输送带进行送料工作时，把工件放到输送带上，变频器通过 PLC 的程序控制，电动机运转驱动传送带工作，把工件移到检测区域进行各种检测。最后将工件移动到尾端的吸盘进行分拣。

3．推料模块

构成：推料模块由推杆平台、废料推杆、废料筒、电磁阀等组成。

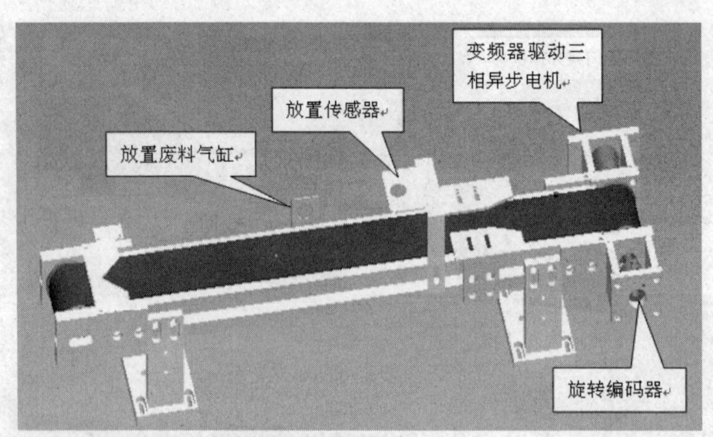

图 1-4

功能：该模块主要用于执行系统 PLC 程序设置的工作，将废料推入制定的回收箱内。当姿势辨别传感器检测到工件的姿势错误，PLC 程序驱动推料气缸快速推出，将当前工件推到回收箱内。

4．翻转机械手

构成：翻转手指气缸、翻转机械手升降气缸、翻转直流减速电动机、翻转左限位传感器、翻转右限位传感器、电磁阀、磁性开关等组成。

功能：姿势辨别传感器检测到的工件为反向摆放时，翻转抓手下降，将工件夹起翻转纠正。纠正后的工件最后被吸盘式机械手移载到相应的位置上摆放（见图 1-5）。

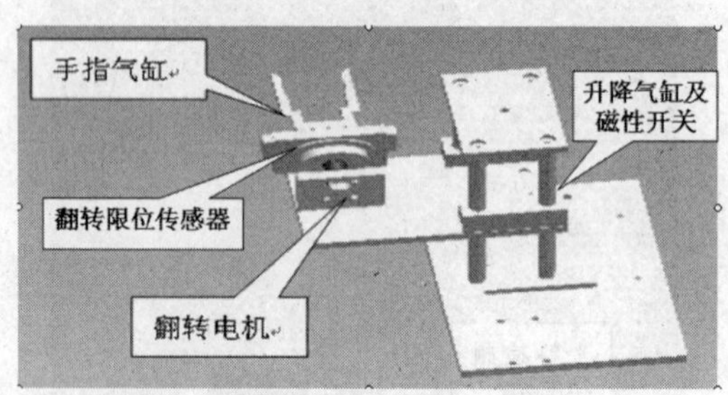

图 1-5

本翻转式机械手可实现 180° 的旋转。当输送带送来的工件不符合工艺，需要进行姿势纠正时，机械手下降，机械手夹指动作，将工件夹起，然后通过旋转电动机把工件旋转 180°，待工件姿势纠正后，工件由输送带送到下一工件站。

5．吸盘式移动机械手

构成：该模块由龙门架、机械手移动机构（*X* 轴、*Y* 轴单轴气缸）、步进电动机及驱动器、左移限位开关、右移限位开关、原点传感器、磁性开关、电磁阀、真空发生器、吸盘升降气缸等组成，如图 1-6 所示。

功能：当输送带将工件传送到输送带末端时，皮带末端传感器检测到工件到位，并将信号反馈给 PLC。吸盘移动机械手在 PLC 程序的驱动下，*Y* 轴气缸下降，真空吸盘将工件吸住，最后移动至指定位置放置。注：本模块执行动作的处理方式由 PLC 程序来设定（用户可根据控制要求进行更改）。

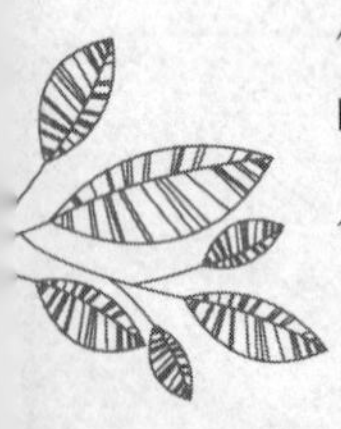

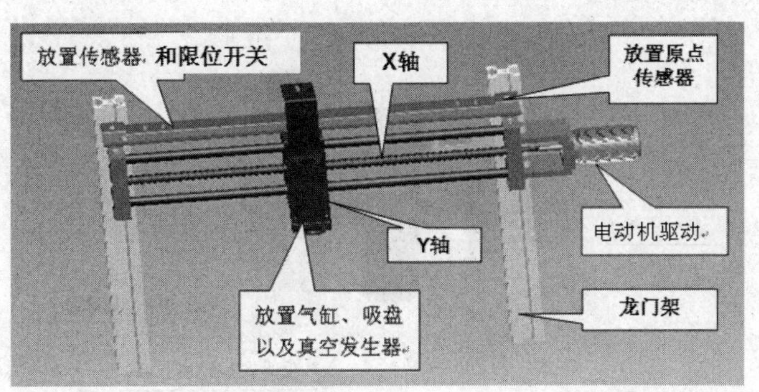

图 1-6

二、气动系统介绍

（一）气源装置

气源装置包括压缩空气的发生装置以及压缩空气的存贮、净化等辅助装置。它为气动系统提供合乎质量要求的压缩空气，是气动系统的一个重要组成部分。气动系统对压缩空气的主要要求有：具有一定压力和流量，并具有一定的净化程度。

气源装置一般由气压发生装置、净化及贮存压缩空气的装置和设备、传输压缩空气的管道系统和气动三大件四部分组成。

1. 空气压缩机

空气压缩机简称空压机（见图 1-7），是气源装置的核心，用以将原动机输出的机械能转化为气体的压力能。活塞式压缩机是通过曲柄连杆机构使活塞往复运动而实现吸、压气，并达到提高气体压力的目的。

图 1-7

2. 气动三联件

空气过滤器、减压阀和油雾器一起称为气动三大件。它们用以进入气动仪表之气源净化过滤和减压至仪表供给额定的气源压力；三大件依次无管化连接而成的组件称为三联件，是多数气动设备必不可少的气源装置。大多数情况下，三大件组合使用，其安装次序依进气方向为空气过滤器、减压阀和油雾器。三大件应安装在用气设备的近处。

三联件器件组成如图 1-8 所示。

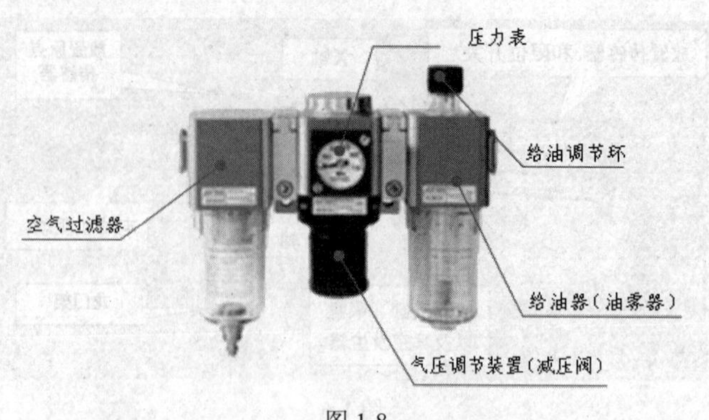

图 1-8

气源处理三联件使用说明：

（1）过滤器排水有压差排水与手动排水两种方式。手动排水时当水位达到滤芯下方水平之前必须排出。

（2）调节压力时，在转动旋钮前请先拉起再旋转，压下旋转钮为定位。旋转钮向右旋转为调高出口压力，向左旋转为调低出口压力。调节压力时应逐步均匀地调至所需压力值，不应一步调节到位。

（3）给油器的使用方法：给油器使用 JIS K2213 输机油（ISO Vg32 或同级用油）。加油量请不要超过杯子八分满。数字 0 为油量最小，9 为油量最大。给油调节环自 9～0 位置不能旋转，须顺时针旋转。

气源处理三联件注意事项：

（1）部分零件使用 PC（聚碳酸酯）材质，禁止接近或在有机溶剂环境中使用。PC 杯清洗请用中性清洗剂。

（2）使用压力请勿超过其使用范围。

（3）当出口风量明显减少时，应及时更换滤芯。

三联件器件结构原理：

（1）空气过滤器

空气过滤器又名分水滤气器、空气滤清器，如图 1-9 所示。它的作用是滤除压缩空气中的水分、油滴及杂质，以达到气动系统所要求的净化程度。它属于二次过滤器，大多与减压阀、油雾器一起构成气动三联件，安装在气动系统的入口处。

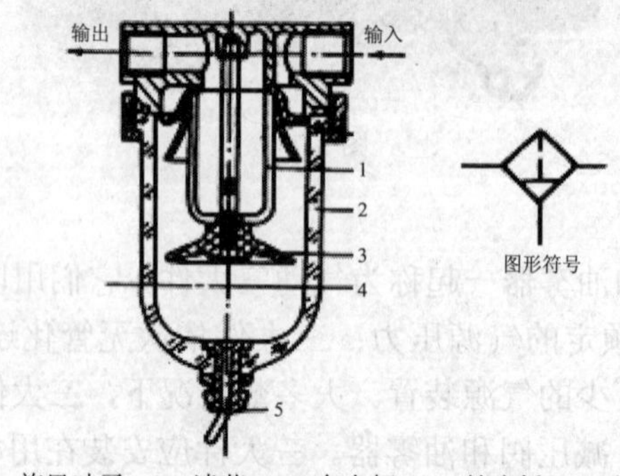

1—旋风叶子　2—滤芯　3—存水杯　4—挡水板　5—排水芯

图 1-9

（2）油雾器

油雾器是一种特殊的注油装置，如图 1-10 所示。它以压缩空气为动力，将润滑油喷射成雾状并混合于压缩空气中，使压缩空气具有润滑气动元件的能力。

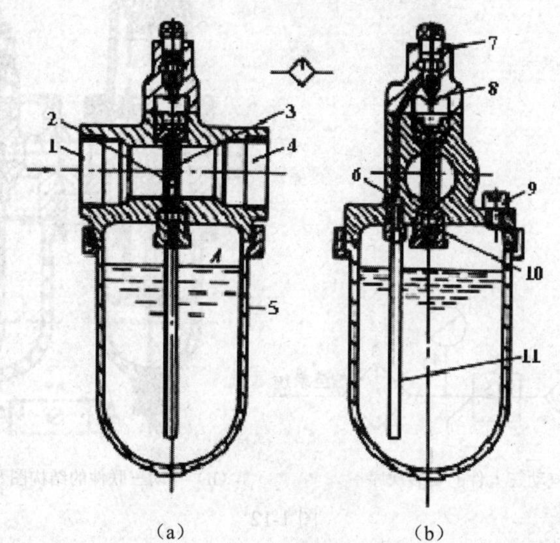

（a）　　（b）

（a）1—进气口　2—溢流口　3—出气口

（b）1—输入口　2—小孔　3—喷嘴小孔　4—输出口　5—储油杯　6—单向阀　7—可调节流阀　8—视油器　9—油塞　10—单向阀　11—吸油管

图 1-10

（3）减压阀

气动三大件中所用的减压阀，起减压和稳压作用，工作原理与液压系统减压阀相同。

气动三大件的安装次序：

气动系统中气动三大件的安装次序如图 1-11 所示。目前新结构的三大件插装在同一支架上，形成无管化连接，如图 1-12 所示。其结构紧凑、装拆及更换元件方便，应用普遍。

图 1-11

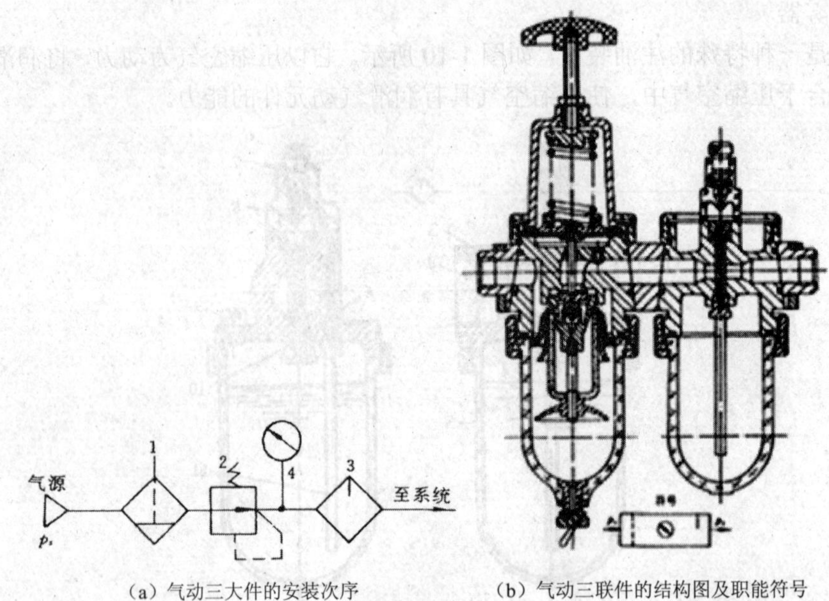

（a）气动三大件的安装次序　　（b）气动三联件的结构图及职能符号

图 1-12

（二）气动执行元件

在气动系统中，将压缩空气的能量转变为机械能，实现直线、转动或摆动运动的传动装置称为气动执行元件。气动执行元件有产生直线往复运动的气缸，在一定角度范围内摆动的摆动马达以及产生连续转动的气动马达三大类。

膜片气缸是一种用压缩空气推动非金属膜片作往复运动的气缸，可以是单作用式，也可以是双作用式。其适用于气动夹具、自动调节阀及短行程工作场合。

1．单作用气缸

单作用气缸如图 1-13 所示。

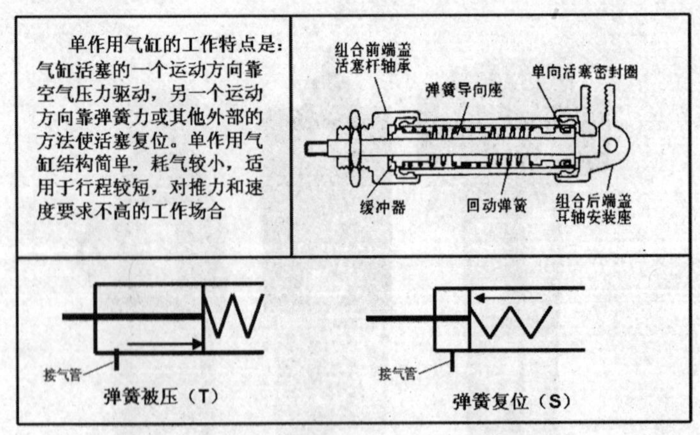

图 1-13

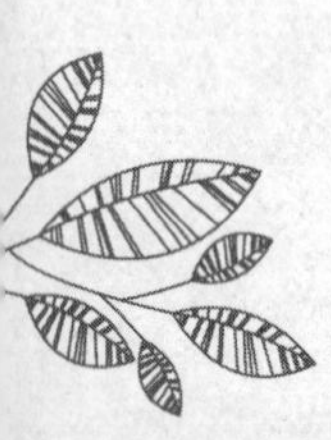

2．双作用气缸

双作用气缸活塞（见图 1-14）的往返运动是依靠压缩空气从缸内被活塞分隔开的两个

腔（有杆腔、无杆腔）交替进入和排出来实现的，压缩空气可以在两个方向上做功，由气缸活塞的往返运动全部靠压缩空气来完成，所以称为双作用气缸。

由于没有复位弹簧双作用气缸可以实现更长的有效行程和稳定的输出力。但双作用气缸是利用压缩空气作用于活塞上实现伸缩运动的，由于回缩时压缩空气有效面积小，所以产生的力要小于伸出时产生的推力。

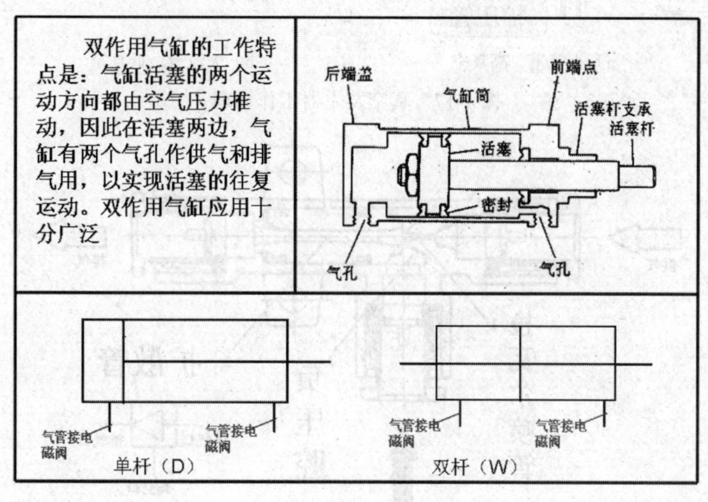

图 1-14

3．双端双活塞杆气缸

如图 1-15 所示的这种气缸活塞两端都有两个活塞杆。这种气缸中，通过两个连接板将两个并列的双端活塞杆连接起来，已获得良好的抗扭转性。它和双作用气缸一样，与相同缸径的标准气缸相比，这种气缸可以获得两倍的输出力。

4．真空发生器与真空吸盘

（1）真空发生器

真空发生器是利用压缩空气的流动而形成一定真空度的气动元件。

原理：压缩空气通过喷嘴时，形成一股空气喷射流，喷射流的边缘与周围空气间的摩擦形成涡流，而且周围的空气将混入喷射流中，被吸入扩压管，使其高于喷嘴端的空气消耗，在喷嘴与扩压管之间造成容积差异产生真空。

真空发生器根据喷射器原理产生真空，当压缩空气从进气口 1 流向排气口 3 时，在真空口 1V 上就会产生真空。吸盘与真空口 1V 连接。如果在进气口 1 无压缩空气，则抽空过程就会停止（见图 1-16 和图 1-17）。

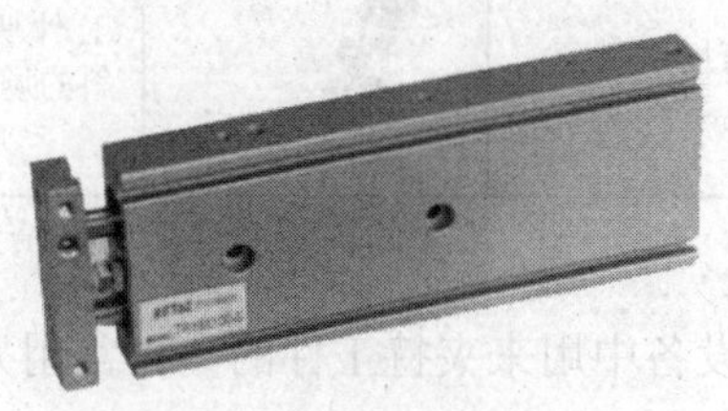

图 1-15　双端双活塞杆气缸

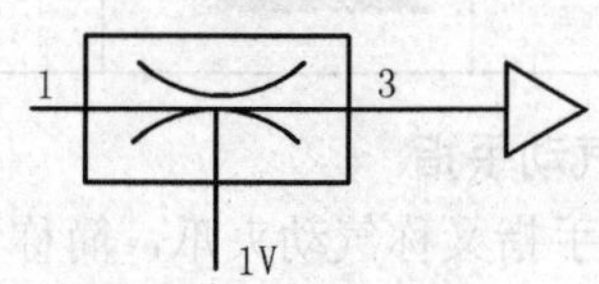

图 1-16　真空发生器

功能：利用真空吸力将工件吸起，按系统设定的指令，放到相应的位置释放，如图 1-18 所示。

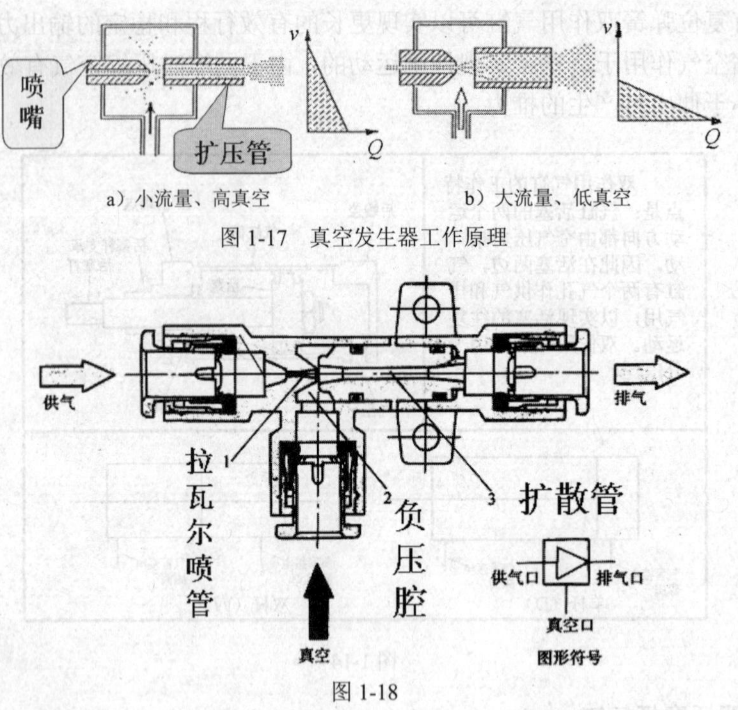

a）小流量、高真空　　b）大流量、低真空

图 1-17　真空发生器工作原理

图 1-18

（2）真空吸盘

真空吸盘是利用吸盘内形成的负压（真空）来吸附工件的一种气动元件，常用作机械手的抓取机构。适用于抓取薄片状的工件，如塑料片、硅钢片、纸张（盒）及易碎的玻璃器皿等，要求工件表面平整光滑、无孔和无油污。利用真空吸附工件，其最简单的装置是由真空发生器和真空吸盘构成一体的组件。典型的真空组件由真空发生器、真空吸盘、压力开关和控制阀构成。真空吸盘的形状与用途见表 1-1。

表 1–1　真空吸盘的形状与用途

类　型	形　状	适合吸吊物	类　型	形　状	适合吸吊物
平直型（U）		表面平整不变形的工件	风琴型（B）		没有安装缓冲的空间、工件吸着面倾斜的场合
深凹型（D）		呈曲面形状的工件	头可摇摆型		工件吸着面倾斜的场合

5．气动手指

气动手指又称气动夹爪，简称气爪，是气动设备中用来夹持工件的一种常用元件，它可以用来抓取物体，实现机械手各种动作，如图 1-19 所示。

在自动化系统中，气动手爪常应用在搬运、传送工件机械中抓取、拾放物体。气动手

爪这种执行元件是一种变形气缸，它一般是在气缸的活塞杆上连接一个传动机构来带动气爪的爪子作直线平移或绕某支点开闭以夹紧或放松工件。气动手指的开闭一般是通过活塞的往复运动带动曲柄连杆、滚轮或齿轮等与手指相连的机构，驱动手指沿气缸径向同步开、闭运动，也有通过摆动气缸驱动回转盘带动径向槽中的多个手指同步开、闭运动，所有的气动手指是同步同心开合的，单个手指不能单独运动。

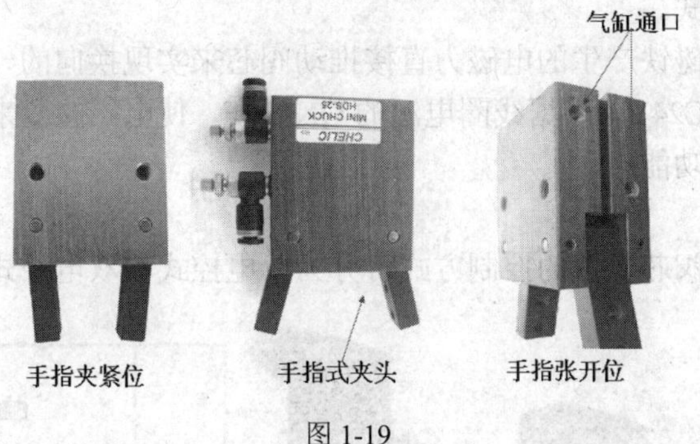

图 1-19

（三）气动控制阀

气动控制阀是指在气动系统中控制气流的流量、流动方向和压力，并保证气动执行元件或机构正常工作的各类气动元件。

1．单向节流阀

节流阀属于流量控制阀（控制和调节压缩空气流量的元件称为流量控制阀）。流量控制是在气动回路中利用某种装置造成一种局部阻力，并通过改变局部阻力的大小，来达到调节流量的目的。设置可调节的局部阻力装置，如节流阀，用于控制执行元件的运动速度。

单向节流阀是气压传动系统最常用的速度控制元件，也常称为速度控制阀。对于要求能在较宽范围里进行速度控制的场合，可采用单向阀开度可调节的速度控制阀。它是由单向阀和节流阀并联而成的，节流阀只在一个方向上起流量控制的作用，相反方向的气流可以通过单向阀流通。利用单向节流阀可以实现对执行元件每个方向上的运动速度的单独调节。

如图 1-20 所示，压缩空气从单向节流阀的左腔进入时，单项密封圈被压在阀体上，空气只能从由调节螺母和可调节流口通过，再由右腔输出。此时单向节流阀对压缩空气起到调节作用。（空气条件正常的情况下，如果气缸动作缓慢时，可以通过调整该节流阀，改变气缸的运动速度。调整方法：逆时针旋转调节螺母为打开出气孔，气缸运动增快，反之为减慢气缸运动速度）

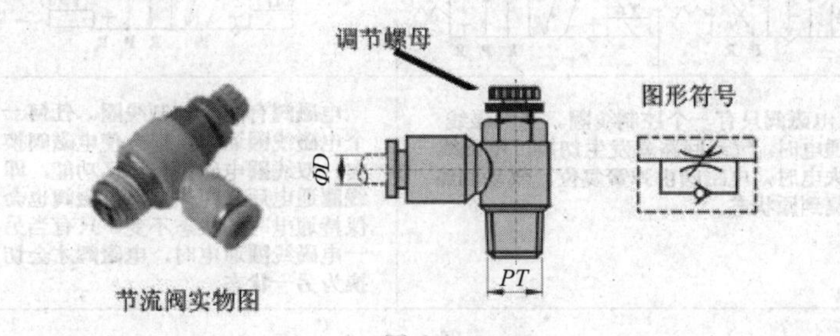

图 1-20

2．电磁换向阀

电磁换向阀属于方向控制阀（改变和控制气流流动方向的元件称为方向控制阀），如图 1-21 所示。

为了使阀换向，必须对阀芯施加一定大小的轴向力。使其迅速移动改变阀芯的位置。这种获得轴向力的方式叫做换向阀的操作方式，或控制方式。通常可分为气压、电磁、人力和机械四种操作方式。

电磁控制是用电磁铁产生的电磁力直接推动阀芯来实现换向的一种电磁控制阀。电磁阀控制启动电源为 DC24V，根据线圈电源的 ON/OFF，使电磁阀蕊来回动作，从而控制执行气缸的伸出及复位功能。

（1）分类

电磁换向阀根据阀芯复位的控制方式可分为单电控式和双电控式。

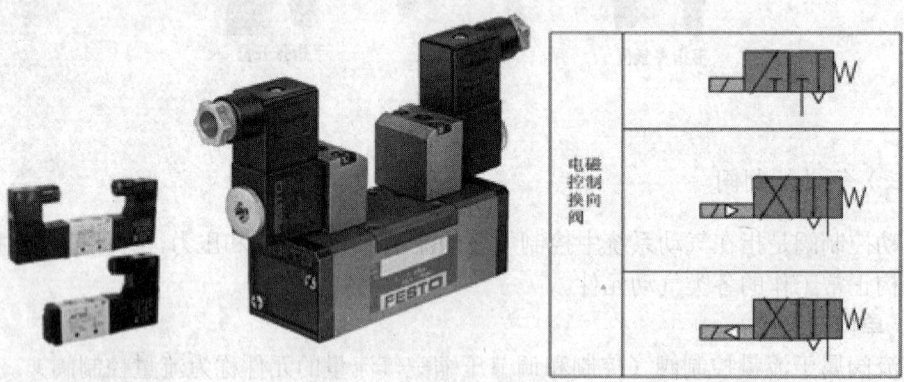

图 1-21

单电控换向阀在失电时，立即复位，气缸自动缩回。

双电控二位换向阀具有记忆功能，如果在气缸伸出的途中突然失电，气缸仍将保持原来的位置状态。如气缸用于夹紧机构，考虑到失电保护控制，则选用双电控阀为好。如：双电控二位五通阀，当 A 电磁线圈得电、B 电磁线圈失电时，双电控二位五通阀的动阀芯往右移，气缸向前伸出。当 B 电磁线圈得电、A 电磁线圈失电，双电控二位五通阀芯往左移，气缸复位。

单控与双控电磁阀的特性，见图 1-22。

单电控二位四通阀	单电控二位五通阀	双电控二位五通阀
YA　A B　P R	YA　A B　R P R	YA1　A B　YA0　R P R
电磁阀只有一个控制线圈。当电磁线圈通电时，气动回路就发生切换，电磁线圈失电时，电磁阀由弹簧复位，气动回路恢复到原状态		电磁阀有两个控制线圈。任何一个电磁线圈通电，都会使电磁阀换向；双线圈电磁阀有记忆功能，即线圈通电后立即失电，电磁阀也会保持通电时的状态不变。只有当另一电磁线圈通电时，电磁阀才会切换为另一状态

图 1-22

（2）方向控制阀的通口数和基本机能

电磁阀包括二位五通单电控阀、二位五通双电控阀及三位五通电控阀，均作为各自启动执行元件控制之用，如图 1-23、图 1-24 所示。电磁阀的特性，如表 1-2 所示。

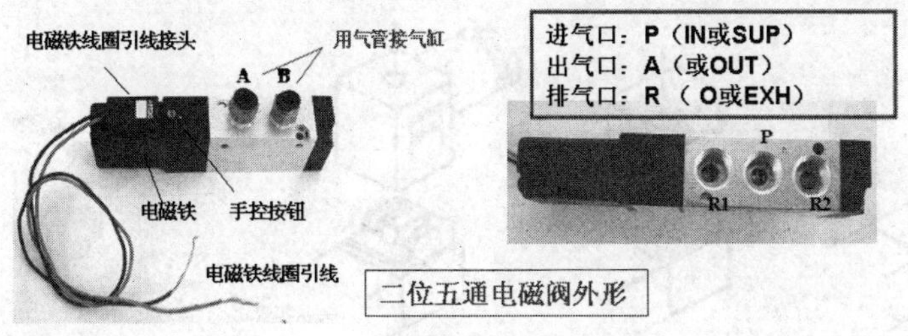

图 1-23

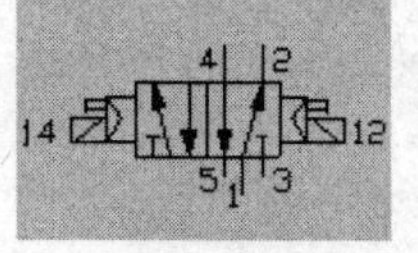

图 1-24

表 1–2 电磁阀的特性

机能	二位	三位		
		中间封闭	中间卸压	中间加压
二通				
三通				
四通				
五通				

（3）电磁阀的配管方式

电磁阀的气管连接方式有：法兰连接，法兰连接主要用于大通径的电磁阀，如公称通径在 32mm 以上的电磁阀；管式连接，管式连接多用于简单的气路系统中，或采用快速接头的系统中；板式连接，板式连接装卸方便，修理时不必拆卸管道；集装式（阀岛、汇流板）连接，如图 1-25 所示。

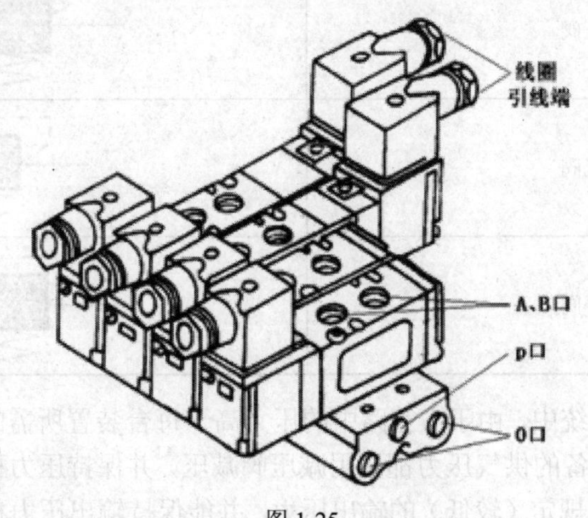

图 1-25

（4）电磁阀的接线方式

电磁阀的电气结构应使接线可靠，更换阀体方便，易于维修保养。电磁阀的接线方式如图 1-26 所示。

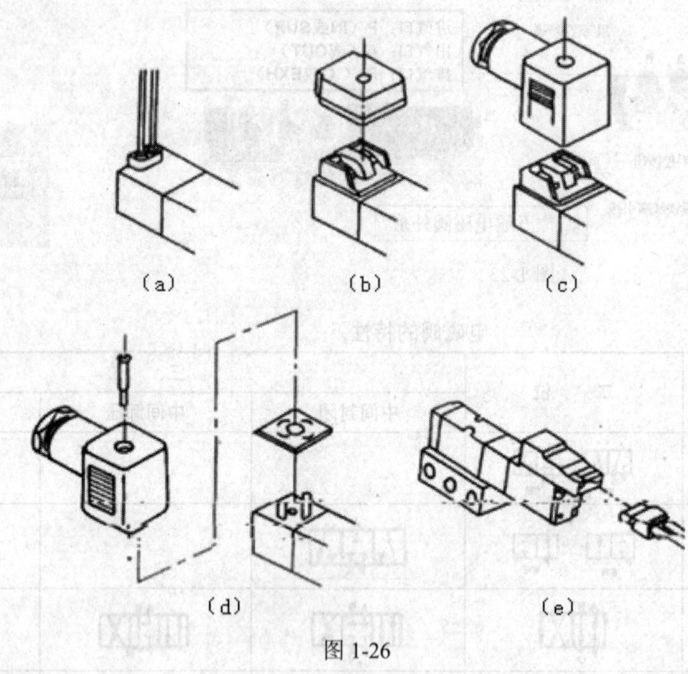

图 1-26

3. 减压阀

气动三大件中所用的减压阀属于压力控制阀（控制和调节压缩空气压力的元件称为压力控制阀，有减压阀、溢流阀、顺序阀三大类）。

减压阀、溢流阀、顺序阀图形符号如表 1-3 所示。

表 1–3　　减压阀、溢流阀、顺序阀图形符号

图　形	符　号
减压阀	
溢流阀	
顺序阀	

减压阀：在气动系统中，由于主管路中的压力高于每台装置所需的压力，并且压力波动较大，因此每台气动设备的供气压力都要用减压阀减压，并保持压力稳定。减压阀的作用是将较高的输入压力调到规定（较低）的输出压力，并能保持输出压力稳定，且不受流量变化

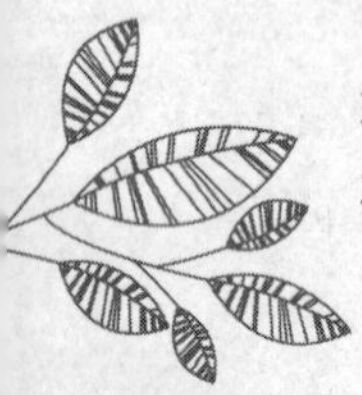

及气源压力波动的影响。减压阀是气动三大件之一，用于稳定用气压力，如图 1-27 所示。

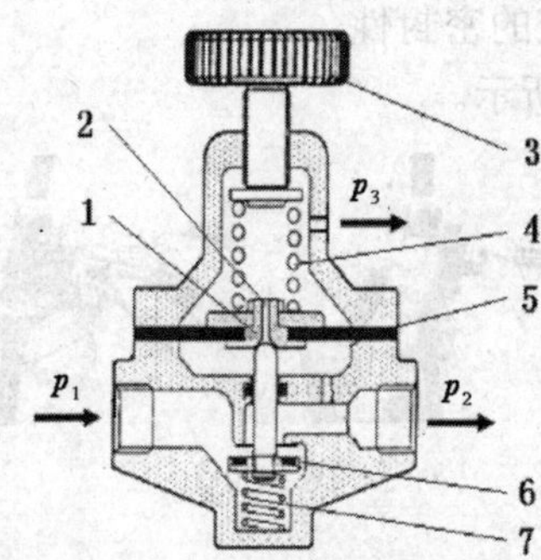

1—溢流阀座　2—溢流通　3—调节旋　4—调节弹簧　5—膜　6—阀　7—复位弹簧

图 1-27

（四）气动辅件

1. 管道系统

管道系统包括管道和管接头。

（1）管道

气动系统中常用的管道有硬管和软管。硬管以钢管和紫铜管为主，常用于高温高压和固定不动的部件之间的连接。软管有各种塑料管、尼龙管和橡胶管等，其特点是经济、拆装方便、密封性好，但应避免在高温、高压和有辐射的场合使用。

常用的聚氯乙烯（PVC）管、尼龙管主要用于自动化设备、气动工具或其他管子易受到机械磨损的地方，其外形如图 1-28 所示。这种胶管通常用于气动元件之间的连接，在工作温度限度内，它具有明显的安装优点，容易剪断和快速连接到压力接头或快换接头上。

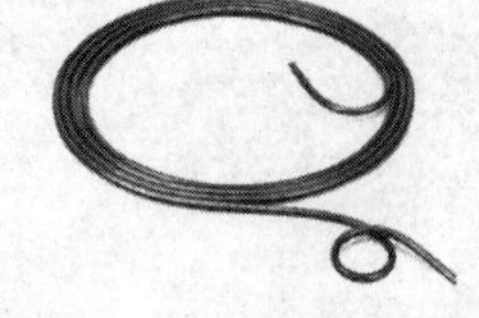

图 1-28

（2）管接头

管接头是连接、固定管道所必需的辅件（如图 1-29 所示），分为硬管接头和软管接头两类。硬管接头有螺纹连接及薄壁管扩口式卡套连接，与液压用管接头基本相同，对于管径较大的气动设备、元件、管道等可采用法兰连接。

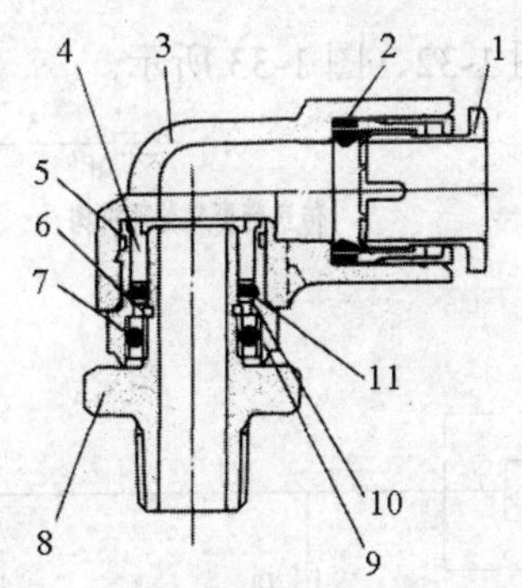

1—释放套　2—密封件　3—主体　4—滑动轴承　5—O 形圈
6—球轴承　7—卡圈 8—接头　9—轴承架　10—护圈　11—旋转用密封圈

图 1-29

一次快插式管接头有很大的保持力，常用于聚氯乙烯（PVC）管、尼龙管，它采用特殊的侧面密封，确保压力和真空的密封性。

快换接头的装拆如图 1-30 所示。

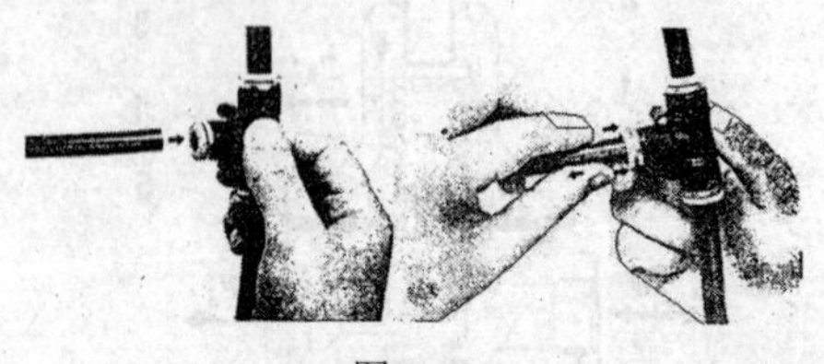

图 1-30

（3）管道系统的选择

气源管道的管径大小是根据压缩空气的最大流量和允许的最大压力损失决定的。

2．消声器

气缸、气阀等工作时排气速度较快，气体体积急剧膨胀，会产生刺耳的噪声。消声器是通过阻碍或增加排气面积来降低排气的速度和功率，从而降低噪声的，如图 1-31 所示。

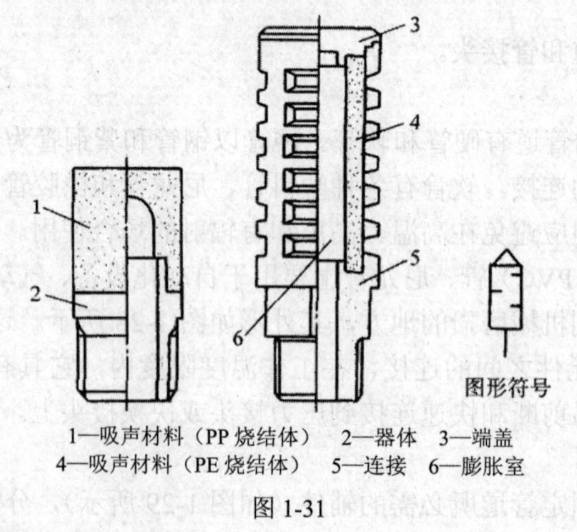

1—吸声材料（PP 烧结体） 2—器体 3—端盖
4—吸声材料（PE 烧结体） 5—连接 6—膨胀室

图 1-31

（五）生产线气动系统回路图

生产线气动系统回路图如图 1-32、图 1-33 所示。

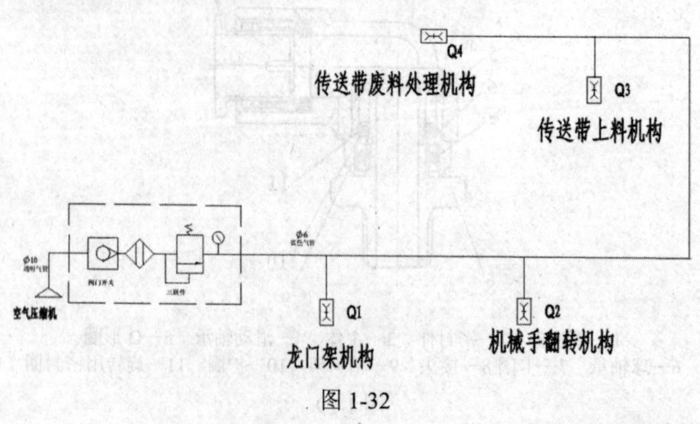

图 1-32

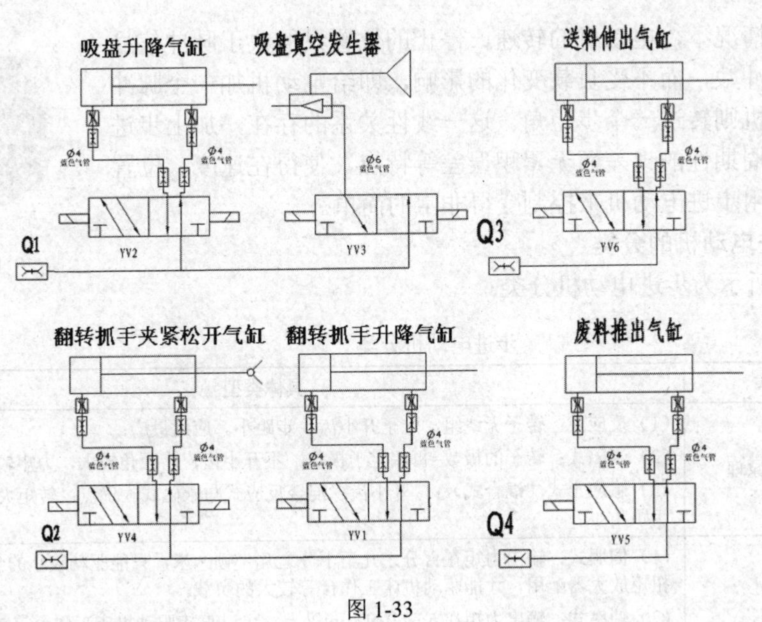

图 1-33

三、驱动系统介绍

（一）三相交流电动机（见图 1-34）

三相异步电动机控制定子绕组就是用来产生旋转磁场的。我们知道，三相电源相与相之间电压相位相差 120° 的，三相异步电动机定子的三个绕组在空间位置也是相差 120° 的，这样，当在定子绕组中通过电源时，产生一个旋转磁场，转子导体切割旋转磁场的磁力线产生感应电流，转子导条中的电流又与旋转磁场相互作用产生电磁力，电磁力产生电磁转矩驱动转子沿旋转磁场方向旋转起来，这就是三相异步电动机。

电动机实物图

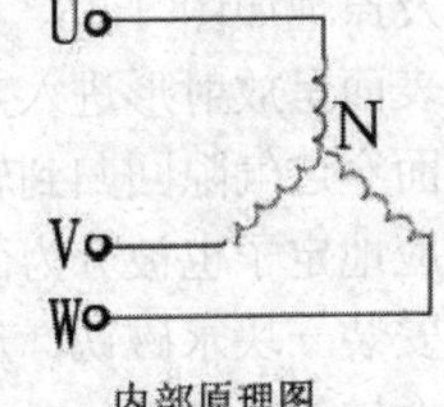

内部原理图

图 1-34

（二）直流电动机

输出或输入为直流电能的旋转电动机，称为直流电动机，它是能实现直流电能和机械能互相转换的电动机。当它作电动机运行时是直流电动机，将电能转为机械能输入发电机运行是直流发电机，将机械能转换为电能。

原理：直流电动机由定子和转子两部分组成，两者间有一定的气隙。直流电动机的定子由机座、主磁极、换向磁极、前后端盖和刷架等部件组成。其中主磁极是产生直流电动机气隙磁场的主要部件，由永磁体或带有直流励磁绕组的叠片铁芯构成。直流电动机的转子则由电枢、换向器和转轴部件构成。

（三）步进电动机

步进电动机是将电脉冲信号转变为角位移或线位移的开环控制元件，如图 1-35 所示。

在非超载的情况下，电动机的转速、停止的位置只取决于脉冲信号的频率和脉冲数，而不受负载变化的影响，即给电动机加一个脉冲信号，电动机则转过一个步距角。这一线性关系的存在，加上步进电动机只有周期性的误差而无累积误差等特点，使得在速度、位置等控制领域用步进电动机来控制变得非常的简单。

图 1-35

1．步进电动机的分类

表 1-4 所示为步进电动机分类。

表 1–4　步进电动机分类

分类方式	具体类型
按力矩产生的原理	（1）反应式：转子无绕组，定子开小齿、步距小。应用最广； （2）永磁式：转子的极数=每相定子极数，不开小齿，步距角较大，力矩较大； （3）感应子式（混合式）：开小齿，混合反应式与永磁式。优点：转矩大、动态性能好、步距角小
按输出力矩大小	（1）伺服式：输出力矩在百分之几至十分之几牛顿·米，只能驱动较小的负载，要与液压扭矩放大器配用，才能驱动机床工作台等较大的负载； （2）功率式：输出力矩在 5～50 N · m 以上，可以直接驱动机床工作台等较大负载
按定子数	（1）单定子式；（2）双定子式；（3）三定子式；（4）多定子式
按各相绕组分布	（1）径向分布式：电动机各相按圆周依次排列； （2）轴向分布式：电动机各相按轴向依次排列

2．两相混合式步进电动机结构

两相混合式步进电动机由定子与转子两部分组成，其外观如图 1-36 所示。电动机结构及原理如图 1-36、图 1-37 所示。转子被分为完全对称的两段，一段转子的磁力线沿转子表面呈放射形进入定子铁芯，称为 N 极转子；另一段转子的磁力线经过定子铁芯沿定子表面穿过气隙回归到转子中去，称为 S 极转子。图中虚线闭和回路为磁力线的行走路线。相应地定子也被分为两段，其上装有 A、B 两相对称绕组。同时，沿转子轴在两段转子中间安装一块永磁铁，形成转子的 N、S 极性。从轴向看过去，两段转子齿中心线彼此错开半个转子齿距。

图 1-36

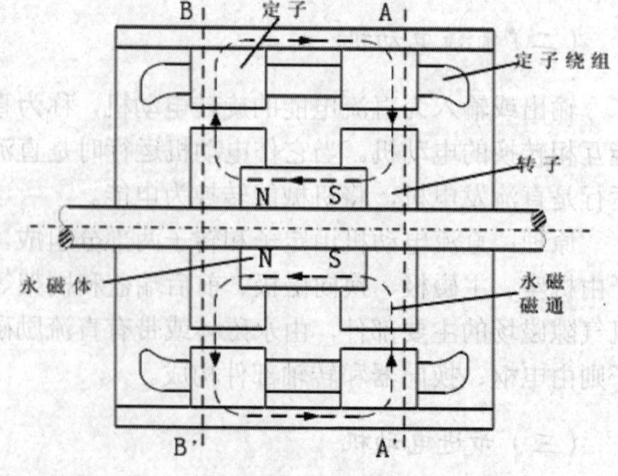

图 1-37

3．两相步进电动机的原理

当步进驱动器接收到一个脉冲信号，它就驱动步进电动机使电流流过定子绕组，定子绕组产生一矢量磁场，该磁场会带动转子旋转一角度（通常电动机的转子为永磁体），使得转子的一对磁场方向与定子的磁场方向一致。每输入一个电脉冲，电动机转动一个角度（称为“步距角”）前进一步，它的旋转是以固定的角度一步一步运行的。它输出的角位移与输入的脉冲数成正比、转速与脉冲频率成正比。改变绕组通电的顺序，电动机就会反转。所以可用控制脉冲数量、电动机各相绕组的通电顺序来控制步进电动机的转动。

4．步进电动机的基本参数

（1）步进电动机固有步距角

它表示控制系统每发一个步进脉冲信号，电动机所转动的角度。计算公式为：步距角=360/（$M \times Z$）；Z 为定子齿数，M 为拍数。

（2）步进电动机的相数

指电动机内部的线圈组数，目前常用的有二相、三相、四相、五相步进电动机。电动机相数不同，其步距角也不同，一般二相电动机的步距角为 0.9°/1.8°、三相的为 0.75°/1.5°、五相的为 0.36°/0.72°。在没有细分驱动器时，用户主要靠选择不同相数的步进电动机来满足自己步距角的要求。如果使用细分驱动器，则相数将变得没有意义，用户只需在驱动器上改变细分数，就可以改变步距角。

（3）保持转矩（Holding Torque）

保持转矩是指步进电动机通电但没有转动时，定子锁住转子的力矩。

5．两相步进电动机的工作方式

两相步进电动机的工作方式主要有：

单四拍：$A-B-\overline{A}-\overline{B}-$循环（见图 1-38）；

双四拍：$AB-B\overline{A}-\overline{A}\,\overline{B}-\overline{B}A-$循环；

单双八拍三种：$A-AB-B-B\overline{A}-\overline{A}-\overline{A}\,\overline{B}-\overline{B}-\overline{B}A-$循环。

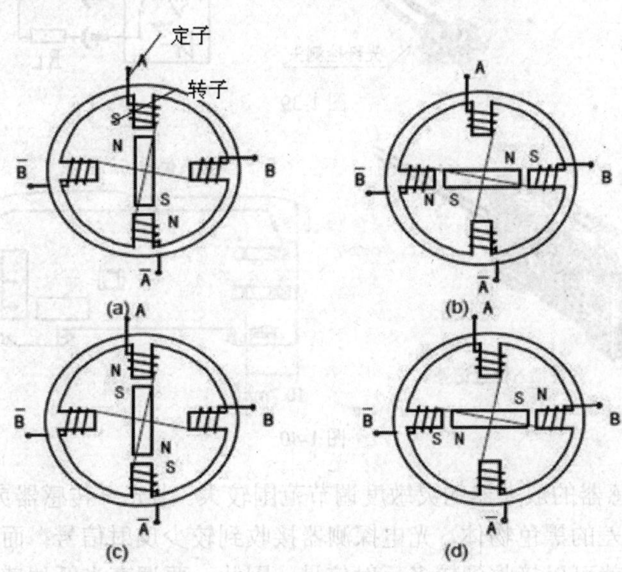

图 1-38

四、传感器

传感器技术是精密机械测量技术、半导体技术、信息技术、微电子学、光学、声学、仿生学和材料科学等众多学科相互交叉的综合性和高新技术密集型前沿技术之一，是现代新技术革命和信息社会的重要基础，是自动检测和自动控制不可缺少的重要组成部分。

传感器用于感知外部信息，用于检测位置、颜色等信息，并且把相应的信号输入给 PLC 等控制器进行处理，生产线中分检装置中常见的传感器有以下几种。

1．光纤传感器：

功能：送料仓内装有光纤传感器，用以检测是否有工件输送到输送带进行检测。有工件时，光纤传感器将信号传输给 PLC，用户 PLC 程序输出驱动信号使送料气缸向前伸出，将工件送至输送带上进行下一步的工作。

原理：光纤型传感器由光纤检测头、光纤放大器两部分组成，放大器和光纤检测头是分离的两个部分，光纤检测头的尾端有两条光纤，使用时分别插入放大器的两个光纤孔。光纤传感器也是光电传感器的一种。光纤传感器具有下述优点：抗电磁干扰、可工作于恶劣环境，传输距离远，使用寿命长，此外，由于光纤头具有较小的体积，所以可以安装在很小空间的地方。另外，光纤不受任何电磁信号的干扰，并且能使传感器的电子元件与其他的干扰信号相隔开。光纤传感器组件和图形符号如图 1-39 所示。图 1-40 是放大器的安装示意图。

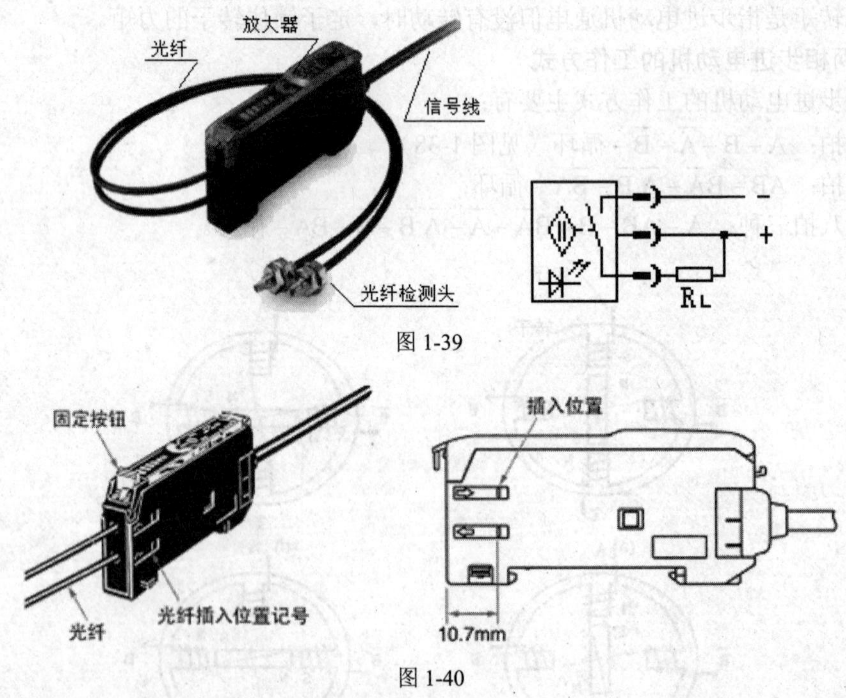

图 1-39

图 1-40

使用：光纤传感器的放大器的灵敏度调节范围较大。当光纤传感器灵敏度调得较小时，用于检测反射性较差的黑色物体，光电探测器接收到较少反射信号；而反射性较好的白色物体，光电探测器就可以接收到较多反射信号。因此，要调高光纤传感器灵敏度，才能检

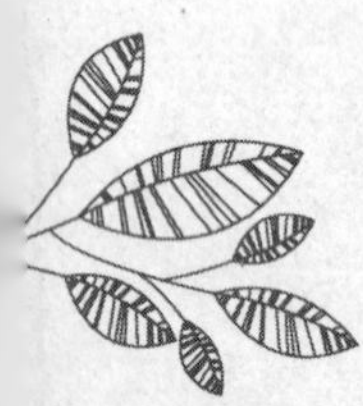

测出反射性较差的黑色物体。光纤传感器有三根引出线，棕色的为电源线正极，蓝色的为电源线负极(接 PLC 的输入公共端)，黑色为传感器的信号输出端(接 PLC 的信号输入端)。

图 1-41 给出了放大器单元的俯视图，调节其中的 8 旋转灵敏度高速旋钮就能进行放大器灵敏度调节（顺时针旋转灵敏度增大）。调节时，会看到“入光量显示灯”发光的变化。当探测器检测到物料时，“动作显示灯”会亮，提示检测到物料。

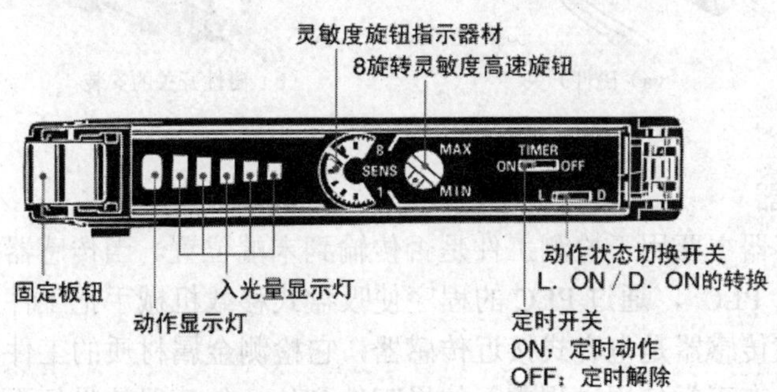

图 1-41

2．磁性开关

功能：磁性传感器又称为磁性开关，是液压与气动系统中常使用的传感器，磁性开关可以直接安装在气缸缸体上，当带有磁环的活塞移动到磁性开关所在位置时，磁性开关内的两个金属簧片在磁环磁场的作用下吸合，发出信号。当活塞移开，磁场离开金属簧片，触点自动断开，信号切断，通过这种方式可以很方便地实现对气缸活塞位置的检测。

原理：当有磁性物质接近，磁性开关便会动作，并输出信号。若在气缸的活塞上安装磁性物质，在气缸外侧安装磁性开关，就可以用它来标识气缸运动的位置。当气缸的活塞杆运动到哪一端，磁性开关就会输出相应的信号。在 PLC 的自动控制中，可以利用该信号判断推杆的运动状态和位置，以确认工件的状态。带磁性开关气缸的工作原理如图 1-42 所示。

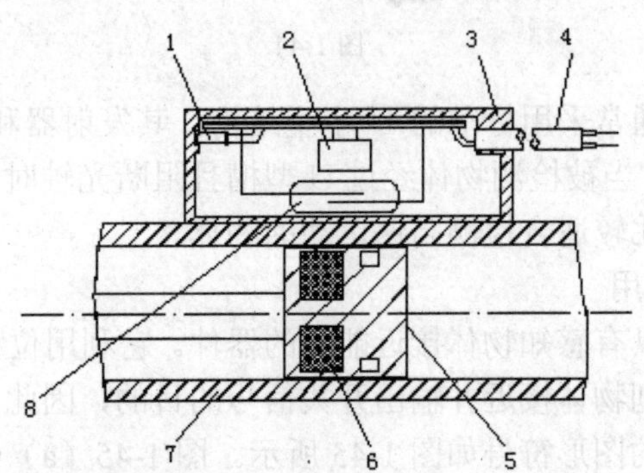

1—动作指示灯 2—保护电路 3—开关外壳 4—导线
5—活塞 6—磁环（永久磁铁） 7—缸筒 8—舌簧开关

图 1-42

使用：磁性开关的信号输出是由两根线引出，分别为棕色和蓝色，蓝色接入 PLC 公共端子，棕色接入 PLC 的输入端子。在磁性开关上设置的 LED 显示用于显示其信号状态，供调试时使用。磁性开关动作时，LED 亮；磁性开关不动作时， LED 不亮。磁性开关的安装位置可以调整，调整方法是松开它的紧定螺栓，让磁性开关顺着气缸滑动，到达指定位置后，再旋紧紧定螺栓，如图 1-43 所示。

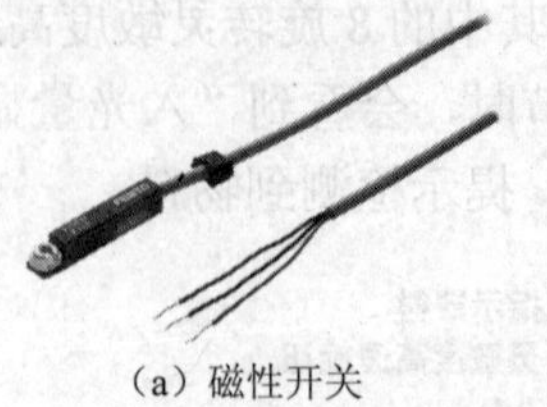

（a）磁性开关

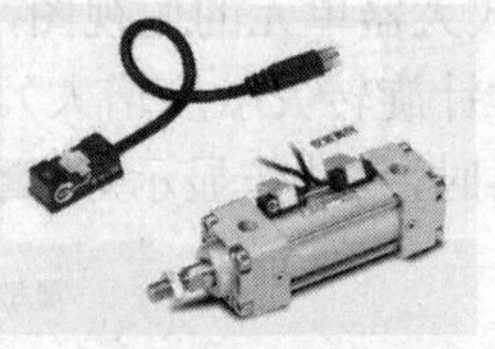

（b）磁性开关的安装

图 1-43

3．末端传感器

作用：该传感器主要用于检测工件是否传输到末端位置。当传感器检测到工件时，传感器将信号传输给 PLC ，通过 PLC 的程序使吸盘式移载机械手把工件分类。

注意：由于该传感器是电容式接近传感器，它检测金属材质的工件与非金属材质工件的灵敏度不一样。在正常使用过程中，如果工件到位，传感器信号灯不亮，此时可以通过传感器的灵敏度电位器将传感器的灵敏度调强！

4．对射式光电传感器

工作原理：光电开头是光电接近开关的简称，它是利用被检测物对光束的遮挡或反射，由同步回路选通电路，从而检测物体有无的。物体不限于金属，所有能反射光线的物体均可被检测。光电开关将设备电流在发射器上转换成光信号射出，接收器再根据接收到的光线的强弱或有无对目标物体进行探测。工作原理如图 1-44 所示，多数光电开关选用的是波长接近可见光的红外线光波型。

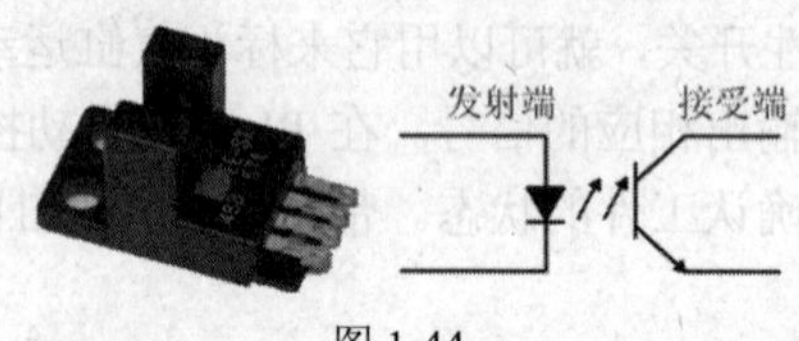

图 1-44

槽式光电开关：它通常采用标准的 U 字型结构，其发射器和接收器分别位于 U 型槽的两边，并形成一光轴，当被检测物体经过 U 型槽且阻断光轴时，光电开关就产生了开关量信号。槽式光电开关比较适合检测高速运动的物体。

5．接近传感器的使用

接近传感器是一种具有感知物体接近能力的器件。它利用位移传感器对所接近的物体具有的敏感特性达到识别物体接近并输出开关信号的目的，因此，通常又把接近传感器称为接近开关。接近开关的图形符号如图 1-45 所示。图 1-45（a）（b）（c）三种情况均使用 NPN 型晶体管集电极开路输出。如果是使用 PNP 型的，正负极性应反过来。

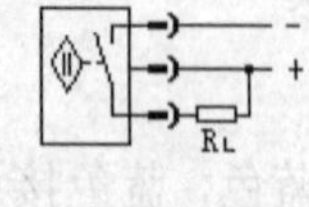

（a）通用图形符号

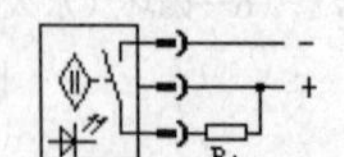

（b）电感式接近开关

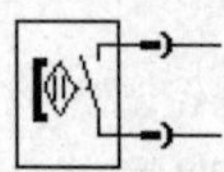

（c）光电式接近开关

（d）磁性开关

图 1-45

在接近开关的选用和安装中，必须认真考虑检测距离、设定距离，保证生产线上的传感器可靠动作。安装距离注意说明如图 1-46 所示。

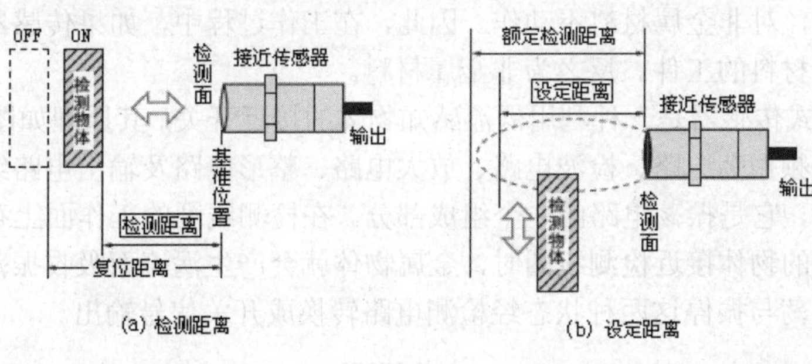

图 1-46

五、检测模块传感器简介

（一）检测模块的组成

该模块主要由光电传感器、金属传感器以及电容传感器组成（见图 1-47）。

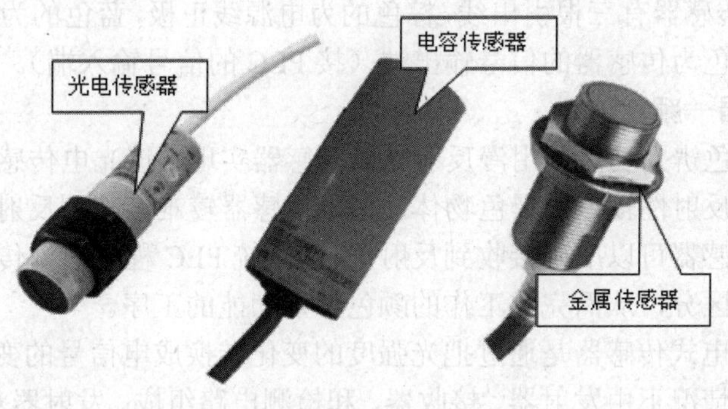

图 1-47

（二）检测传感器的工作原理

当变频输送带将工件传送至检测区域时，电容传感器对工件进行姿势的辨别、光电传感器对工件进行颜色的辨别、金属传感器对工件进行材质的检测。

1．电容传感器—工件姿势的辨别

本系统的工件姿势辨别功能是由电容传感器对其进行检测的。当输送带将工件送至检测器时，无论工件是正常放置还是反向放置，电容传感器都会动作。因此，在实训过程中，需要对该传感器的接触时间进行滤波。

设置方法：因为工件正常放置接通的时间与反向放置接通的时间是不相同的。假设工件在匀速的情况下接通电容传感器的时间没有超过设定的时间 Tn(S)，则辨别该工件是正常放置的，如果出发的时间超过设定的时间 Tn(S)，则该工件为反放置工件，为不合格工件。

注：系统所检测结果的处理方式由 PLC 程序来设定（用户可以根据使用要求进行变更）。

2．金属传感器—材质辨别

功能：金属传感器采用电感传感器，根据电感传感器的工作原理可知，电感式传感器对金属材质动作，对非金属材料不动作。因此，在工作过程中，如果传感器动作，系统判断该工件为金属材料的工件。反之为非金属材料。

原理：电感式传感器是一种利用涡流感知物体的接近开关，其原理如图 1-48 所示。电感式传感器由高频振荡电路、检波电路、放大电路、整形电路及输出电路组成。感知敏感元件为检测线圈，它是振荡电路的一个组成部分。在检测线圈的工作面上存在一个交变磁场。当金属材料的物体接近检测线圈时，金属物体就会产生涡流而吸收振荡能量，使振荡减弱至振停。振荡与振停这两种状态经检测电路转换成开关信号输出。

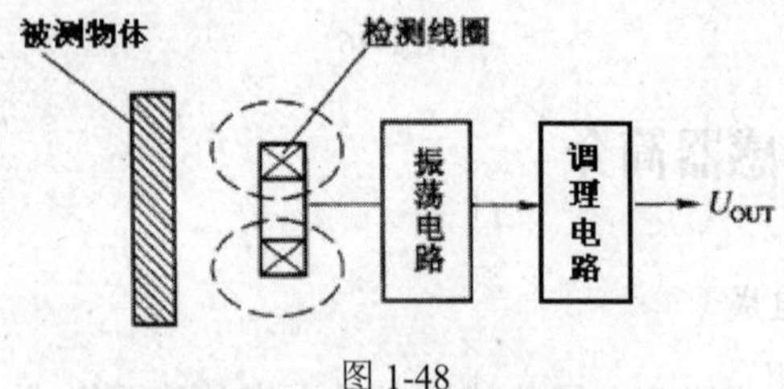

图 1-48

使用：电感式传感器有三根引出线，棕色的为电源线正极，蓝色的为电源线负极接 PLC 的输入公共端，黑色为传感器的信号输出端（接 PLC 的信号输入端）。

3．光电传感器—颜色辨别

功能：工件颜色辨别功能采用漫反射光电传感器实现。该光电传感器灵敏度可在一定范围内调节。对于反射性较差的黑色物体，光电传感器较难接收到反射信号；反射性良好的白色物体光电传感器可以准确接收到反射信号。系统 PLC 程序根据传感器的动作情况辨别工件的黑白物料区分，从而完成工作的颜色分别功能的工序。

工作原理：光电式传感器是通过把光强度的变化转换成电信号的变化来实现检测的。光电传感器在一般情况下由发射器、接收器、和检测电路组成。发射器对准物体发射光束，发射的光束一般源于发光二极管和激光二极管半导体光源。光束不间断的发射，或者改变脉冲的宽度。接收器由光电二极管或光电晶体管组成，用于接受发射器发出的光线。检测电路用于滤出有效信号和应用该信号。常用的光电式传感器又可分为漫射式、反射式、对射式等几种。

漫射式光电传感器：按照接收器接收光的方式的不同，光电式接近开关可分为对射式、反射式和漫射式 3 种，如图 1-49 所示。漫射式光电开关是利用光照射到被测物体上后反射回来的光线而工作的，由于物体反射的光线为漫射光，故称为漫射式光电接近开关。它的光发射器与光接收器处于同一侧位置，且为一体化结构。在工作时，光发射器始终发射检测光，若接近开关前方一定距离内没有物体，则没有光被反射到接收器，接近开关处于常态而不动作；反之若接近开关的前方一定距离内出现物体，只要反射回来的光强度足够，则接收器接收到足够的漫射光就会使接近开关动作而改变输出的状态，通过检测电路产生开关量的电信号输出。图 1-49（b）为漫射式光电接近开关的工作原理示意图。

使用：光电传感器有三根引出线，棕色的为电源线正极，蓝色的为电源线负极接 PLC 的输入公共端，黑色为传感器的信号输出端（接 PLC 的信号输入端）。

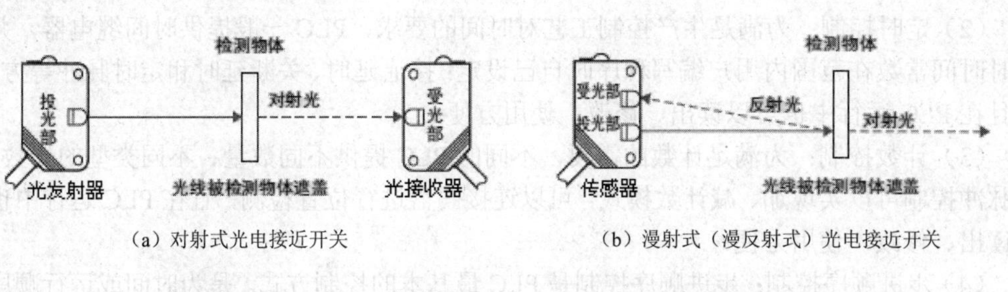

（a）对射式光电接近开关　　（b）漫射式（漫反射式）光电接近开关

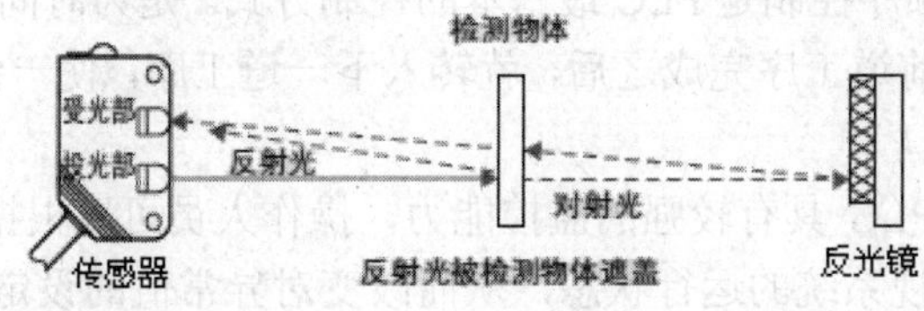

（c）反射式光电接近开关

图 1-49

六、主要工控配置

仿真模拟生产线，主要工控配置如图 1-50 所示。

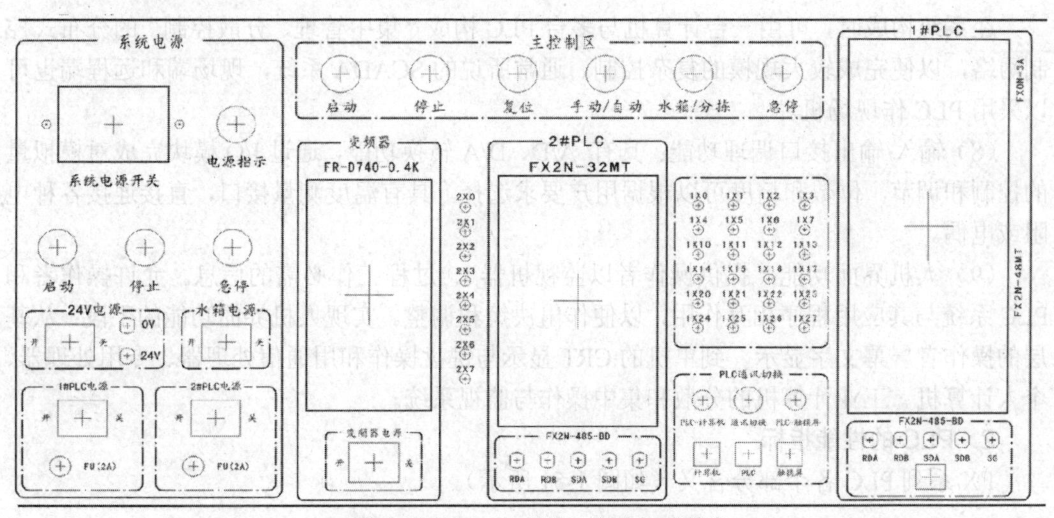

图 1-50

（一）1 号 PLC（型号：FX2N-48MT）及 2 号 PLC（型号：FX2N-16MT）

可编程序控制器（Programmable Logic Controller），简称 PLC，是在继电顺序控制基础上发展起来的以微处理器为核心的通用的工业自动化控制装置。

1．可编程序控制器的功能特点

（1）逻辑控制：PLC 具有逻辑运算功能，能够进行与、或、非等逻辑运算，可以代替继电器进行开关量控制。

（2）定时控制：为满足生产控制工艺对时间的要求，PLC 一般提供时间继电器，并且计时时间常数在范围内用户编写程序时自己设定：接通延时、关断延时和定时脉冲等方式。并且在 PLC 运行中也可以读出、修改，使用方便。

（3）计数控制：为满足计数的需要，不同的 PLC 提供不同数量、不同类型的计数器。用脉冲控制可以实现加、减计数模式，可以连接码盘进行位置检测，且在 PLC 运行中也可以读出、修改，使用方便。

（4）步进顺序控制：步进顺序控制是 PLC 最基本的控制方式。是为时间或运行顺序的生产过程专门设置的指令，在前道工序完成之后，就转入下一道工序，使一台 PLC 可作为多部步进控制器使用。

（5）对控制系统的监控：PLC 具有较强的监控能力，操作人员可以根据 PLC 的监控信息，通过监控命令，可以监视系统的运行状态，从而改变对异常值的设定。

（6）数据处理：PLC 具有较强的数据处理能力，随着 PLC 的发展，已经能对大量的数据进行快速处理。如数据采集、存储与处理功能。

（7）通信和联网：现代 PLC 大多数都采用了通信、网络技术，有 RS232 或 RS485 接口，可进行远程 I/O 控制，多台 PLC 可彼此间联网、通信，外部器件与一台或多台可编程控制器的信号处理单元之间，实现程序和数据交换，如程序转移、数据文档转移、监视和诊断。

通信接口或通信处理器按标准的硬件接口或专有的通信协议完成程序和数据的转移。

在系统构成时，可由一台计算机与多台 PLC 构成“集中管理、分散控制”的分布式控制网络，以便完成较大规模的复杂控制。通常所说的 SCADA 系统，现场端和远程端也可以采用 PLC 作现场机。

（8）输入/输出接口调理功能：具有 A/D、D/A 转换功能，通过 I/O 模块完成对模拟量的控制和调节。位数和精度可以根据用户要求选择。具有温度测量接口，直接连接各种电阻或电偶。

（9）人机界面功能：提供操作者以监视机器 、过程工作必需的信息。允许操作者和 PLC 系统与其应用程序相互作用，以便作出决策和调整。实现人机界面功能的手段：从基层的操作者屏幕文字显示，到单机的 CRT 显示与键盘操作和用通信处理器、专用处理器、个人计算机、工业计算机的分散和集中操作与监视系统。

2．PLC 的性能指标

FX 系列 PLC 各个部分含义（如图 1-51 所示）。

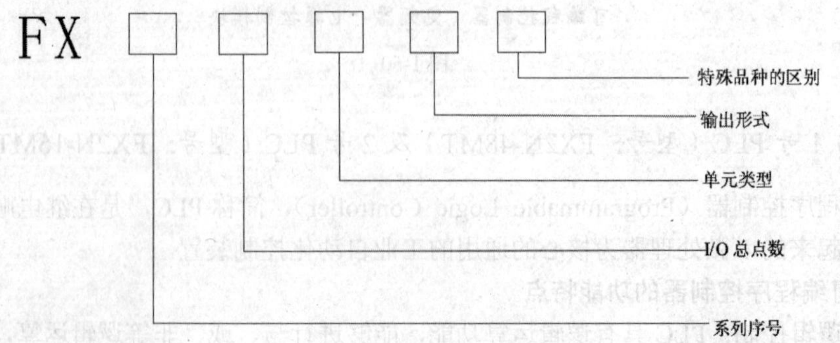

图 1-51

FX 系列 PLC 各种参数意义如下。

系列序号：即系列名称，如 0S、0N、1S、1N、2N、2NC、3U 等。

I/O 总点数：10～256。

单元类型：M（基本单元）、E（输入输出混合扩展单元与扩展模块）、EX（输入专用扩展模块）、EY（输出专用扩展模块）。

输出形式：R（继电器输出）、T（晶体管输出）、S（晶闸管输出）。

若特殊品种缺省，通常指 AC 电源、DC 输入、横式端子排，其中继电器输出：2A/1 点；晶体管输出：0.5A/1 点；晶闸管输出：0.3A/1 点。

例如 FX2N-40MR，其参数含义为三菱 FX2N PLC，有 40 个 I/O 点的基本单元，继电器输出型。

3. 输入接口电路

输入输出信号有开关量、模拟量、数字量三种，在实验室涉及到的信号当中，开关量最普遍，也是实验条件所限，这里我们主要介绍开关量接口电路。

可编程序控制器优点之一是抗干扰能力强。这也是其 I/O 设计的优点之处，经过了电气隔离后，信号才送入 CPU 执行的，防止现场的强电干扰进入。如图 1-52 所示就是采用光电耦合器（一般采用发光二极管和光电晶体管组成）的开关量输入接口电路。

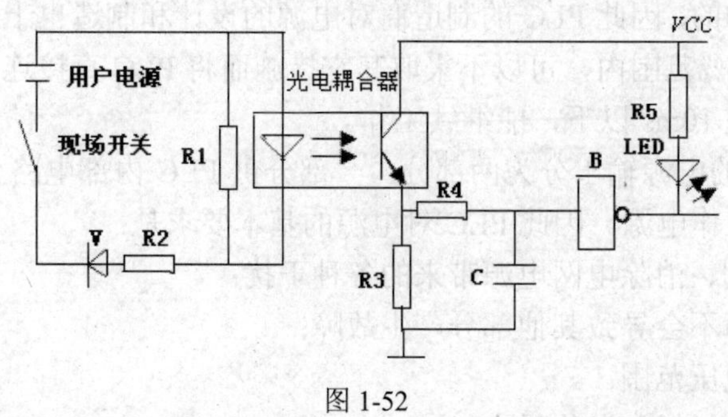

图 1-52

4. 输出接口电路

可编程序控制器的输出有：继电器输出（M）、晶体管输出（T）、晶闸管输出（S）三种输出形式。

输出接口电路的隔离方式（见图 1-53）。

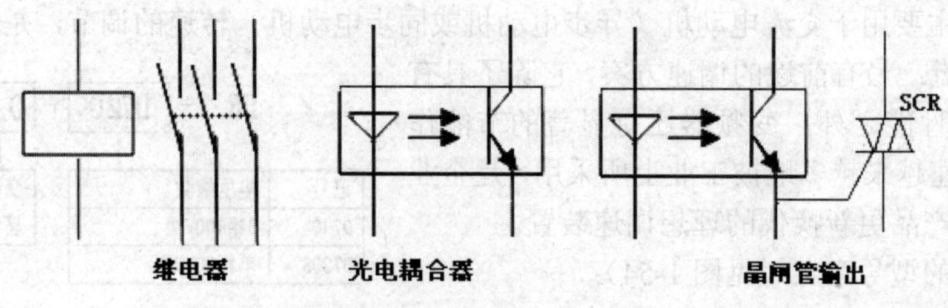

图 1-53

输出接口电路的主要技术参数如下。

（1）响应时间。响应时间是指 PLC 从 ON 状态转变成 OFF 状态或从 OFF 状态转变成

ON 状态所需要的时间。继电器输出型响应时间平均约为 10ms；晶闸管输出型响应时间为 1ms 以下；晶体管输出型响应时间在 0.2ms 以下为最快。

（2）输出电流。继电器输出型具有较大的输出电流，AC250V 以下的电路电压可驱动纯电阻负载 2A/1 点、感性负载 80VA 以下（AC100V 或 AC200V）及灯负载 100W 以下（AC100V 或 200V）的负载；Y0、Y1 以外每输出 1 点的输出电流是 0.5A，但是由于温度上升的原因，每输出 4 点合计为 0.8A 的电流，输出晶体管的 ON 电压约为 1.5V，因此驱动半导体元件时，请注意元件的输入电压特性。Y0、Y1 每输出 1 点的输出电流是 0.3A，但是对 Y0、Y1 使用定位指令时需要高速响应，因此使用 10～100mA 的输出电流，晶闸管输出电流也比较小。

（3）开路漏电流。开路漏电流是指输出处于 OFF 状态时，输出回路中的电流。继电器输出型输出接点 OFF 是无漏电流；晶体管输出型漏电流在 0.1mA 以下；晶闸管较大的漏电流，主要由内部 RC 电路引起，需在设计系统时注意。

输出公共端（COM）　公共端与输出各组之间形成回路，从而驱动负载，各公共端单元可以驱动不同电源电压系统的负载。

5. 电源

PLC 的电源在整个系统中起着十分重要的作用。如果没有一个良好的、可靠的电源，系统是无法正常工作的，因此 PLC 的制造商对电源的设计和制造也十分重视。一般交流电压波动在−10%～+15%范围内，可以不采取其它措施而将 PLC 直接连接到交流电网上去。系统允许瞬时停电在 10ms 以下，能继续工作。

一般小型 PLC 的电源输出分为两部分：一部分供 PLC 内部电路工作，一部分向外提供给现场传感器的工作电源。因此 PLC 对电源的基本要求是：

- 能有效地控制、消除电网电源带来的各种干扰；
- 电源发生故障不会导致其他部分产生故障；
- 允许较宽的电压范围；
- 电源本身的功耗低，发热量小；
- 内部电源与外部电源完全隔离；
- 有较强的自保护功能。

（二）变频器（型号：FR-D720）

变频器主要用于交流电动机（异步电动机或同步电动机）转速的调节，是公认的交流电动机最理想、最有前途的调速方案，它除了具有卓越的调速性能之外，变频器还有显著的节能作用，变频调速越来越多地被工业上所采用，是企业技术改造和产品更新换代的理想调速装置。

变频器的型号意义（见图 1-54）：

FR - D720 - 0.4 K-CHT

记号	电压级数
D740	3相400V级
D720S	单相200V级

变频器容量
显示容量“kW”

图 1-54

（三）功能模块（型号：FX0N-3A ）

模拟量输入与输出模块，用于水箱系统的液位过程控制，能实现自动控制，以控制水箱水位的恒定。

（四）通信模块（型号：FX2N-485-BD）

作为通信适配器，用于 PLC 和 PLC 之间的数据的发送与接收，实现 PLC 间一比一的并联运行。

（五）触摸屏（型号：GT1015）

人机界面 HMI，是 Human Machine Interface 的缩写。人机界面是在操作人员和机器设备之间做双向沟通的桥梁，用户可以自由地组合文字、按钮、图形、数字等来处理或监控管理及应付随时可能变化信息的多功能显示屏幕。人机界面的用途主要有以下 3 种：作为操作显示面板使用；作为 POP 终端使用；作为信息数据终端使用。

1. 三菱触摸屏 GOT 产品体系（见图 1-55）

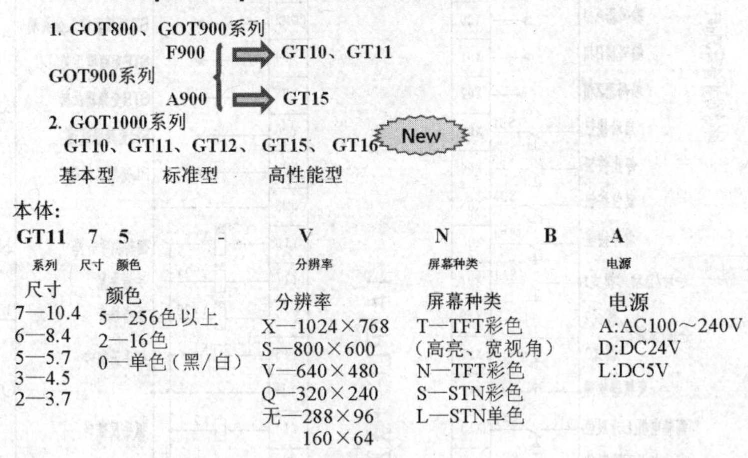

图 1-55

2. 三菱触摸屏 GT1150 硬件外观（见图 1-56）

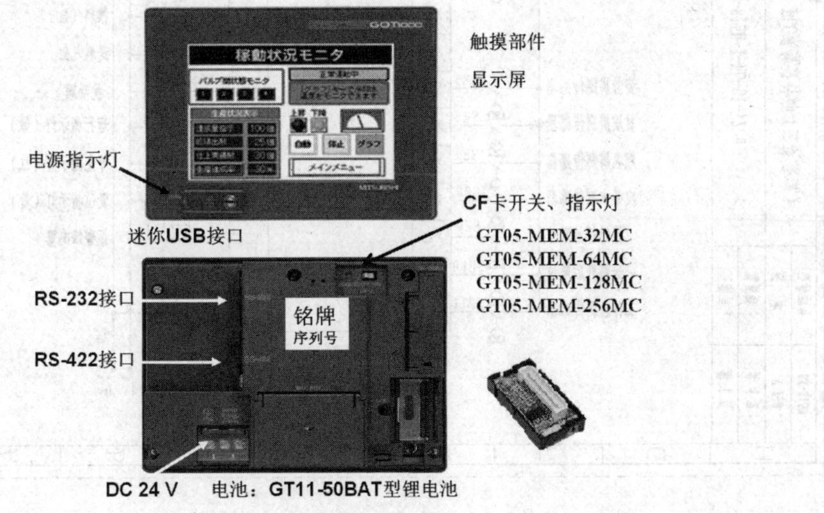

图 1-56

七、PLC I/O 接线图（见图 1–57 ~ 图 1–60）

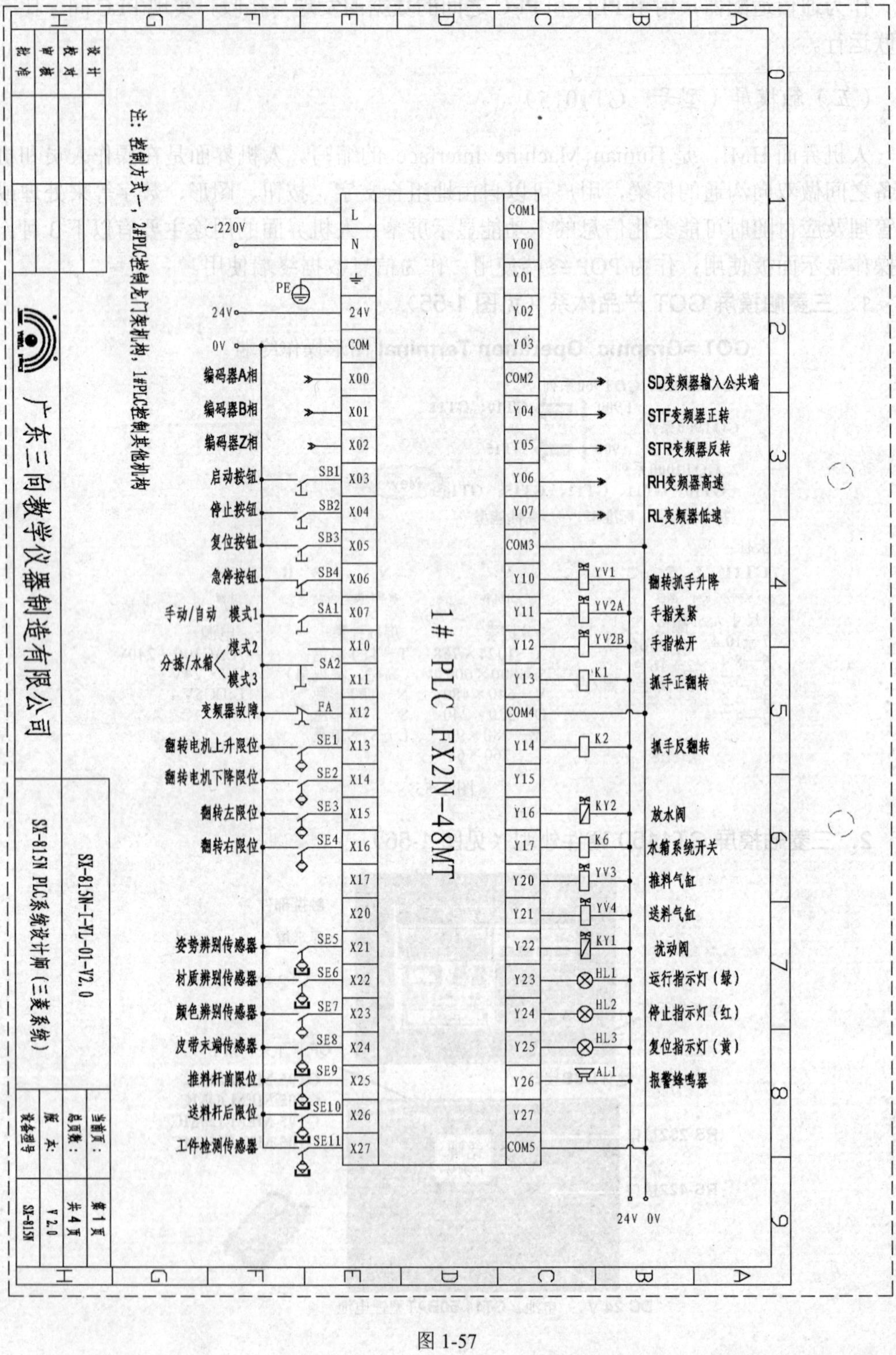

注：控制方式一，2#PLC控制上门架机构，1#PLC控制其他机构

1# PLC FX2N-48MT

~220V — L
~220V — N
PE — ⏚
24V — 24V
0V — COM
编码器A相 — X00
编码器B相 — X01
编码器Z相 — X02
启动按钮 SB1 — X03
停止按钮 SB2 — X04
复位按钮 SB3 — X05
急停按钮 SB4 — X06
手动/自动 模式1 SA1 — X07
分拣/水箱 模式2 SA2 — X10
分拣/水箱 模式3 SA2 — X11
变频器故障 FA — X12
翻转电机上升限位 SE1 — X13
翻转电机下降限位 SE2 — X14
翻转左限位 SE3 — X15
翻转右限位 SE4 — X16
X17
X20
姿势辨别传感器 SE5 — X21
材质辨别传感器 SE6 — X22
颜色辨别传感器 SE7 — X23
皮带末端传感器 SE8 — X24
推料杆前限位 SE9 — X25
送料杆后限位 SE10 — X26
工作检测传感器 SE11 — X27

COM1
Y00
Y01
Y02
Y03
COM2 — SD变频器输入公共端
Y04 — STF变频器正转
Y05 — STR变频器反转
Y06 — RH变频器高速
Y07 — RL变频器低速
COM3
Y10 — YV1 翻转抓手升降
Y11 — YV2A 手指夹紧
Y12 — YV2B 手指松开
Y13 — K1 抓手正翻转
COM4
Y14 — K2 抓手反翻转
Y15
Y16 — KY2 放水阀
Y17 — K6 水箱系统开关
Y20 — YV3 推料气缸
Y21 — YV4 送料气缸
Y22 — KY1 抗动阀
Y23 — HL1 运行指示灯（绿）
Y24 — HL2 停止指示灯（红）
Y25 — HL3 复位指示灯（黄）
Y26 — AL1 报警蜂鸣器
Y27
COM5
24V 0V

设计
校对
审核
批准

广东三向教学仪器制造有限公司

SX-815N PLC系统设计图（三菱系统）
SX-815N-1-YL-01-V2.0

当前页：第 1 页
总页数：共 4 页
版本：V 2.0
设备型号：SX-815N

A B C D E F G H
0 1 2 3 4 5 6 7 8 9

图 1-57

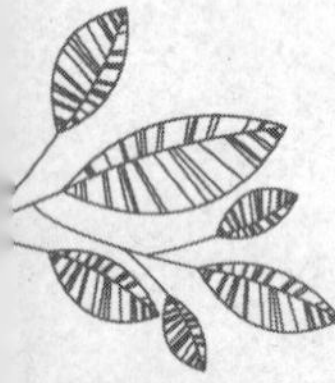

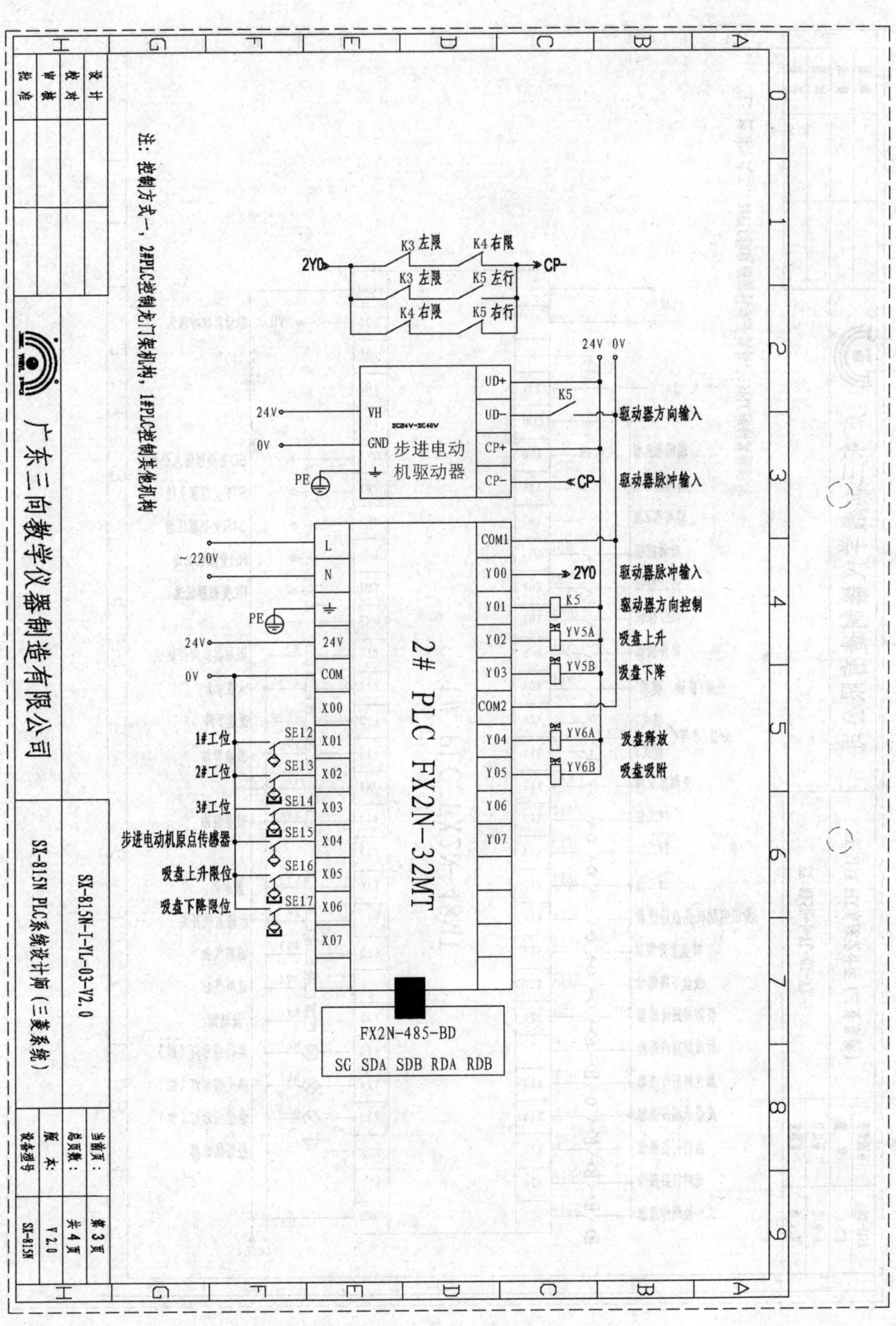
注：控制方式一，2#PLC控制龙门架机构，1#PLC控制其他机构
K3 左限
K4 右限
K3 左限
K5 左行
K4 右限
K5 右行
2Y0
CP-
24V
0V
UD+
UD-
CP+
CP-
K5
驱动器方向输入
驱动器脉冲输入
VH
GND
DC24V-DC48V
步进电动机驱动器
PE
L
N
~220V
24V
COM
X00
X01
X02
X03
X04
X05
X06
X07
COM1
Y00
Y01
Y02
Y03
COM2
Y04
Y05
Y06
Y07
2# PLC FX2N-32MT
驱动器脉冲输入
驱动器方向控制
YV5A
YV5B
YV6A
YV6B
吸盘上升
吸盘下降
吸盘释放
吸盘吸附
1#工位
2#工位
3#工位
步进电动机原点传感器
吸盘上升限位
吸盘下降限位
SE12
SE13
SE14
SE15
SE16
SE17
FX2N-485-BD
SG SDA SDB RDA RDB
设计
校对
审核
批准
广东三向教学仪器制造有限公司
SX-815N-I-YL-03-V2.0
SX-815N PLC系统设计师（三菱系统）
当前页： 第3页
总页数： 共4页
版本： V2.0
设备型号 SX-815N

图 1-58

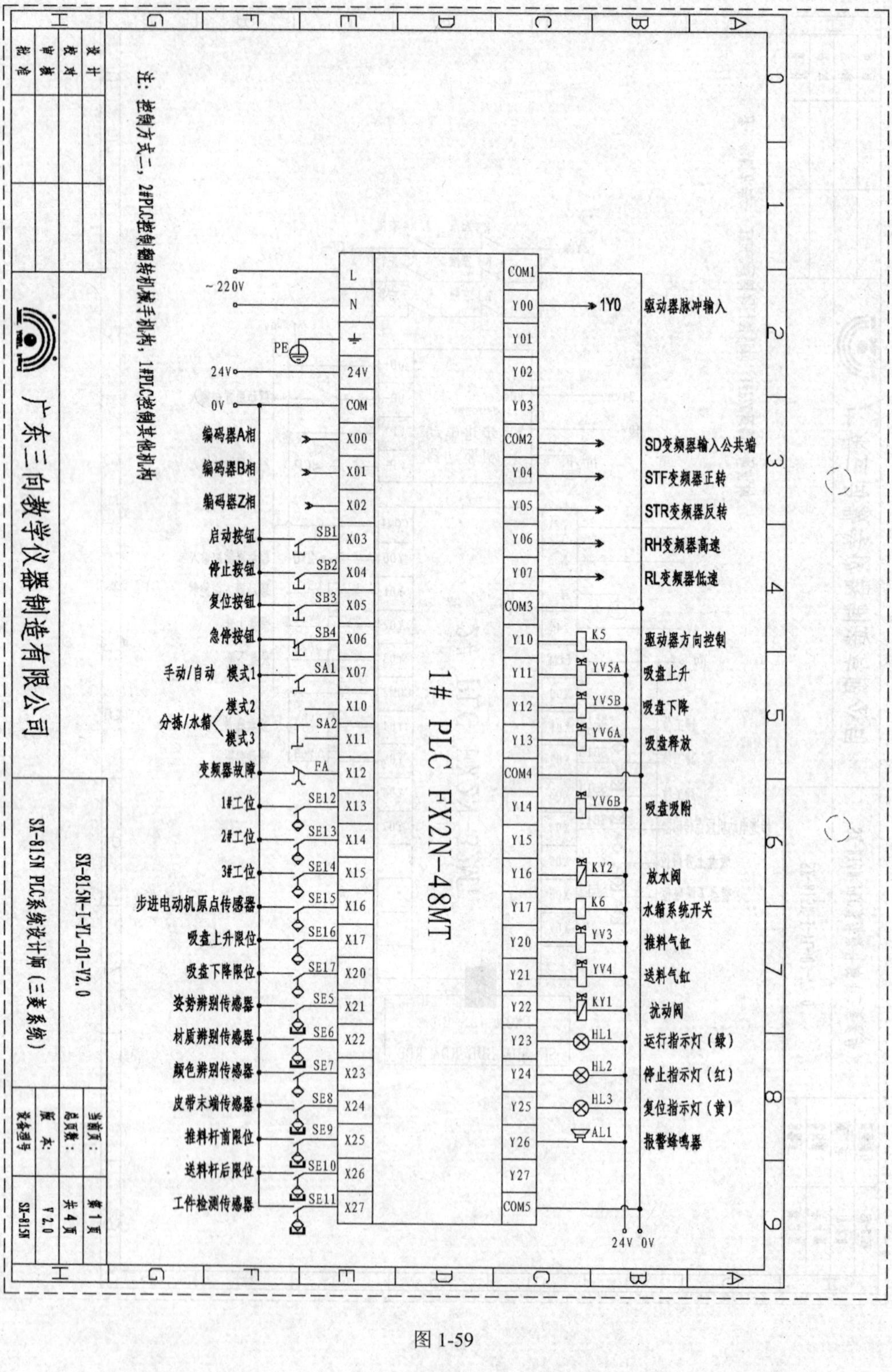

注：控制方式二，2#PLC控制输料机械手机构，1#PLC控制其他机构

1# PLC FX2N-48MT

输入元件	代号	PLC端子
~220V		L
~220V		N
PE		⏚
24V		24V
0V		COM
编码器A相		X00
编码器B相		X01
编码器Z相		X02
启动按钮	SB1	X03
停止按钮	SB2	X04
复位按钮	SB3	X05
急停按钮	SB4	X06
手动/自动 模式1	SA1	X07
分拣/水箱 模式2	SA2	X10
分拣/水箱 模式3	SA2	X11
变频器故障	FA	X12
1#工位	SE12	X13
2#工位	SE13	X14
3#工位	SE14	X15
步进电动机原点传感器	SE15	X16
吸盘上升限位	SE16	X17
吸盘下降限位	SE17	X20
姿势辨别传感器	SE5	X21
材质辨别传感器	SE6	X22
颜色辨别传感器	SE7	X23
皮带末端传感器	SE8	X24
推料杆前限位	SE9	X25
送料杆后限位	SE10	X26
工件检测传感器	SE11	X27

PLC端子	代号	输出元件
COM1		
Y00	1Y0	驱动器脉冲输入
Y01		
Y02		
Y03		
COM2		SD变频器输入公共端
Y04		STF变频器正转
Y05		STR变频器反转
Y06		RH变频器高速
Y07		RL变频器低速
COM3		
Y10	K5	驱动器方向控制
Y11	YV5A	吸盘上升
Y12	YV5B	吸盘下降
Y13	YV6A	吸盘释放
COM4		
Y14	YV6B	吸盘吸附
Y15		
Y16	KY2	放水阀
Y17	K6	水箱系统开关
Y20	YV3	推料气缸
Y21	YV4	送料气缸
Y22	KY1	扰动阀
Y23	HL1	运行指示灯（绿）
Y24	HL2	停止指示灯（红）
Y25	HL3	复位指示灯（黄）
Y26	AL1	报警蜂鸣器
Y27		
COM5		24V 0V

设计	校对	审核	批准

广东三向教学仪器制造有限公司

SX-815N PLC系统设计师（三菱系统）

SX-815N-I-YL-01-Y2.0

当前页：	第1页
总页数：	共4页
版本：	Y2.0
设备型号	SX-815N

图 1-59

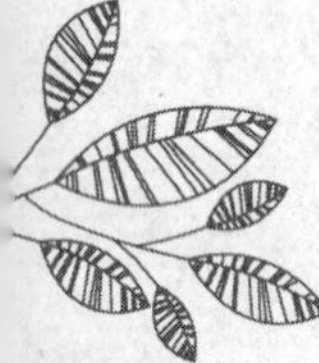

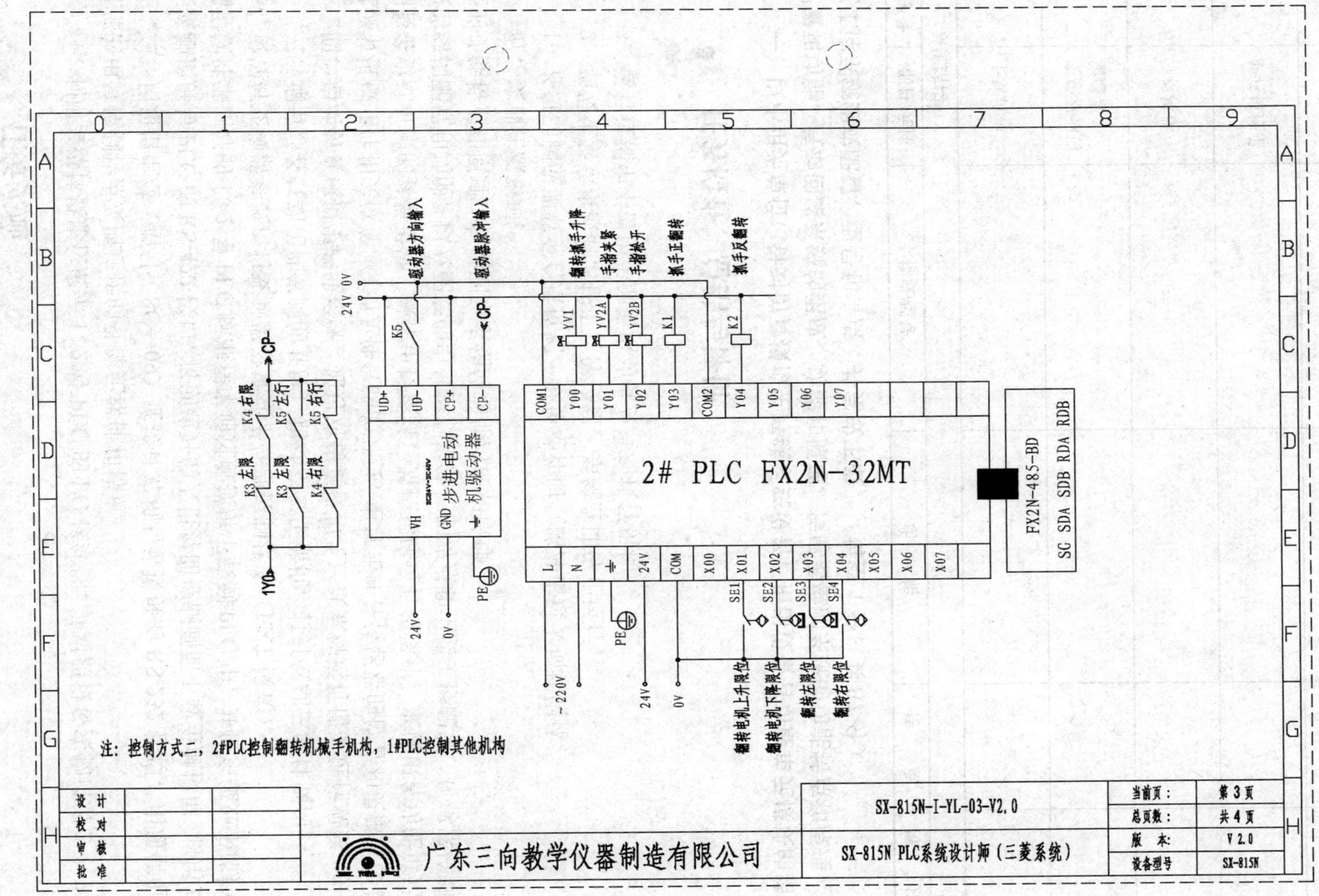
1Y0
K3 左限
K4 右限
CP-
K3 左限
K5 左行
K4 右限
K5 右行
24V 0V
UD+
UD-
K5
驱动器方向输入
24V
VH
DC24V~DC40V
0V
GND
步进电动机驱动器
CP+
PE
CP-
驱动器脉冲输入
COM1
Y00
YV1
翻转抓手升降
Y01
YV2A
手指夹紧
Y02
YV2B
手指松开
Y03
K1
抓手正翻转
COM2
Y04
K2
抓手反翻转
Y05
Y06
Y07
2# PLC FX2N-32MT
FX2N-485-BD
SC SDA SDB RDA RDB
L
~220V
N
24V
COM
0V
X00
SE1
X01
翻转电机上升限位
SE2
X02
翻转电机下降限位
SE3
X03
翻转左限位
SE4
X04
翻转右限位
X05
X06
X07
注：控制方式二，2#PLC控制翻转机械手机构，1#PLC控制其他机构
设计
校对
审核
批准
广东三向教学仪器制造有限公司
SX-815N-I-YL-03-V2.0
SX-815N PLC系统设计师（三菱系统）
当前页：第3页
总页数：共4页
版本：V2.0
设备型号 SX-815N

图 1-60

任务实施

一、利用多媒体投影仪展示1、2号PLC的I/O接线图，并对照设备实物讲解2个PLC外部的电气控制特点及所连接的外部元器件和特点。

二、用通信电缆（型号：SC—09）连接计算机与触摸屏的RS-232接口，用通信电缆连接触摸屏与PLC的RS-422接口，将创建好的人机界面控制画面下载至触摸屏。将用GX编程软件编制好的1、2号PLC标准程序通过触摸屏下载到PLC中，并使系统处于监控状态。设置好变频器参数，将变频器设置处于外部控制状态（EXT模式）。

三、调节好各气动元件气阀的开度，启动空气压缩机，打开气动三联件阀门。

四、启动仿真模拟生产线系统，通过对仿真模拟生产线系统运行情况进行观察，并通过调节机械元件相关位置，气动元件气阀的开度，电气元件各传感器的位置和灵敏度参数，调整各驱动机械的参数设置，操作电控系统，监控程序运行等操作，来认识各功能单元模块的结构配置和功能，以及配套的电气控制系统控制特点和主要工控配置、传感器检测系统的功能特点和原理、气动回路系统的功能组成和原理。

五、实训注意事项：

1．各气动阀应调节至合适位置，以免动作时气路冲击过大损坏阀体。

2．当发生紧急事故时，按下急停按钮，系统立即停止运行。

3．运行过程中不得用手触摸电动机及气动执行机构。

任务检查、总结与评价

一、以小组为单位，针对仿真模拟生产线系统设备，指出设备各功能单元模块的结构配置和功能，气动回路系统的组成、功能和原理，传感器检测系统的功能特点和原理，电气工控系统组成配置、型号和特点，并完成下表。（每空1分，共87分）

序号	部件/元件	构成/型号	功　能	特　点	得　分
一、系统结构					
1	上料机构				
2	变频器调速输送带				
3	推料模块				
4	翻转机械手				
5	吸盘式移动机械手				

续表

序号	部件/元件	构成/型号	功 能	特 点	得 分
二、气动系统					
1	空气压缩机				
2	气动三联件				
3	普通气缸				
4	真空发生器与真空吸盘				
5	气动手指				
6	单向节流阀				
7	单电控电磁换向阀				
8	双电控电磁换向阀				
三、驱动系统					
1	三相交流电动机				
2	直流电动机				
3	步进电动机				
四、传感器					
1	光纤传感器				
2	磁性开关				
3	末端传感器				

续表

序号	部件/元件	构成/型号	功　能	特　点	得　分
4	对射式光电传感器				
五、检测模块传感器					
1	电容传感器				
2	电感式传感器				
3	漫反射光电传感器				
六、主要工控配置					
1	1 号 PLC				
2	2 号 PLC				
3	触摸屏				
4	变频器				
5	通信模块				
6	功能模块				

二、通过阅读 1、2 号 PLC 的 I/O 接线图及对照 PLC 外围 I/O 实物布置所掌握的信息，请完成以下问题。（每空 1 分，共 23 分）

1．一号 PLC 的 I/O 信息问题。

（1）急停开关连接的是________（常开/常闭）按钮，接于输入点________；

（2）输入点 X15 为翻转电动机左限位传感器，其实物在翻转电动机________（左/右）侧；

（3）手动/自动选择开关，接于输入点 X7，如置于接通状态应是________状态；

（4）材质判别传感器接于输入点________对________材料有输出反应；

（5）颜色判别传感器接于输入点________对________颜色材料有输出反应；

（6）姿势判别传感器接于输入点________对________材料有输出反应；

（7）翻转抓手处于下降时，输出点 Y10 应________（有电/无电）；它采用________（单/双）线圈电磁阀控制；

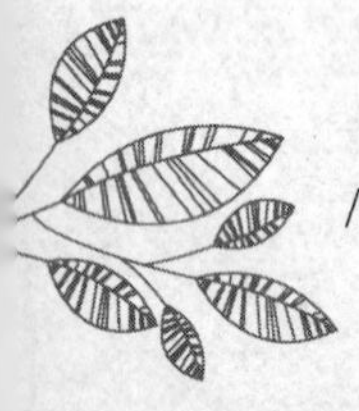

（8）抓手正翻转时，翻转电动机应是________（顺时针/逆时针）；它接于输出点________。

2．二号 PLC 的 I/O 信息问题。

（1）步进电动机原点传感器位于________（靠近/远离）传输带位置；

（2）龙门架如向工位 5 方向移动（远离传输带），应该是________输出点有输出；

（3）控制吸盘动作的电磁阀是________（单/双）线圈电磁阀；如在吸附状态时，电磁阀失电，所吸附物件将________（保持/掉落）。

3．两个 PLC 间 485-BD 的通信连接应该是。

（1）1 号 PLC“SDA”接 2 号 PLC“________”；

（2）1 号 PLC“SDB”接 2 号 PLC“________”；

（3）1 号 PLC“RDA”接 2 号 PLC“________”；

（4）1 号 PLC“RDB”接 2 号 PLC“________”；

（5）1 号 PLC“SG”接 2 号 PLC“________”。

三、各小组对工作岗位的“6S”处理。

在小组和教师都完成工作任务总结以后，各小组必须对自己的工作岗位进行“整理、整顿、清扫、清洁、安全、素养”；归还所借的工具和资料。

四、学生对本项目学习成果自我评估与总结。

____

____

____

____

____

（可以参考以下几点提示：你掌握了哪些知识点？你在操作设备试运行过程中出现了哪些问题，怎么解决的？说说你的心得体会。）

五、对学生综合职业能力进行评价。

综合评价表 1

班级：________ 小组：________ 姓名：________		指导教师：________ 日期：________					
评价项目	评价标准	评价依据	评价方式			权重	得分小计
			学生自评 20%	小组互评 30%	教师评价 50%		
职业素养	1．遵守规章制度、劳动纪律； 2．有良好的职业道德和职业行为规范； 3．积极主动承担工作任务，爱岗敬业、勤学好问、有较强责任意识，按时按质完成工作任务； 4．具备严谨细致的工作作风，积极向上、努力进取精神； 5．注意人身安全与设备安全； 6．自觉认真完成工作岗位的 6S	1．出勤、仪容仪表； 2．工作态度和行为； 3．学习和劳动纪律； 4．团队协作精神； 5．完成工作岗位的 6S				0.2	

续表

班级：________ 小组：________ 姓名：________		指导教师：________ 日期：________					
评价项目	评价标准	评价依据	评价方式			权重	得分小计
			学生自评 20%	小组互评 30%	教师评价 50%		
专业能力	1. 能叙述生产线各功能单元模块的配置和功能，会调整机械机构位置； 2. 能叙述传感器的功能、原理和特点，以及能进行灵敏度的调节； 3. 掌握气动回路系统的功能、原理和特点，以及气动系统运行的调试方法； 4. 掌握生产线工控系统的配置，掌握PLC的I/O接线图的意义和PLC外部元器件电气控制的特点； 5. 会操作运行设备，掌握试运行时的注意事项； 6 符合安全操作规程	1. 操作的准确性和规范性； 2. 工作页或项目技术总结完成情况； 3. 专业技能任务完成情况				0.5	
方法能力	1. 能够将理论联系实际，自主学习，独立完成工作任务； 2. 善于阅读分析和总结归纳规律，积累经验和技巧，具备收集及处理信息的能力； 3. 具备良好的工作敏感性及分析和处理生产中出现的突发事件能力； 4. 具有较强的工作服务意识； 5. 在任务完成过程中能提出自己的有一定见解的方案，具备创新能力； 6. 在教学或生产管理上提出合理建议，具有创新性	1. 学习过程能力表现； 2. 处理突发事件的能力表现； 3. 创新方案的可行性及意义； 4. 合理建议的可行性				0.15	
社会能力	1. 具备团队合作精神和能力； 2. 拥有良好的与人交流、沟通表达、合作能力； 3. 具有组织管理、协调处理和解决问题的能力	学习过程能力表现情况				0.15	
合计							

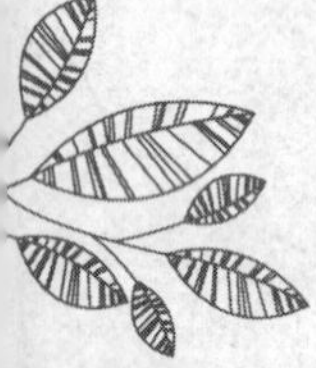

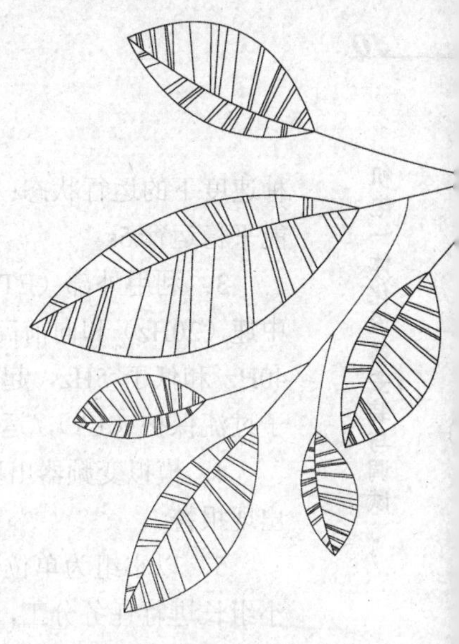

学习任务二

生产线传送带变频驱动的调试

Chapter 2

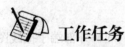

工作任务

生产线传送带的运行调试

任务描述

生产线传送带单元主要由直线皮带机构、传动带驱动机构（AC220V三相交流变频电动机）、变频器驱动模块等组成。

其功能是当送料机构把工件放到输送带上后，变频器通过PLC的程序控制，驱动传送带电动机在不同的负载、转速运转工作，把工件移到检测区域进行各种检测，最后将工件移动到尾端的龙门机械手进行分拣。现要求对生产线传送带的变频驱动进行基本运行调试。

任务要求

1．利用内部（PU）点动控制模式，对传送带进行双向点动试运行，测试传送带是否卡死；要求向前频率为10Hz，向后为8Hz。

2．利用内部（PU）控制模式，对传送带进行向前单向连续试运行，测试传送带在各种速度下的运行状态；要求从 5Hz 起动一直升速至 50Hz，刚起动时传送带放置 5 个工件能平稳运行 5s。

3．利用外部（ETX）控制模式，通过 PLC 程序实现传送带向后低速（10Hz）、向前中速（20Hz）和向前高速（30Hz）三段速的运行功能测试；要求传送带运行频率不能高于 40Hz 和低于 5Hz，起动频率为 3Hz，频率加减速时间（1.5s），传送带电动机必须设置电子过流保护（1A），运行后变频器禁止改变参数。

4．模拟变频器出现异常情况，可将 Pr9 电子过流保护设成 0.01A，过一分钟左右，会出现报警。

5．以小组为单位，在小组内通过分析、对比、讨论决策出最优的实施步骤方案，由小组长进行任务分工，完成工作任务。

能力目标

1．职业素养目标

培养学生具有自觉遵守教学和企业规章制度、劳动纪律，使学生养成良好的职业道德和职业行为习惯，爱岗敬业、勤学好问、有较强责任意识，按时按质自觉地完成工作任务。

2．专业能力目标

（1）掌握变频器的基本结构、工作原理及外观结构；

（2）会阅读变频器的产品使用手册；掌握变频器系统原理图，理解外部端子接线图意义及能进行电气接线；

（3）熟练进行变频器操作面板的操作使用；

（4）掌握变频器常用基本参数的意义和预置设定方法；

（5）熟练进行变频器的各种运行模式的操作及运行；

（6）掌握变频器与 PLC 综合应用实现多段速运行控制的方法；

（7）掌握传送带变频驱动进行运行调试的实际操作。

3．方法能力和社会能力目标

培养学生具有自学、阅读、表达、总结、信息收集处理与积累、独立分析、创新改造等方法能力；和交流沟通、合作、评价、综合决策、处理和解决问题等社会能力。

任务准备

一、变频调速及变频器的原理、结构

变频器主要用于交流电动机（异步电动机或同步电动机）转速的调节，是公认的交流电动机最理想、最有前途的调速方案，除了具有卓越的调速性能之外，变频器还有显著的节能作用，是企业技术改造和产品更新换代的理想调速装置。

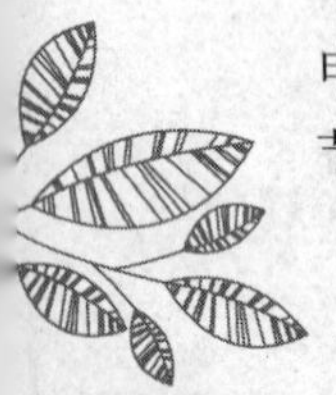

1．变频调速原理

交流电动机的转速表达式

$$n=60\,f(1-s)/p$$

式中

n——异步电动机的转速；

f——异步电动机的频率；

s——电动机转差率；

p——电动机极对数。

由上式可知，交流电动机改变转速方法有：

（1）改变磁极对数。通过改变定子绕组的接法来实现；

（2）改变转差率。这种方法适用于绕线转子异步电动机，通过滑环与电刷改变外接电阻值来进行调速（见图 2-1）；

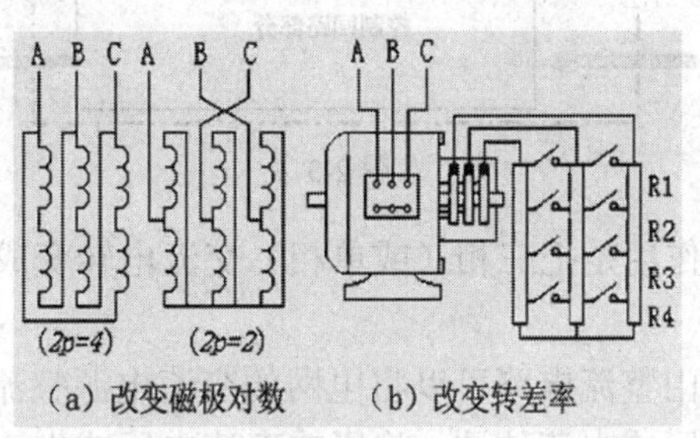

图 2-1

（3）改变频率。由式可知，转速 n 与频率 f 成正比，只要改变频率 f 即可改变电动机的转速，当频率 f 在 0～50Hz 的范围内变化时，电动机转速调节范围非常宽。变频器就是通过改变电动机电源频率实现速度调节的，是一种理想的高效率、高性能的调速手段（见图 2-2）。

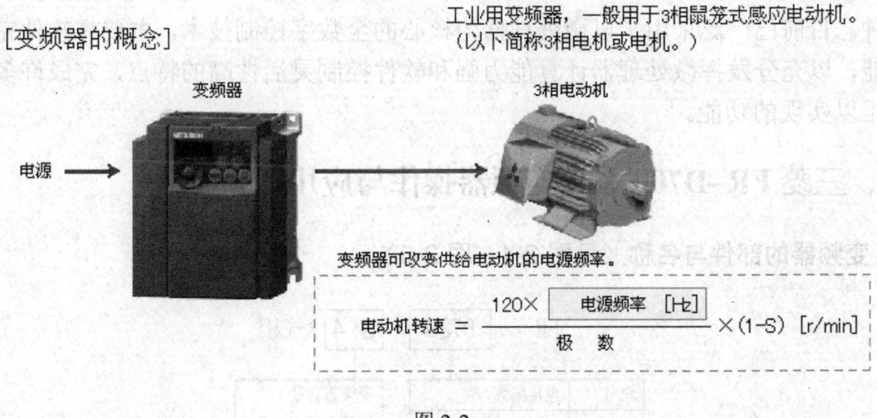

图 2-2

2．变频器的结构原理

通用变频器由主电路和控制电路组成，其基本结构如图 2-3 所示。主电路包括整流器、中间直流环节和逆变器。控制电路由运算电路、检测电路、控制信号的输入/输出电路和驱动电路组成。

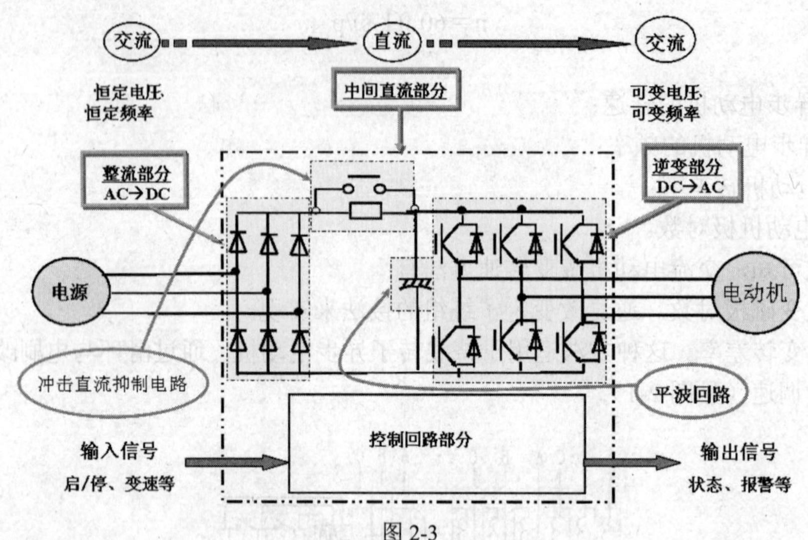

图 2-3

（1）整流电路：主要作用是把三相（或单相）交流电转变成直流电，为逆变电路提供所需的直流电源。

（2）直流中间电路：由整流电路可以将电网的交流电源整流成直流电压或直流电流，但这种电压或电流含有电压或电流纹波，将影响直流电压或电流的质量。为了减小这种电压或电流的波动，需要加电容器或电感器作为直流中间环节。

（3）逆变电路：是变频器最主要的部分之一，它的功能是在控制电路的控制下，将直流中间电路输出的直流电压转换为电压、频率均可调的交流电压，实现对异步电动机的变频调速控制。

（4）控制电路：为变频器的主电路提供通断控制信号的电路称为控制电路。其主要任务是完成对逆变器开关器件的开关控制和提供多种保护功能，控制方式有模拟控制和数字控制两种。目前已广泛采用了以微处理器为核心的全数字控制技术，主要靠软件完成各种控制功能，以充分发挥微处理器计算能力强和软件控制灵活性高的特点，完成许多模拟控制方式难以实现的功能。

二、三菱 FR–D700 系列变频器操作与应用

1．变频器的部件与名称（见图 2-4、图 2-5）

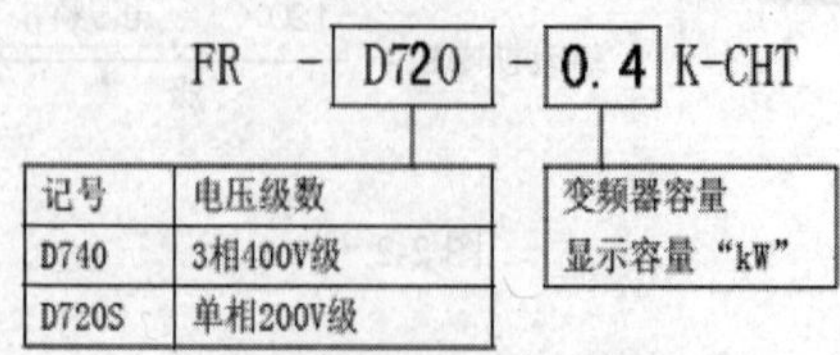

图 2-4

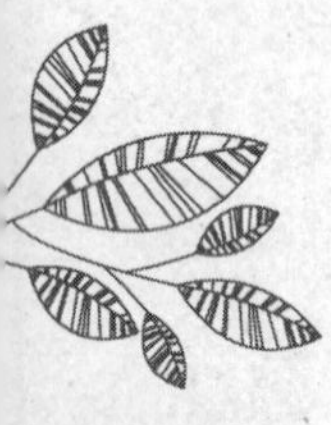

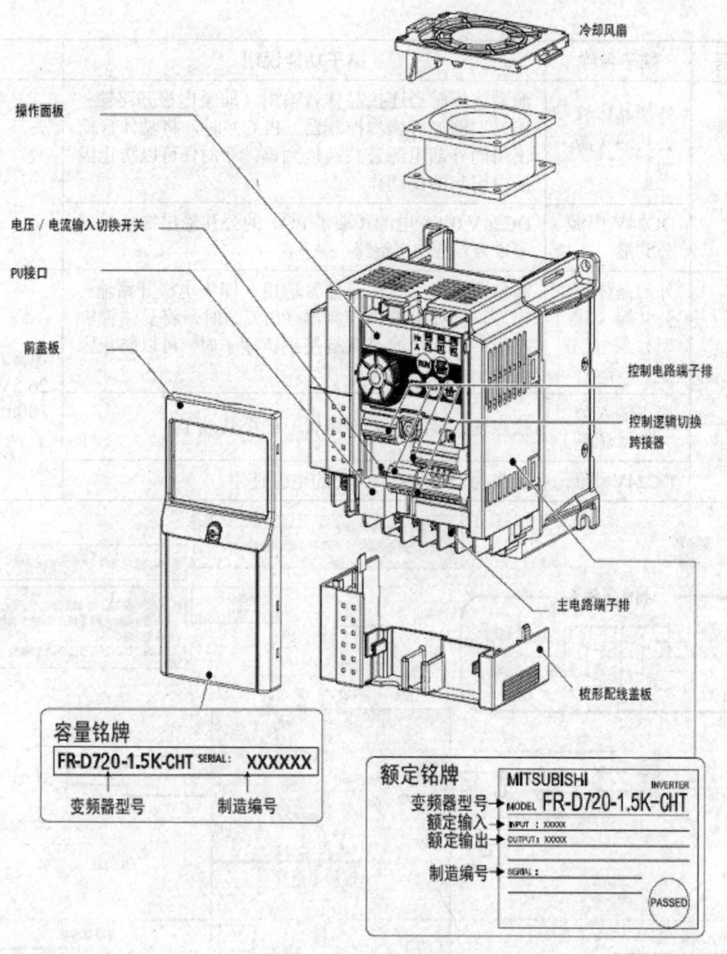

图 2-5

2．变频器的接线图

（1）控制端子接线图（见图 2-6）

（2）控制电路端子的说明

▭部分的端子可以通过 Pr.178～Pr.182、Pr.190、Pr.192（输入输出端子功能选择）选择端子功能。

① / 输入信号

种类	端子记号	端子名称	端子功能说明		额定规格
接点输入	STF	正转启动	STF 信号 ON 时为正转、OFF 时为停止指令	STF、STR 信号同时 ON 时变成停止指令	输入电阻 4.7kΩ 开路时电压 DC21～26V 短路时 DC4～6mA
	STR	反转启动	STR 信号 ON 时为反转、OFF 时为停止指令		
	RH、RM、RL	多段速度选择	用 RH、RM 和 RL 信号的组合可以选择多段速度		
	SD	接点输入公共端（漏型）（初始设定）	接点输入端子（漏型逻辑）		—

续表

种类	端子记号	端子名称	端子功能说明	额定规格
接点输入	SD	外部晶体管公共端（源型）	源型逻辑时当连接晶体管输出（即集电极开路输出），例如可编程控制器（PLC）时，将晶体管输出用的外部电源公共端接到该端子时，可以防止因漏电引起的误动作	
		DC24V 电源公共端	DC24V 0.1A 电源（端子 PC）的公共输出端子与端子 5 及端子 SE 绝缘	
	PC	外部晶体管公共端（漏型）（初始设定）	漏型逻辑时当连接晶体管输出（即集电极开路输出），例如可编程控制器（PLC）时，将晶体管输出用的外部电源公共端接到该端子时，可以防止因漏电引起的误动作	电源电压范围 DC22～26.5V 容许负载电流 100mA
		接点输入公共端（源型）	接点输入端子（源型逻辑）的公共端子	
		DC24V 电源	可作为 DC24V、0.1A 的电源使用	

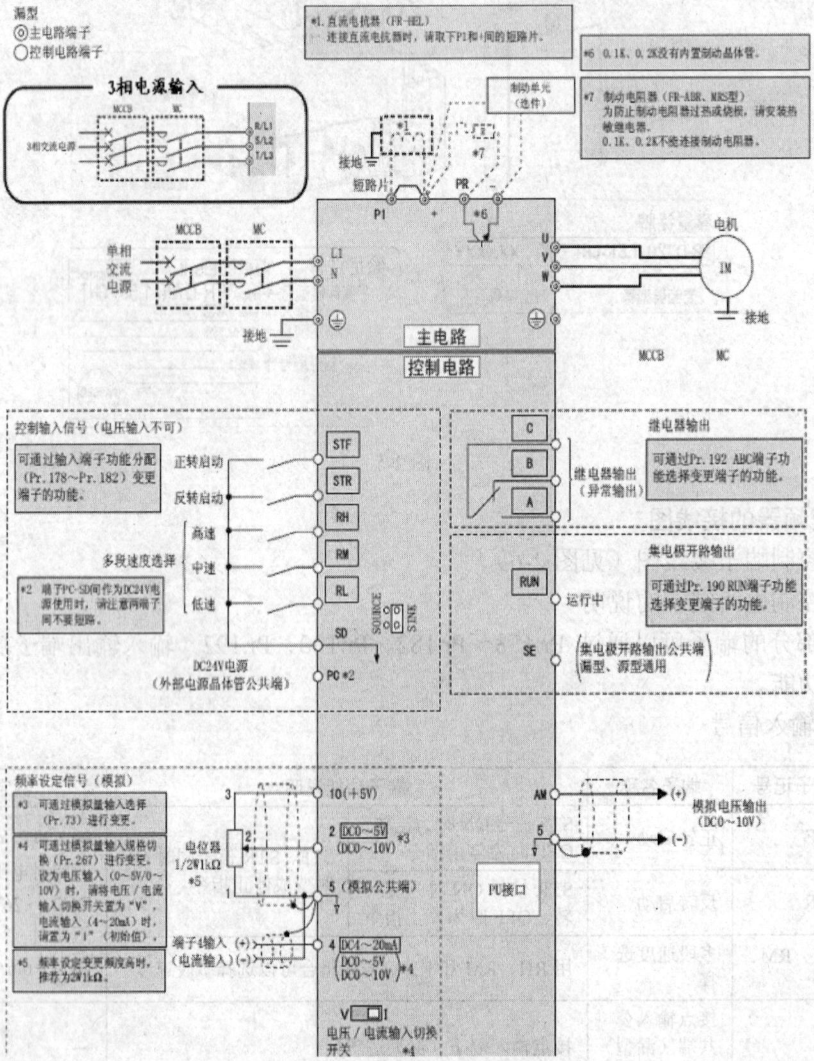

图 2-6

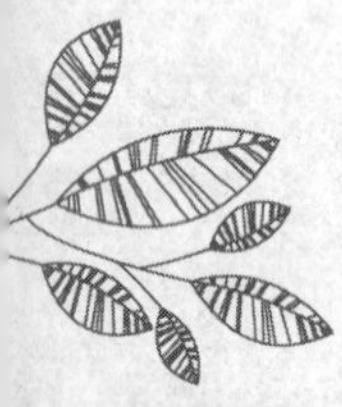

② / 输出信号

种　类	端子记号	端子名称	端子功能说明	额定规格
维电器	A、B、C	继电器输出（异常输出）	指示变频器因保护功能动作时输出停止的 1c 接点输出。异常时：B-C 间不导通（A-C 间导通），正常时；B-C 间导通（A-C 间不导通）	接点容量 AC230V 0.3A（功率因数=0.4）DC30V 0.3A
集电极开路	RUN	变频器正在运行	变频器输出频率为启动频率（初始值 0.5Hz）或以上时为低电平，正在停止或正在直流制动时为高电平。低电平表示集电极开路输出用的晶体管处于 ON（导通状态）。高电平表示处于 OFF（不导通状态）	容许负载 DC24V（最大 DC27V）0.1A（ON 时最大电压降 3.4V）
	SE	集电极开路输出公共端	端子 RUN 的公共端子	—
模拟	AM	模拟电压输出	可以从多种监视项目中选一种作为输出，变频器复位中不被输出。输出信号与监视项目的大小成比例 输出项目：输出频率（初始设定）	输出信号 DC0～10V 许可负载电流 1mA（负载阻抗 10kΩ以上）分辨率 8 位

3．操作面板说明（见图 2-7）

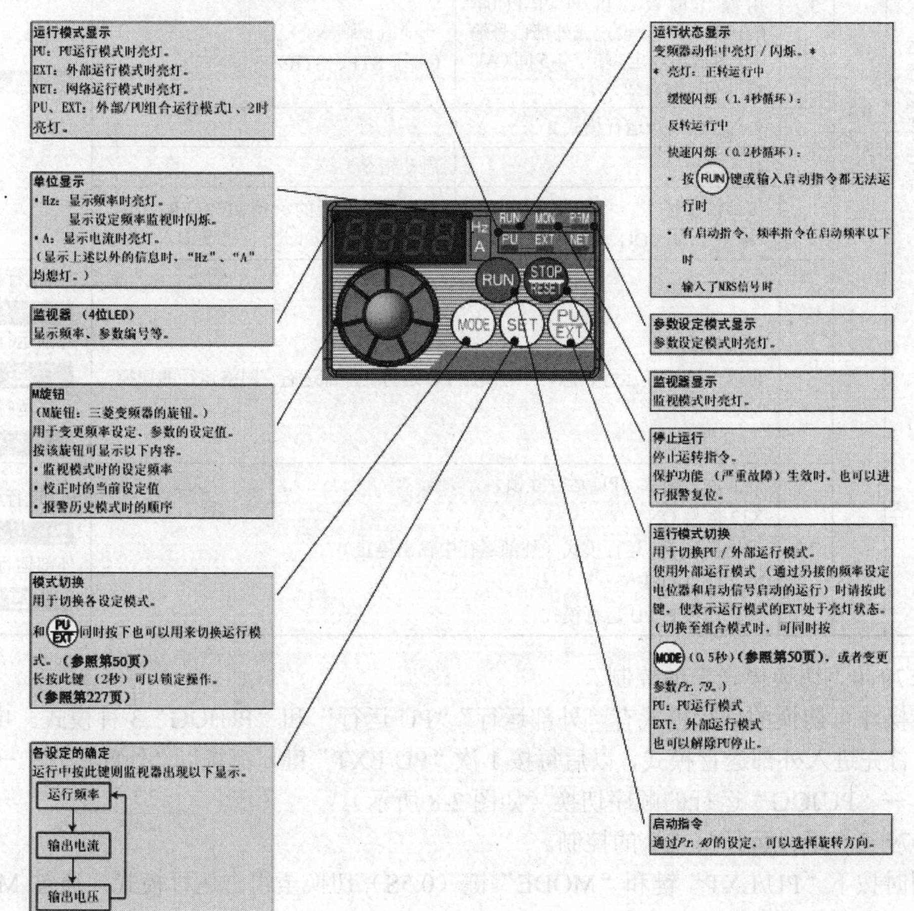

图 2-7

4．变频器常用参数的说明及设置

（1）运行模式选择 Pr.79

参数编号	名称	初始值	设定范围	内容	LED 显示 ▭：灭灯 ▭：亮灯
79	运行模式选择	0	0	外部/PU 切换模式。 （通过PU/EXT可切换 PU、外部运行模式。（参照第 19 页）） 电源接通时为外部运行模式。	外部运行模式 EXT PU 运行模式 PU
			1	PU 运行模式固定	PU
			2	外部运行模式固定 可以切换外部、网络运行模式进行运行	外部运行模式 EXT 网络运行模式 NET
			3	外部/PU 组合运行模式 1 频率指令：用操作面板、PU（PR-PU04-CH/FR-PU07）设定或外部信号输入（多段速设定，端子 4-5 间（AU 信号 ON 时有效）） 启动指令：外部信号输入（端子 STF、STR）	PU EXT
			4	外部/PU 组合运行模式 2 频率指令：外部信号输入（端子 2、4、JOG、多段速选择等） 启动指令：通过操作面板的RUN键、PU（FR-PU04-CH/FR-PU07）的FWD、REV键输入	PU EXT
			6	切换模式 可以一边继续运行状态，一边实施 PU 运行、外部运行、网络运行的切换。	PU 运行模式 PU 外部运行模式 EXT 网络运行模式 NET
			7	外部运行模式（PU 运行互锁） X12 信号 ON* 可切换到 PU 运行模式（外部运行中输出停止） X12 信号 OFF* 禁止切换到 PU 运行模式	PU 运行模式 PU 外部运行模式 EXT

Pr.79=0“切换模式”的控制。

该操作可切换的运行模式有“外部运行”“PU 运行”和“PUJOG”3 种模式。电源接通时，首先进入外部运行模式，以后每按 1 次“PU/EXT”键，都将以“外部运行”→“PU 运行”→“PUJOG”运行的顺序切换（如图 2-8 所示）。

Pr79=3“组合运行模式”的控制。

同时按下“PU/EXT”键和“MODE”键（0.5S）切换至组合运行模式。通过 M 旋钮选择启动指令和频率指令组合，如图 2-9 所示。

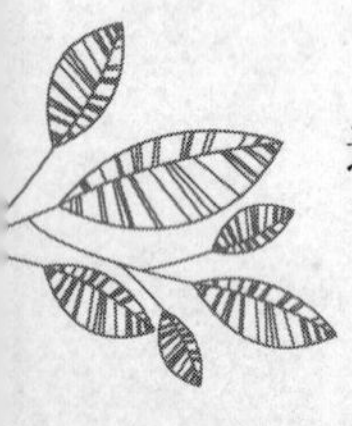

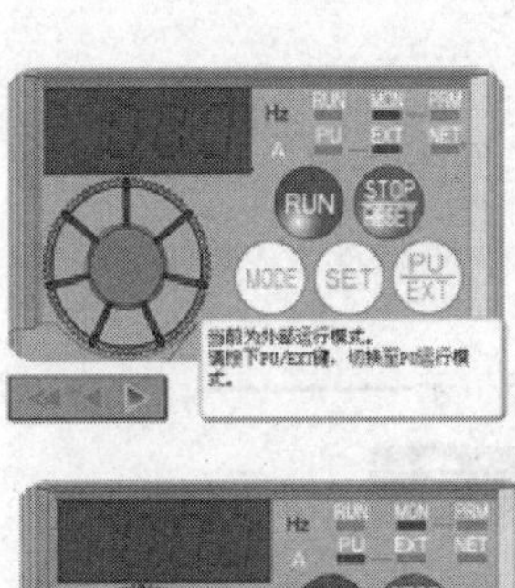

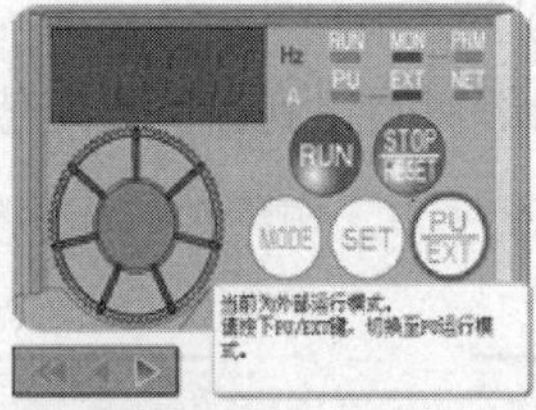

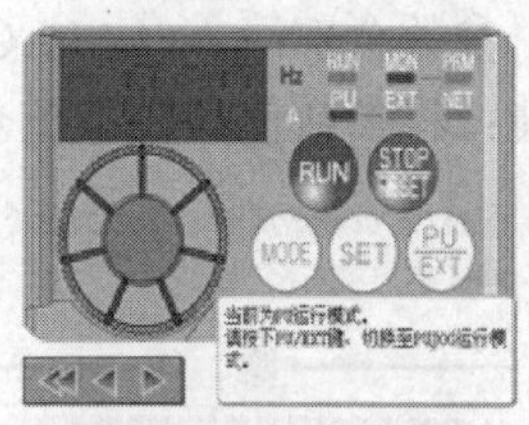

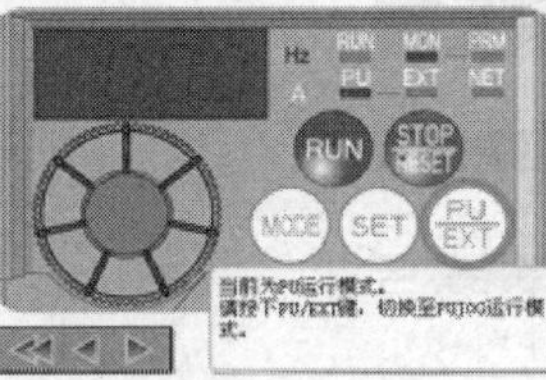

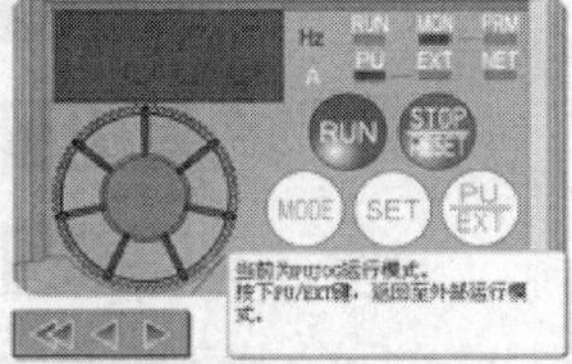

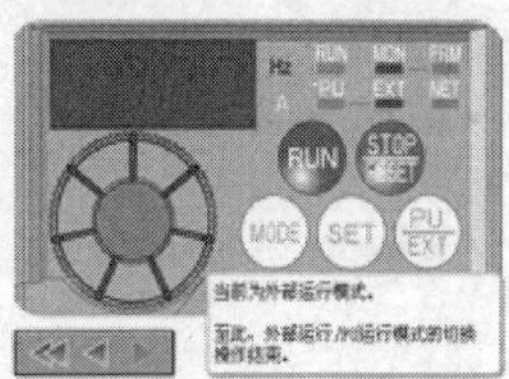

图 2-8

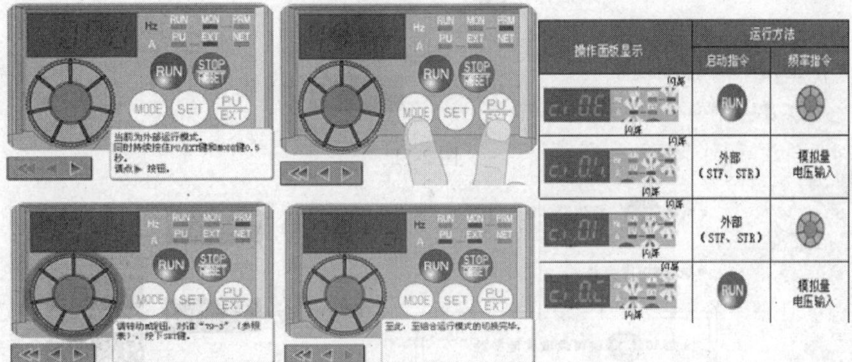

图 2-9

（2）扩张参数显示 Pr.160

设置 Pr.160=“0”，功能是显示变频器的扩张参数（见图 2-10）。

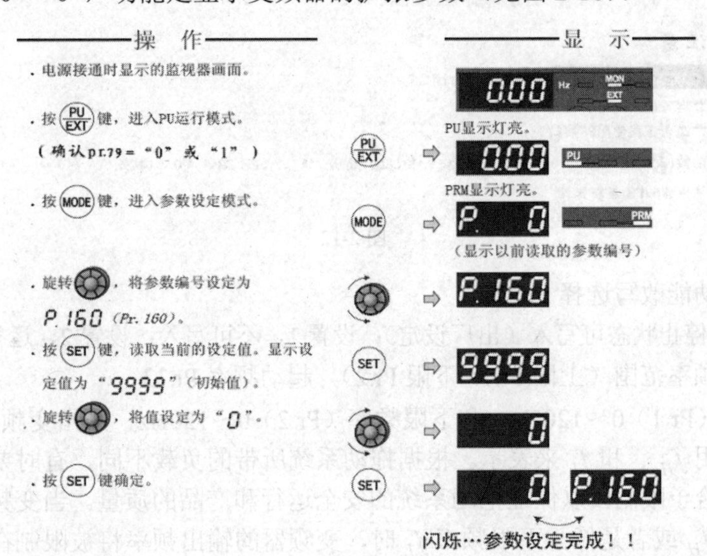

图 2-10

（3）参数全部清零（ALLC）

功能：将参数值和校准值全部初始化到出厂设定值（见图 2-11、图 2-12）。

设定*Pr. CL参数清除*、*ALLC参数全部清除*＝“1”，可使参数恢复为初始值。（如果设定*Pr. 77参数写入选择*＝“1”，则无法清除。）

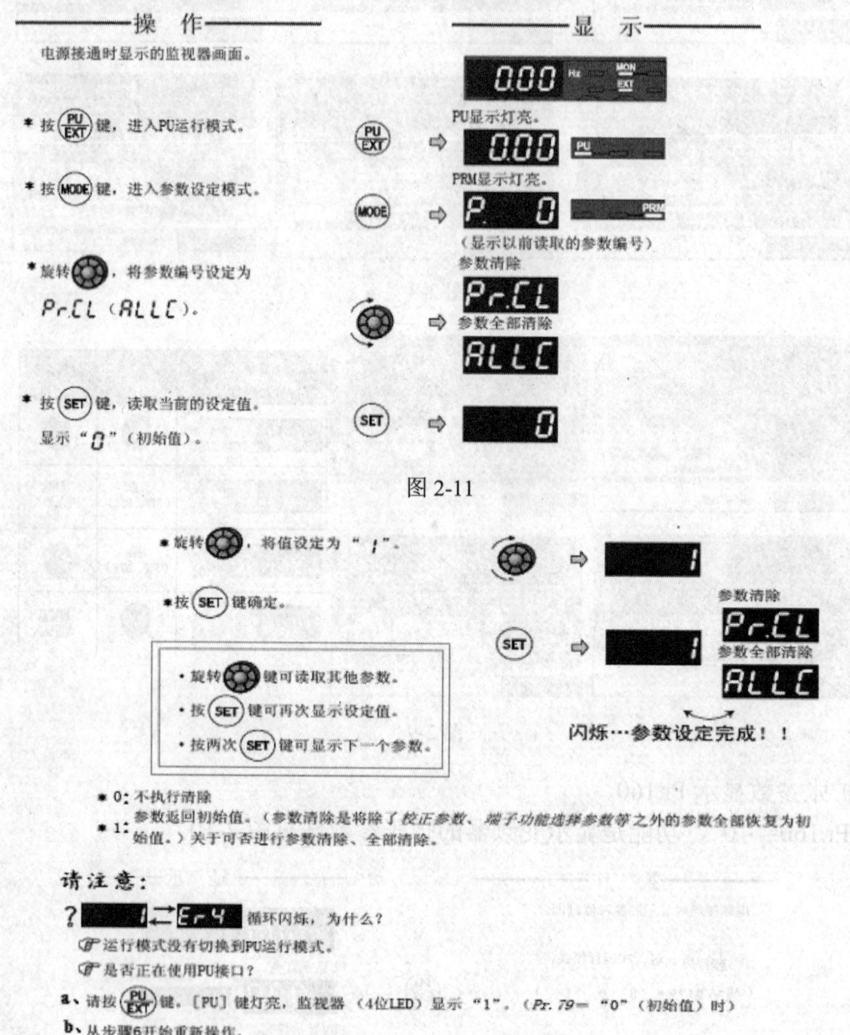

图 2-12

（4）禁止功能改写选择 Pr.77

设置 0，在停止状态可写入（出厂设定）；设置 1，不可写入；设置 2，运行时亦可写入。

（5）输出频率范围（上限 Pr.1. 下限 Pr.2），起动频率 Pr.13

上限频率（Pr 1）0～120Hz，和下限频率（Pr 2）0～120Hz：是指变频器输出的最高、最低频率，常用 f_H 、和 f_L 来表示。根据拖动系统所带的负载不同，有时要对电动机的最高、最低转速给予限制，以保证拖动系统的安全运行和产品的质量。当变频器的给定频率高于上限频率 f_H 或者是低于下限频率 f_L 时，变频器的输出频率将被限制在上限频率或下限频率，Pr.1、Pr.2 参数示意如图 2-13 所示。

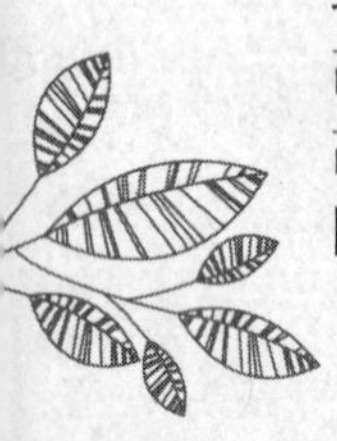

起动频率（Pr.13）0～60Hz ：设定在 STF（STR）接通时的频率，只有给定频率达到起动频率时，变频器才有输出电压，当 Pr.2 设定值高于 Pr.13 时，电动机将运行在起动频率，不执行设定下限频率。

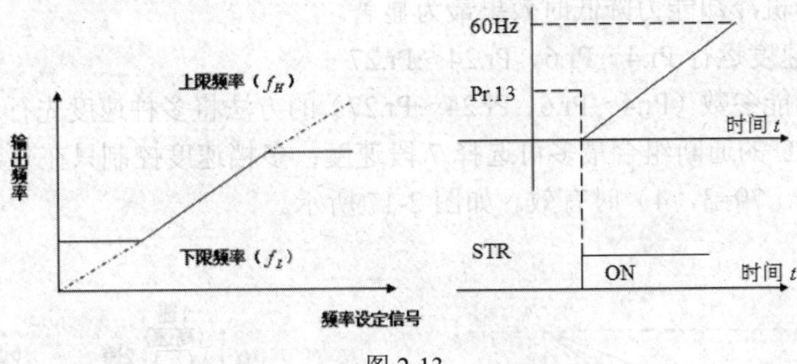

图 2-13

（6）频率加减速时间 Pr.7 、Pr.8，加减速基准频率 Pr.20

Pr.7，Pr.8 用于设定电动机加速、减速时间，Pr.7 的值设得越大，加速时间越慢；Pr.8 的值设得越大，减速越慢。Pr.20 是加、减速基准频率（出厂设定为 50Hz），Pr.7 设的值就是从 0 加速到 Pr.20 所设定的频率上的时间，Pr.8 所设定的值就是从 Pr.20 所设定的频率减速到 0 的时间，与电动机容量相关。如图 2-14 所示。

（7）点动运行 Pr.15、Pr.16

点动频率：Pr.15（0～120 Hz），出厂时的给定值是 5Hz，如果想改变此值可通过预置 Pr.15（点动频率）、Pr.16（点动频率加、减速时间，0～360s）两参数完成。如图 2-15 所示。

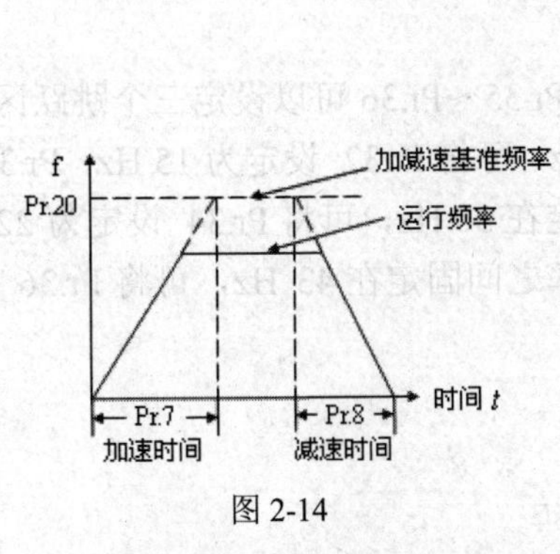

图 2-14

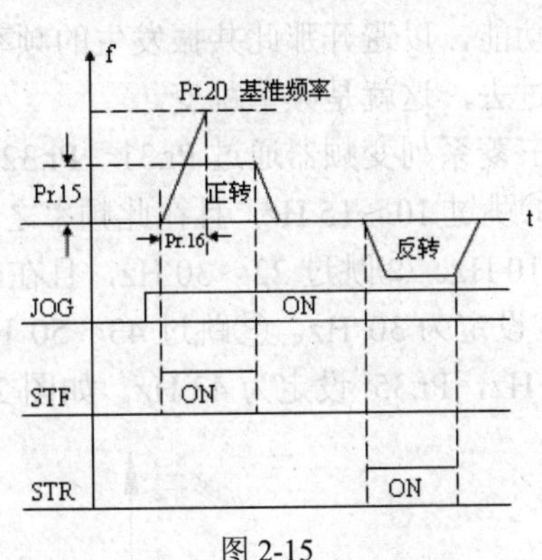

图 2-15

（8）RUN 键旋转方向的选择 Pr.40

此参数主要用于改变变频器的输出相序，即改变电动机的旋转方向。当 Pr.40 设置为 0 时，按下 RUN 键，电动机正转启动，Pr.40 设置为 1 时，按下 RUN 键，电动机反转启动。

（9）转矩提升 Pr.0

调整范围 0%～30%，出厂设定为 2%～6%。

此参数主要用于设定电动机启动时的转矩大小，通过设定此参数，补偿电动机绕组上的电压降，改善电动机低速时的转矩性能，假定基底频率电压为 100%，用百分数设定 0 时的电压值。设定过大，将导致电动机过热；设定过小，启动力矩不够，一般最大值设定为 10%。如图 2-16 所示。

（10）电子过流保护 Pr.9

Pr.9 设置 0～500A，一般设为额定电流。

通过设定电子过流保护的电流值，可防止电动机过热，可以得到最优的保护性能。在低速运行时电动机冷却能力降低时效果最为显著。

（11）多段速度运行 Pr.4～Pr.6、Pr.24～Pr.27

采用设置功能参数（Pr.4～Pr.6、Pr.24～Pr.27）的方法将多种速度先行设定，运行时通过 RH、RM、RL 的通断组合最多可选择 7 段速度；多档速度控制只在外部运行模式或组合运行模式（Pr. 79=3，4）时有效。如图 2-17 所示。

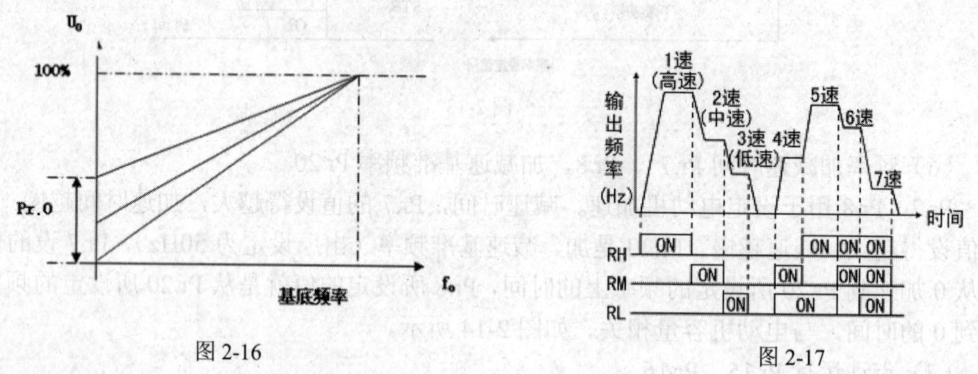

图 2-16　　图 2-17

（12）频率跳变 Pr.31～Pr.32.Pr.33～Pr.34、Pr.35～Pr.36

为了避开机械系统的固有频率，防止机械系统固有频率产生的共振，变频器设有频率跳变功能，以避开那此共振发生的频率点，对变频器的运行频率在某些范围内限制运行，即跳过去，这就是频率跳变。

三菱系列变频器通过 Pr.31～Pr.32.Pr.33～Pr.34、Pr.35～Pr.36 可以设定三个跳跃区。例如，①跳过 10～15 Hz，且在此频率之间固定在 10 Hz，可将 Pr.32 设定为 15 Hz，Pr.31 设定为 10 Hz。②跳过 22～30 Hz，且在此频率之间固定在 30 Hz，可将 Pr.34 设定为 22 Hz，Pr.33 设定为 30 Hz。③跳过 43～50 Hz，且在此频率之间固定在 43 Hz，可将 Pr.36 设定为 50 Hz，Pr.35 设定为 43 Hz。如图 2-18 所示。

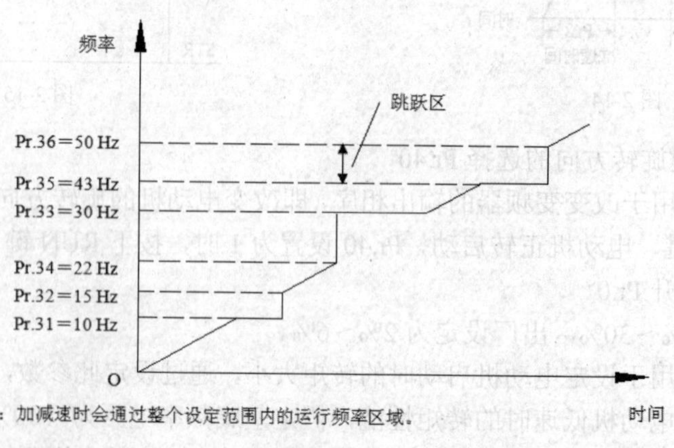

图 2-18

注：加减速时会通过整个设定范围内的运行频率区域。

5. 变频器的运行操作

(1) 内部 (PU) 运行模式操作

①通过 RUN 键实现变频器的正反转，如图 2-19 所示。

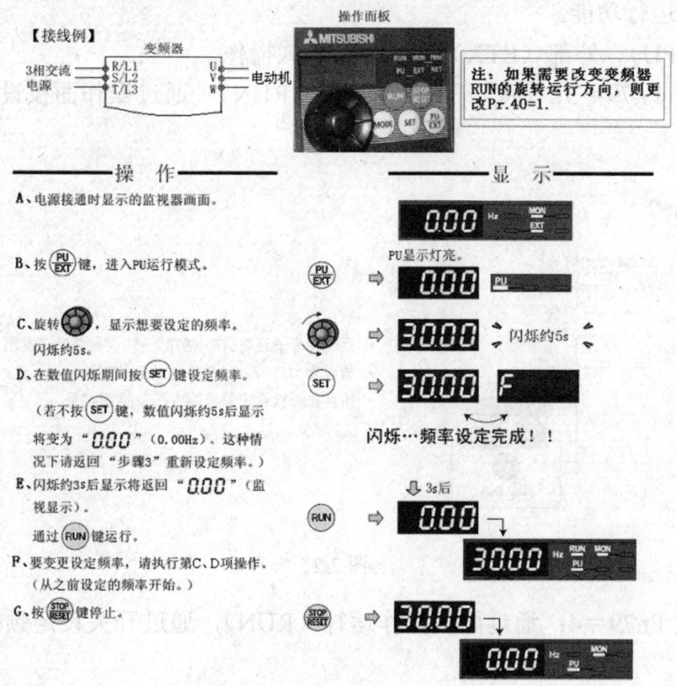

图 2-19

②将 M 旋钮作为电位器使用进行试运行，如图 2-20 所示。

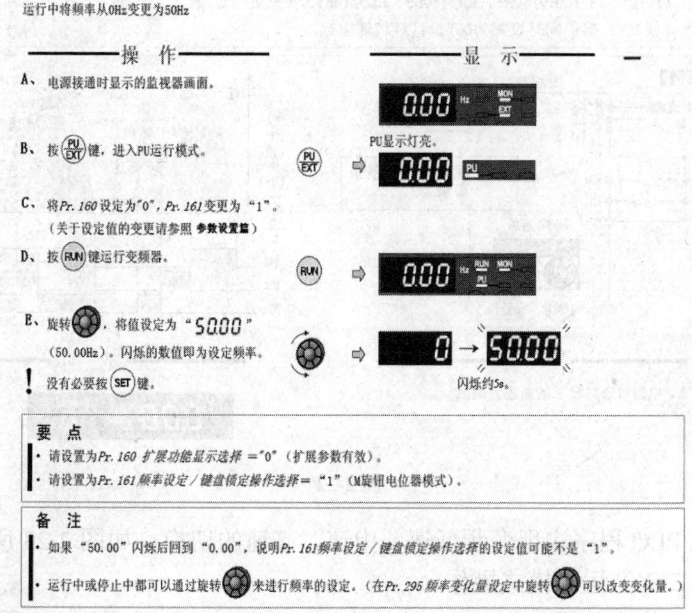

图 2-20

③通过 RUN 键实现变频器的点动试运行。

电源接通时，首先进入外部运行模式（EXT），按 2 次“PU/EXT”键后，进入内部点动运行模式（PUJOG），然后按下启动指令 RUN 键电动机运行，松开 RUN 键电动机停止运行，起到点动运行功能。

（2）内部（PU）、外部（ETX）组合运行模式操作

①组合模式 Pr.79＝3：通过开关操作运行（RUN），通过操作面板设定的频率。如图 2-21 所示。

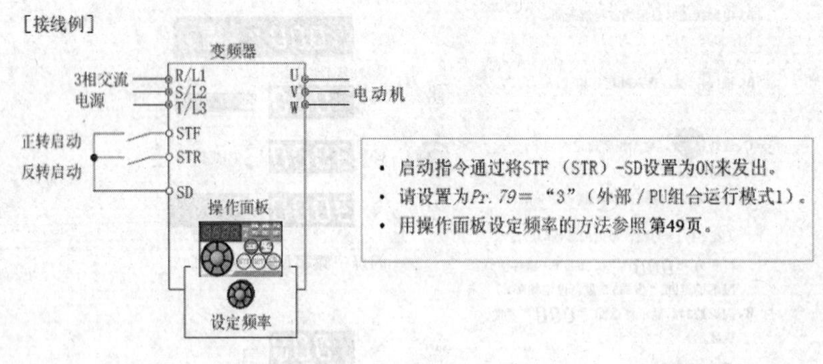

图 2-21

②组合模式 Pr.79＝4：通过面板操作运行（RUN），通过开关设定频率（3 速设定）。如图 2-22 所示。

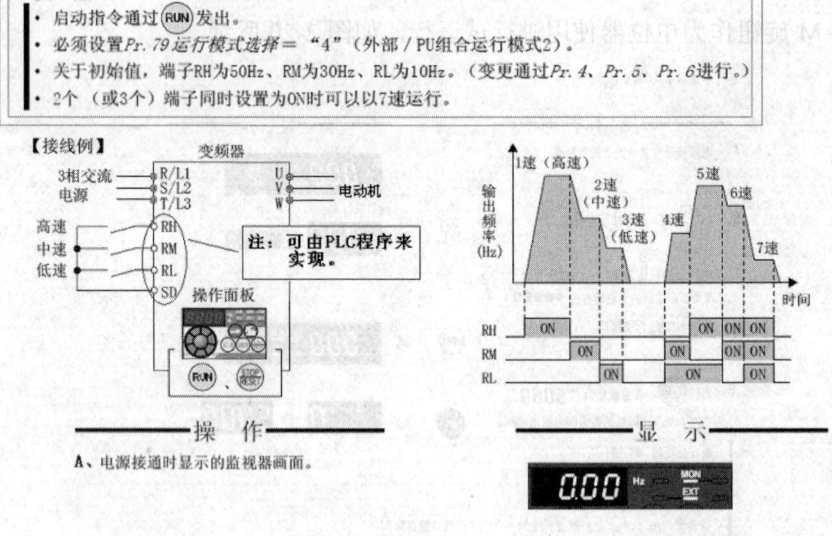

图 2-22

例如：通过 PLC 程序实现变频低速、中速、高速的切换。如图 2-23 所示。

（3）外部（ETX）运行模式操作

通过开关启动指令、频率指令（3 速设定）（Pr.4～Pr.6）。如图 2-24 所示。

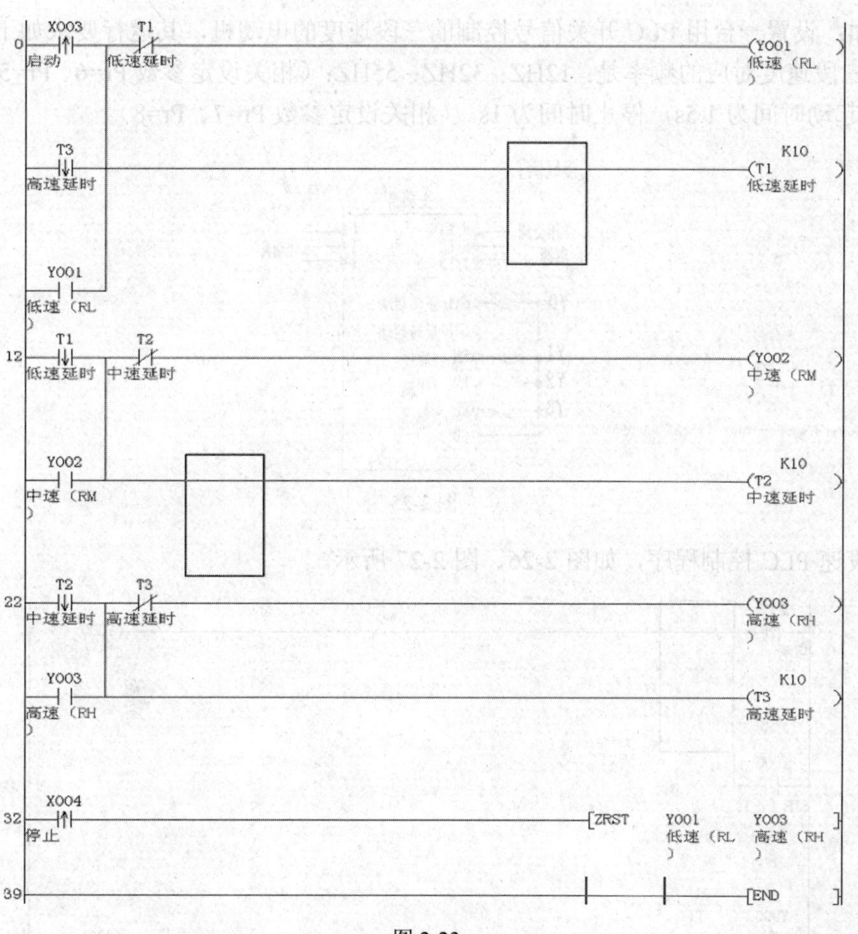

图 2-23

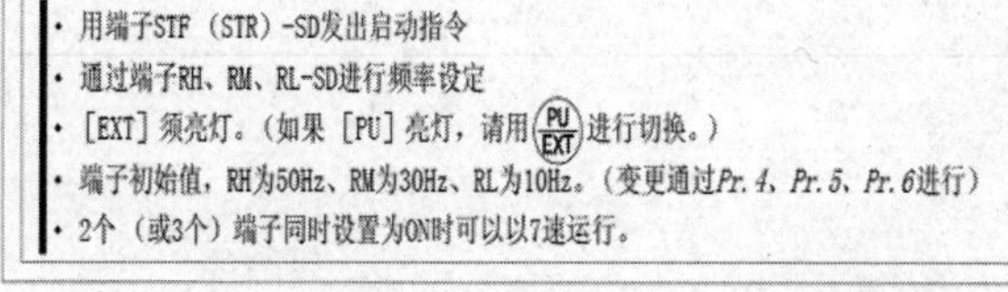

· 用端子STF（STR）-SD发出启动指令
· 通过端子RH、RM、RL-SD进行频率设定
· [EXT] 须亮灯。（如果 [PU] 亮灯，请用 PU/EXT 进行切换。）
· 端子初始值，RH为50Hz、RM为30Hz、RL为10Hz。（变更通过Pr.4、Pr.5、Pr.6进行）
· 2个（或3个）端子同时设置为ON时可以以7速运行。

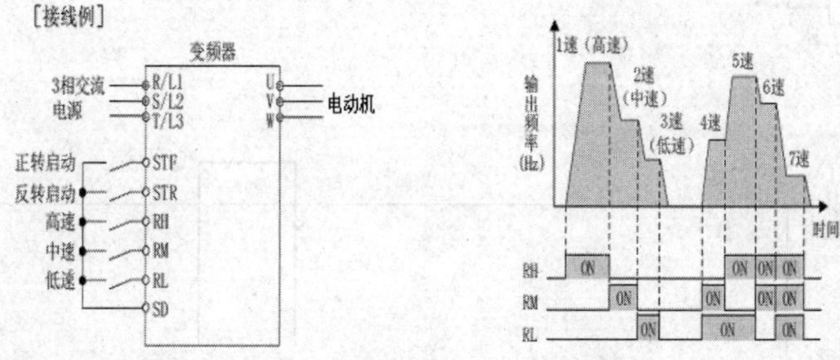

操作例 设定*Pr.4* 三速设定（高速）为“40Hz”，使端子RH、STF（STR）-SD为ON进行试运转。

图 2-24

例如：设置一台用PLC开关信号控制的三段速度的电动机，其运行要求如下：

a．三段速度对应的频率是：12HZ；32HZ；55HZ；（相关设定参数Pr=6、Pr=5、Pr=4、）

b．起动时间为1.5s，停止时间为1s。（相关设定参数Pr=7、Pr=8）

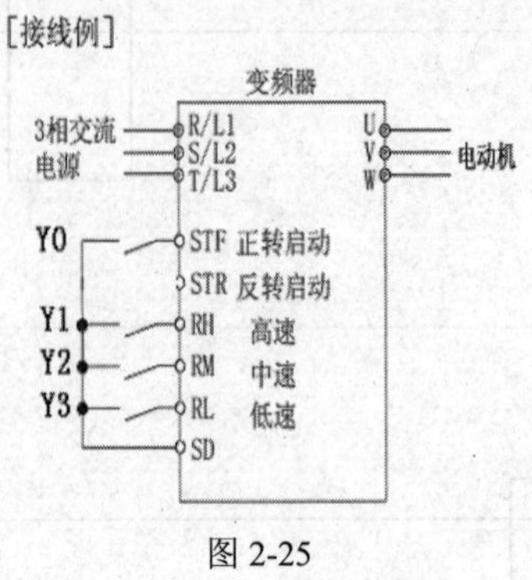

图2-25

三段速PLC控制程序，如图2-26、图2-27所示。

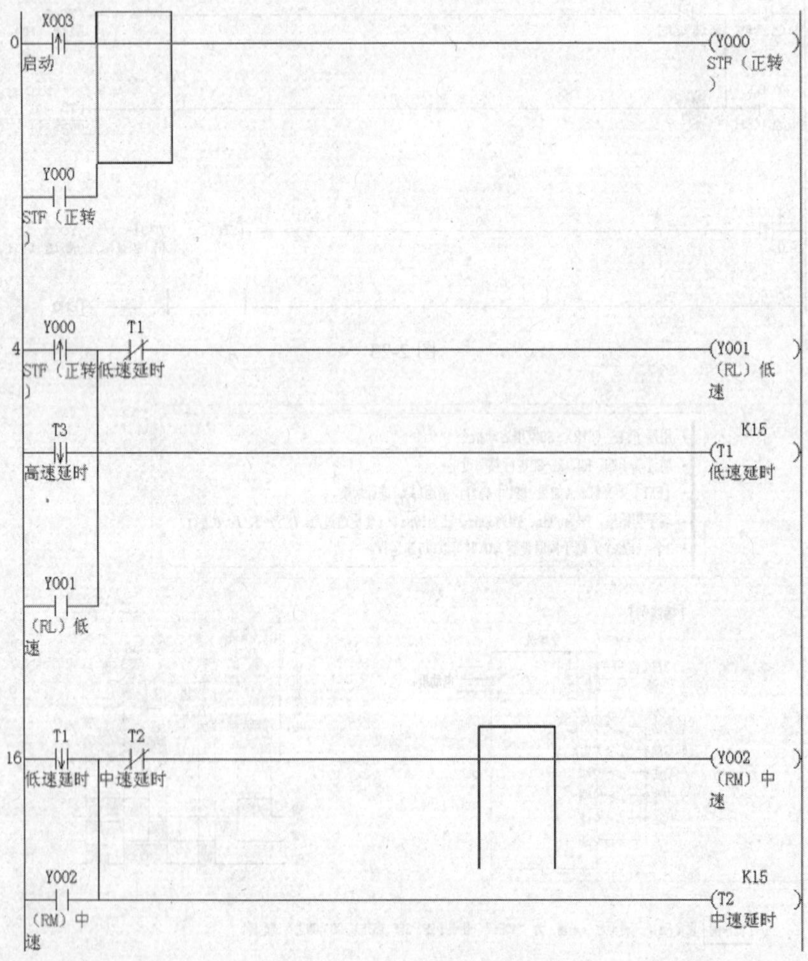

图2-26

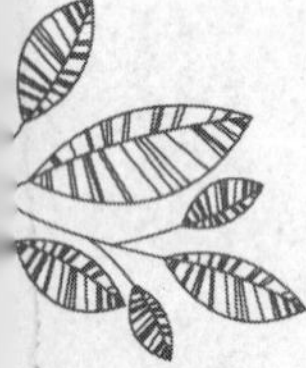

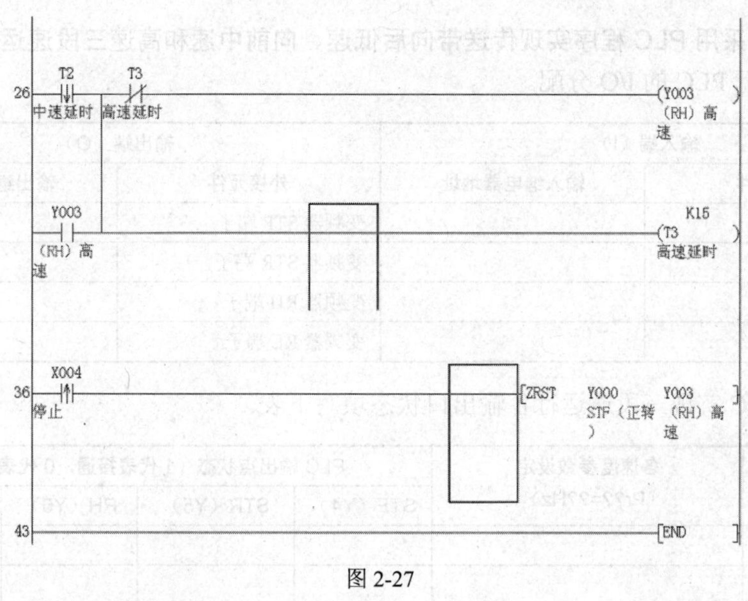

图 2-27

制定计划

根据工作任务的要求，经小组讨论后，制定出以下任务实施方案。

一、根据任务要求，制定以下调试步骤。

调试步骤	内容描述	备　注
1．双向点动试运行		
2．单向前行连续试运行		
3．PLC 程序实现三段速运行		
4．模拟变频器出现异常情况		

二、根据任务要求及制定的调试步骤，设定变频器参数，将所需的参数设置列于下表。

调试步骤	所需参数号	名　称	初 始 值	设 定 值	内　容

三、设计采用 PLC 程序实现传送带向后低速、向前中速和高速三段速运行实施方案。

1．先进行 PLC 的 I/O 分配。

输入端（I）		输出端（O）	
外接元件	输入继电器地址	外接元件	输出继电器地址
启动按钮 SB1		变频器 STF 端子	
停止按钮 SB2		变频器 STR 端子	
		变频器 RH 端子	
		变频器 RL 端子	

2．将 PLC 实现三段速运行各输出口状态填写下表。

运行速度及方向	各速度参数设定（Pr??=??Hz）	PLC 输出点状态（1 代表接通，0 代表断开）			
		STF（Y4）	STR（Y5）	RH（Y6）	RL（Y7）
向后低速					
向前中速					
向前高速					

3．设计出 PLC 程序实现传送带三段速运行功能的梯形图程序草图。

任务实施

根据以上制定的实施方案，经老师检验可行同意后，接通生产线系统电源，进行生产线传送带变频驱动的运行调试操作，操作时严格遵守安全操作规则，结合任务要求和计划完成调试操作。

参考步骤:

第一步：双向点动试运行

变频器通电后，将运行模式设置处于内部控制状态（PU 模式），先进行参数全部清零（ALLC）操作，再根据任务要求设置相关参数，再将状态切换至内部（PU）点动控制模式，最后按动启动键（RUN）对传送带进行双向点动试运行。

第二步：单向前行连续试运行

再次切换至内部控制状态（PU 模式），进行参数全部清零（ALLC）操作，再根据任务要求设置相关参数，最后按动启动键（RUN）及旋动变频器旋钮，可对传送带进行向前单向连续试运行，测试传送带在各种速度下的运行状态。

第三步：PLC 程序实现三段速运行

根据以上设计好的实施方案，把编制好的程序下载到 PLC 中；将变频器处于内部控制状态（PU 模式），进行参数全部清零（ALLC）操作，根据任务要求设置相关参数，再将状态切换至外部控制状态（EXT 模式），最后按动启动按钮，即可进行 PLC 程序控制三段速运行的调试。

第四步：模拟变频器出现异常情况

将变频器处于内部控制状态（PU 模式），修改“变频器禁止改变参数”；再将 Pr.9 电子过流保护设成 0.01A，按“PLC 程序实现三段速运行”步骤启动传送带，过一分钟左右会出现报警，传送带停止运行，将变频器断电、再上电，将清除报警。

任务检查、总结与评价

一、各小组展示工作任务成果，接受全体同学和老师的检阅。

1．根据系统控制要求，演示传送带调试运行效果，测试控制要求的实现情况。并请其他小组代表及辅导教师按功能评分表对任务完成情况进行评分。

功能评分表 2

序号	评分项目	配分	评分标准	备注	自评 20%	他组评 30%	教师评 50%	总评
1	基本功操作： 1．变频器操作面板的操作使用； 2．变频器参数预置； 3．变频器的各种运行模式的操作及运行	20	每一项不会或错误操作扣 5 分					
2	双向点动试运行： 点动运行频率 Pr.15（向前为 10 Hz，向后为 8 Hz），旋转方向的选择 Pr.40	15	参数设置错误每个扣 4 分，操作有误每项扣 5 分					
3	单向前行连续试运行： 扩张参数显示 Pr.160=1，旋钮电位器模式 Pr.161=1，起动频率 Pr.13（5Hz），转矩提升 Pr.0	15	参数设置错误每个扣 4 分，操作有误每项扣 5 分					

续表

序号	评分项目	配分	评分标准	备注	自评 20%	他组评 30%	教师评 50%	总评
4	**PLC 程序实现三段速运行：** 上限 Pr.1（40Hz）、下限 Pr.2（5Hz），起动频率 Pr.13（3Hz），加减速时间 Pr.7（1.5S）、Pr.8（1.5S），多段速度运行 Pr.4（10Hz）、Pr.5（20Hz）、Pr.6（30Hz），电子过流保护 Pr.9（1A），禁止功能改写选择 Pr.77=1	40	参数设置错误每个扣 4 分，操作有误每项扣 5 分，PLC 设计有误扣 5～20 分					
5	**模拟变频器出现异常情况：** 电子过流保护 Pr.9（0.01A）	10	参数设置错误每个扣 4 分，操作有误每项扣 5 分					

2．在工作任务检测过程中，对各方的评价及建议进行记录。

	检测情况的评价及建议	改进措施
本组		
其他组		
老师		

3．各小组派代表叙述完成传送带调试任务的设计思路，记录各方的评价和建议。

	评价及改进建议	备　注
其他组		
老师		

二、各小组对工作岗位的“6S”处理。

在小组和教师都完成工作任务总结以后，各小组必须对自己的工作岗位进行“整理、整顿、清扫、清洁、安全、素养”；归还所借的工具和资料。

三、学生对本项目学习成果自我评估与总结。

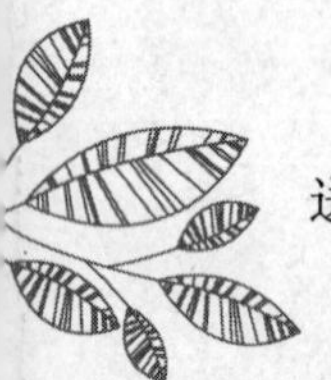

（可以参考以下几点提示：你掌握了哪些知识点？你在变频器的参数设置与操作及传送带调试过程中出现了哪些问题，怎么解决的？你觉得你完成的任务中哪些地方做得比较

好，哪些地方做得不够好；你有哪些还没掌握好，不够清楚的？说说你的心得体会。）

四、对学生综合职业能力进行评价。

综合评价表 2

班级：＿＿＿＿＿＿　　指导教师：＿＿＿＿＿＿

小组：＿＿＿＿＿＿

姓名：＿＿＿＿＿＿　　日期：＿＿＿＿＿＿

评价项目	评价标准	评价依据	评价方式			权重	得分小计
			学生自评 20%	小组互评 30%	教师评价 50%		
职业素养	1．遵守规章制度、劳动纪律； 2．有良好的职业道德和职业行为规范； 3. 积极主动承担工作任务，爱岗敬业、勤学好问、有较强责任意识，按时按质完成工作任务； 4. 具备严谨细致的工作作风，积极向上努力进取精神； 5．注意人身安全与设备安全； 6．自觉认真完成工作岗位的 6S	1．出勤、仪容仪表； 2．工作态度和行为； 3．学习和劳动纪律； 4．团队协作精神； 5．完成工作岗位的 6S				0.2	
专业能力	1．能掌握变频器的基本结构、工作原理及外观结构； 2．会阅读变频器的产品使用手册；掌握变频器系统原理图，理解外部端子接线图意义及能进行电气接线； 3. 能熟练进行变频器操作面板的操作使用； 4. 熟练掌握变频器常用基本参数的意义和预置设定方法； 5. 熟练进行变频器的各种运行模式的操作及运行； 6．能进行变频器与 PLC 综合应用实现多段速运行控制； 7. 会独立进行传送带变频驱动进行运行调试的实际操作。 8. 具有较强的信息分析、处理及基本的 PLC 系统开发能力。 9．符合安全操作规程	1．操作的准确性和规范性； 2．工作页或项目技术总结完成情况； 3．专业技能任务完成情况				0.5	
方法能力	1．能够将理论联系实际，自主学习，独立完成工作任务； 2．善于阅读分析和总结归纳规律，积累经验和技巧，具备收集及处理信息的能力； 3. 具备良好的工作敏感性及分析和处理生产中出现的突发事件能力； 4．具有较强的工作服务意识； 5. 在任务完成过程中能提出自己的有一定见解的方案，具备创新能力； 6．在教学或生产管理上提出合理建议，具有创新性	1．学习过程能力表现； 2．处理突发事件的能力表现； 3．创新方案的可行性及意义； 4．合理建议的可行性				0.15	

续表

班级： 小组： 姓名：		指导教师： 日期：					
评价项目	评价标准	评价依据	评价方式			权重	得分小计
			学生自评 20%	小组互评 30%	教师评价 50%		
社会能力	1．具备团队合作精神和能力； 2．拥有良好的与人交流、沟通表达、合作能力； 3．具有组织管理、协调处理和解决问题的能力	学习过程能力表现情况				0.15	
合计							

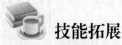

技能拓展

如传送带为了避开传送带机械系统的固有频率，防止发生机械系统的共振，对变频器的运行频率在两个范围内限制运行，使得传送带在运行时能避开两个频率段：20～25 Hz、40～45 Hz，如图 2-28 所示。在利用内部（PU）控制模式对传送带进行向前单向连续试运行的测试状态下，如何设置参数实现频率的跳变？

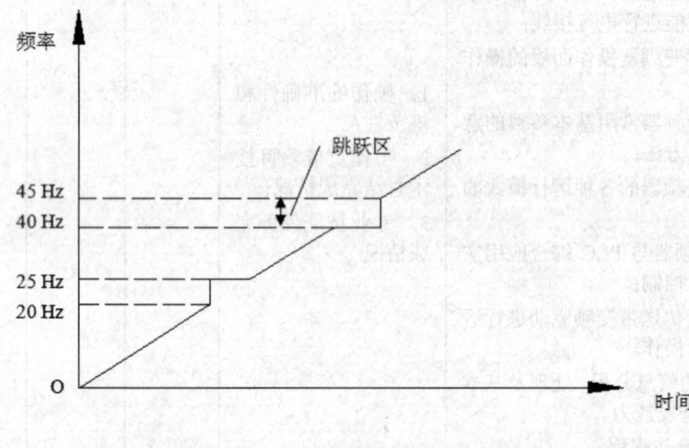

图 2-28　传送带频率跳变示意图

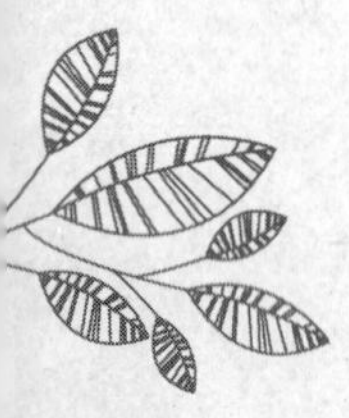

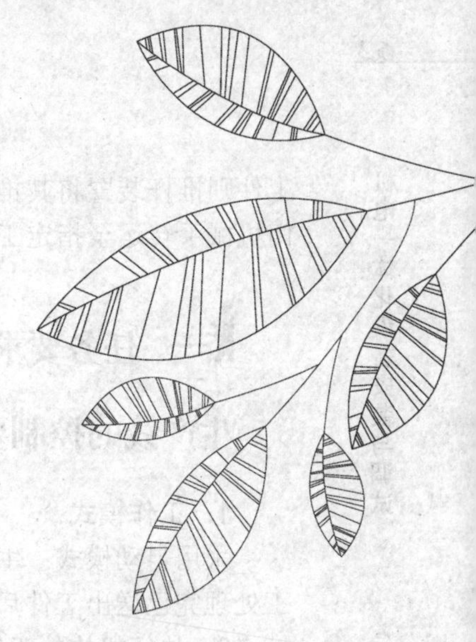

学习任务三

生产线传送带工件自动分拣功能的调试

Chapter 3

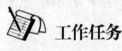

工作任务

工件自动分拣生产线的调试

任务描述

生产线的组成主要由间歇式送料装置、输送带、物性检测装置（电感传感器）、水平推杆装置、物料转送装置（龙门机械手）等功能单元以及配套的电气控制系统、气动回路组成。自动分拣线的结构简图如图 3-1 所示。

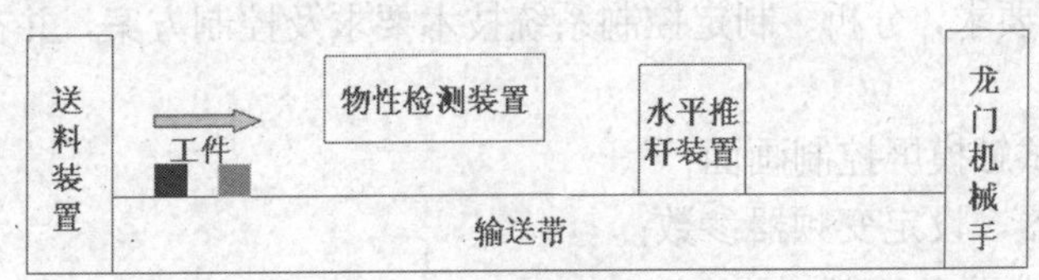

图 3-1

生产线的功能是在生产过程中，物料工件经间歇式送料装置依次放置在输送带上，输送带在电动机的驱动下将物料工件向前输送。物料工件经物性检测装置检测后，如为金属工件则推杆装置将其推入指定的回收箱，如为非金属工件则向前传送至输送带末端，由龙门机械手转运至指定工位处理。

任务要求

生产线的控制要求

1．工作模式

采用自动模式：生产线启动后能循环自动完成物料工件的分拣工作；正常停机时须人工处理完已送出工件后再按起动按钮才能重新开机。

2．执行机构的驱动方式

传送带采用交流异步电动机驱动，变频无极调速。其他执行机构均采用气动器件控制，详细工作原理参考《生产线气动回路图》。

3．传送带高效运行

送料装置感应到工件后将工件推出，工件上传输带后，传输带以高速运行，当物料运行至距离传感器检测区约 80mm 时，传输带以中速运行。如检测为金属工件则继续中速运行至推杆装置前停行，并推入指定的回收箱，结束本次分拣任务；如为非金属工件则转为高速运行至输送带末端并自动停机，结束本次分拣任务。

4．变频器设置要求

传送带只能单方向运行且采用两段速度运行：中速运行（25Hz）、高速运行（35Hz），频率加减速时间（0.8S），上限频率为 50Hz，下限频率 5Hz，起动频率为 3Hz，电子过流保护（1A）。

5．人机界面监控功能

（1）有正常运行控制的起动、停止、复位按钮。

（2）系统运行、停止、紧急停机指示灯。

6．安全保护功能

（1）运动机构不能发生碰撞；

（2）具有紧急停机功能。停机时须人工处理完已送出工件后按复位按钮才能重新开机。

完成工作任务要求

根据系统设计要求，分析、制定控制系统技术要求及控制方案，并在实训/考核设备上完成如下工作。

1．创建、调试触摸屏控制画面；

2．调试变频器，设定变频器参数；

3．编写、调试 PLC 控制程序；

4．进行系统调试，满足系统功能要求；

5．所设计的 PLC 程序调试时应仔细检查和调整各单元中机械元件相关位置，气动元件气阀的开度，电气元件各传感器的位置和灵敏度参数，调整各驱动机械的参数设置等，

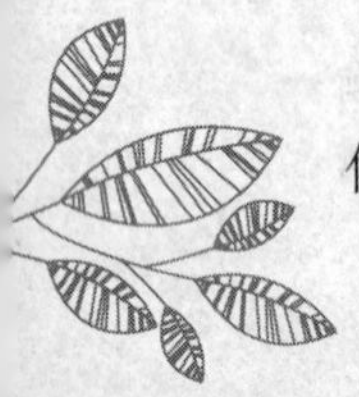

使系统各单元动作定位准确，运行正常，符合控制要求。

能力目标

1．职业素养目标

培养学生具有自觉遵守教学和企业规章制度、劳动纪律，使学生养成良好的职业道德和职业行为习惯，爱岗敬业、勤学好问、有较强责任意识，按时按质自觉地完成工作任务。

2．专业能力目标

（1）掌握触摸屏基本设置操作，能实现与PLC的通讯操作。

（2）熟悉画面设计软件GT Designer2，能根据PLC程序要求设计触摸屏的开关与指示灯画面。

（3）掌握旋转编码器原理与使用方法；

（4）掌握 PLC 高速计数器的应用，学会高速处理指令：高速计数器比较置位指令（HSCS）和高速计数器比较复位指令（HSCR）的应用方法；

（5）掌握PLC程序的各种停止控制方法；

（6）理解本工作任务的设计思路，学会本工作任务整个控制系统的设计及系统的整体综合调试，主要有正常停机与急停、传送带的运行、工件材质判别与分拣、指示灯功能等程序的设计；变频器相关参数的设定；人机界面按钮与指示灯的制作；传感器位置和灵敏度的调整；机械位置的调整；气动系统运行时的调节；系统的整体综合调试。

3．方法能力和社会能力目标

培养学生具有自学、阅读、表达、总结、信息收集处理与积累、独立分析、创新改造等方法能力；和交流沟通、合作、评价、综合决策、处理和解决问题等社会能力。

任务准备

一、相关理论知识

（一）人机界面——触摸屏的应用

1．三菱GT1000系列触摸屏的认识

触摸屏作为一种新型的人机界面，简单易用，有强大的功能及优异的稳定性使它非常适合用于工业环境，应用非常广泛；触摸屏是操作人员和机器设备之间做双向沟通的桥梁，用户可以自由的组合文字、按钮、图形、数字等来处理或监控管理及应付随时可能变化信息的多功能显示屏幕。

人机界面的用途：

人机界面的用途主要有以下3种：作为操作显示面板使用；作为POP终端使用；作为信息数据终端使用。

（1）作为操作显示面板使用

这是人机界面出现以后最初的使用方式，用于代替各种开关和指示灯。目前一般用于FA 设备领域的各种机械装置。传统的操作面板上装有按钮开关和指示灯，作为显示部分和操作部分使用。人机界面可以将这种操作面板的功能电子化，具有显示文字信息、图像信息以及触摸输入等功能。而可编程人机界面中的可编程，则是指其画面布置、动作等可以通过设定自由改变。使用人机界面时，一般与控制装置用的可编程控制器或计算机板连接在一起，如图 3-2 所示。

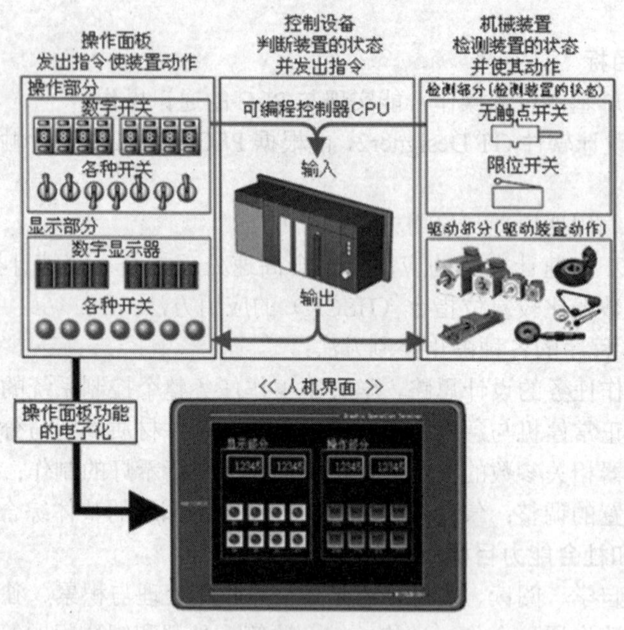

图 3-2

（2）作为 POP 终端使用

是指处理生产时信息的终端。 最近在处理这种信息时，除使用条形码阅读器或磁卡输入信息以外，一般还会同时使用触摸屏，以使操作人员可以目视确认、灵活应对，因此人机界面得到了广泛的使用。

（3）作为信息数据终端使用

这种用途包括以下几种情况。仅作为显示器画面使用；通过存储卡与其他计算机相互传输数据；从人机界面直接通过网络与可编程控制器或计算机传输信息。

触摸屏的优点如表 3-1 所示：

表 3–1　　触摸屏的优点

1．减少各种面板的安装	可通过软件设定各种功能，减少硬件的安装，使装置小型化
2．节约配线的成本	各个面板间的配线可以用软件功能来实现，省去配线的麻烦和节约成本
3．实现面板的标准化、小型化	要求的规格发生变更时，通过软件画面数据的设定即可应对，实现操作盘的标准化
4．提高人机接口的效率	除开关和指示灯显示外，还可方便地显示图表、文字、报警等，使整个装置的附加值大幅提高

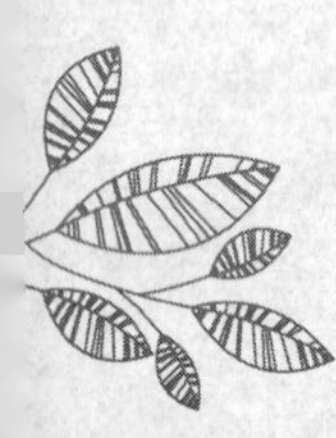

2．GT1000 系列触摸屏的基本设置

触摸屏安装基本 OS 并重新启动后，用手指触摸程序调用键（出厂时，设置为同时触摸屏幕的左右上方两点），即在屏幕上出现 1000 系列触摸屏主菜单，如图 3-3 所示。

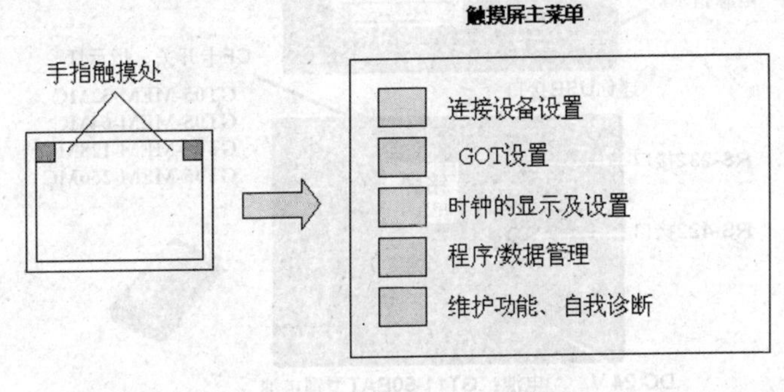

图 3-3

主菜单的各项功能简述如下：

（1）连接设备设置

与外部设备通讯设置。用于检查通讯路径、通信驱动：通道号 0（表示未连接）、通道号 1（表示连接 FA 设备）、通道号 8（表示连接条形码设备）、通道号 9（表示连接电脑）。

（2）GOT 设置

对显示画面进行设置。可对标题显示时间、屏幕保护时间、屏幕保护背光灯、信息显示、屏幕亮度与对比度进行调节、语言、屏保、电池报警。对操作画面进行设置。可对蜂鸣音、窗口移动时的蜂鸣音，安全等级和应用程序调用键的设置、键灵敏度的设置。

（3）进行时钟的显示及设置

时钟管理，时间调整、时间通知、时间调整/时间通知、未使用。

（4）程序/数据管理

检查 OS 信息、报警信息、工程信息。可以进行写入到 GOT 及 CF 卡中的 OS、工程数据、报警数据的显示及 GOT 与 CF 卡之间的数据传输（标准 CF 卡为外置存储卡，GT1150 不能使用 CF 卡。

（5）维护功能、自我诊断

在维护功能中，可以监视-测试 PLC 的软元件，列表编辑 FXCPU 的顺控程序。在自我诊断中，可以对存储器检查、绘图检查、显示检查、字体检查、触摸面板检查和 I/O 检查。系统报警显示，出错类型、出错时间，GOT 启动时间，启动时间、当前时间、运行时间。清除：对画面清洁。

3．GT1000 系列触摸屏的通讯连接和通讯设置

触摸屏与计算机、PLC 通讯的正确连接：

触摸屏与外部设备的接口与电源接线端子位置：触摸屏的侧面和后面；触摸屏电源：DC24V；触摸屏与计算机连接：RS-232 通信电缆；触摸屏与 PLC 连接：RS-422 通信电缆，如图 3-4 所示。

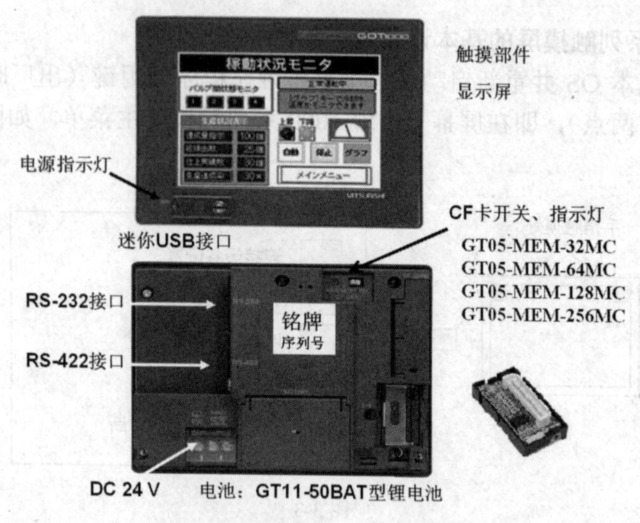

图 3-4

触摸屏人机交互控制的实现如图 3-5 所示。

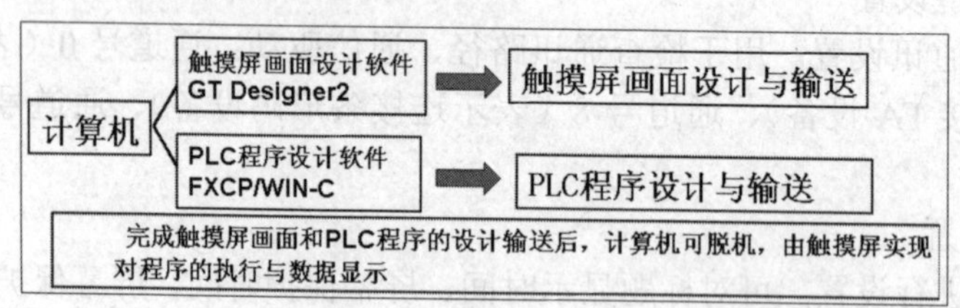

图 3-5

触摸屏与 PLC 的通讯设置：

GT1000 系列触摸屏与 PLC 的通讯要通过 GOT 主菜单的[连接设备设置]的功能进行设置才能实现。触摸 GOT 主菜单的[连接设备设置]，屏幕显示如表 3-2 所示。

表 3–2　　屏幕显示情况

连接设备设置	
标准/F 的设置	
ChNo	Rs422
0	未使用
ChNo	RS232
9	主机（个人电脑）
ChNo	USB
9	主机（个人电脑）
	通道驱动程序分配

从表 3-2 中可知：RS232 接口的设备已设置为主机（个人电脑），通道号（ChNo）已设置为 9，因此，触摸屏与计算机的通讯已设置好，已能实现触摸屏与计算机的通讯。但 RS422 接口的设备及其通道号尚未设置，因此，触摸屏还不能与 PLC 通讯。

实现触摸屏与 PLC 的通讯步骤如下。

（1）触摸通道号（ChNo）[0]的位置，屏幕显示如图 3-6 所示键盘。

键盘上，0～9 为数字输入键，Enter 为输入确认键（确认后关闭键盘）；CancelO 中止输入键（中止后关闭键盘）。Del 为删除一个输入的字符时使用。

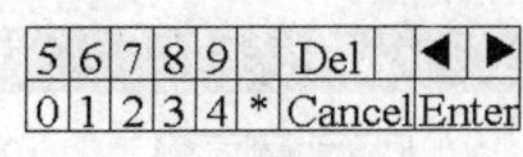

图 3-6

（2）在键盘上触摸[1]，再触摸[Enter]键确认（见图 3-7、图 3-8）。

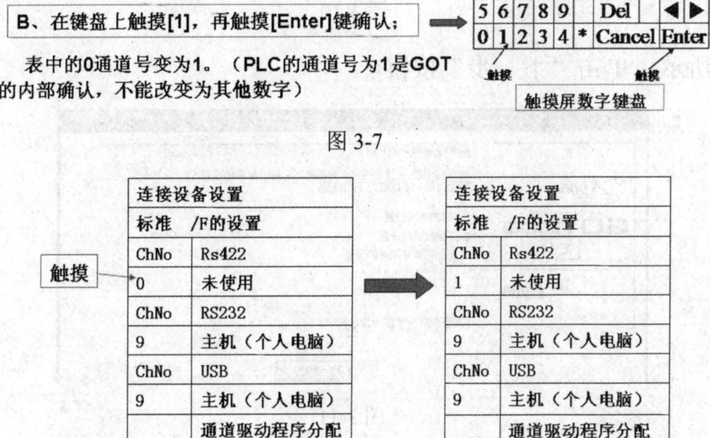

B、在键盘上触摸[1]，再触摸[Enter]键确认；
表中的0通道号变为1。（PLC的通道号为1是GOT的内部确认，不能改变为其他数字）
5 6 7 8 9 Del ◀ ▶
0 1 2 3 4 * Cancel Enter
触摸
触摸
触摸屏数字键盘

图 3-7

图 3-8

（3）触摸表 3 的[通道驱动程序分配]，屏幕显示“通道驱动程序分配”画面，如图 3-9 所示。

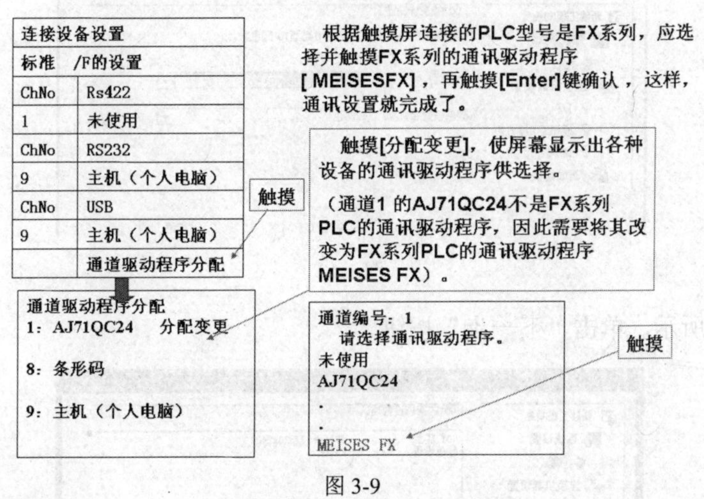

连接设备设置
标准 /F的设置
ChNo Rs422
1 未使用
ChNo RS232
9 主机（个人电脑）
ChNo USB
9 主机（个人电脑）
通道驱动程序分配
触摸
根据触摸屏连接的PLC型号是FX系列，应选择并触摸FX系列的通讯驱动程序[MEISESFX]，再触摸[Enter]键确认，这样，通讯设置就完成了。
触摸[分配变更]，使屏幕显示出各种设备的通讯驱动程序供选择。
（通道1 的AJ71QC24不是FX系列PLC的通讯驱动程序，因此需要将其改变为FX系列PLC的通讯驱动程序MEISES FX）。
通道驱动程序分配
1：AJ71QC24 分配变更
8：条形码
9：主机（个人电脑）
通道编号：1
请选择通讯驱动程序。
未使用
AJ71QC24
MEISES FX
触摸

图 3-9

（4）通过 GT Designer2 的通讯功能将通讯驱动程序 MEISESFX 下载到 GOT 中，就能实现 GOT 与 PLC 的通讯。

4．人机界面 GT Designer 2 软件操作-创建工程

新建工程时，使用对话式向导来完成必要的设定，可准确、快速创建工程。

（1）工程及单个基本画面的创制

打开 GT Dsigner2 软件，开始创建工程。

单击“新建”按钮，如图 3-10 所示。

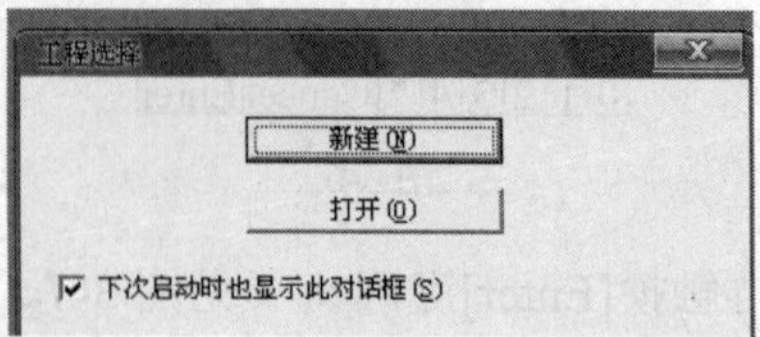

图 3-10

如图 3-11 所示，单击“下一步”按钮。

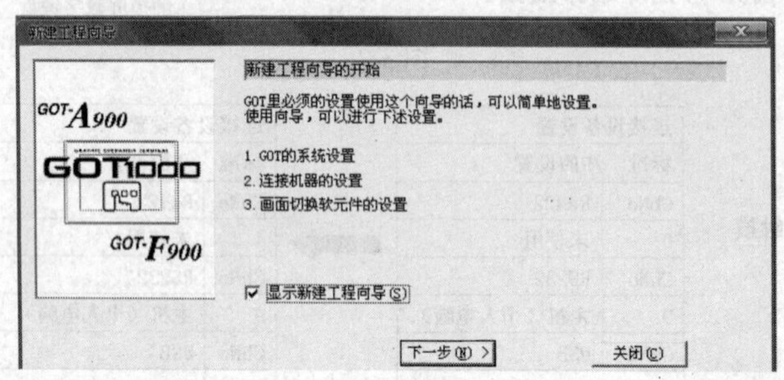

图 3-11

如图 3-12 所示，选定 GOT 类型为 GT11**-Q（320×240）系列，颜色设置：256 色。单击“下一步”按钮。

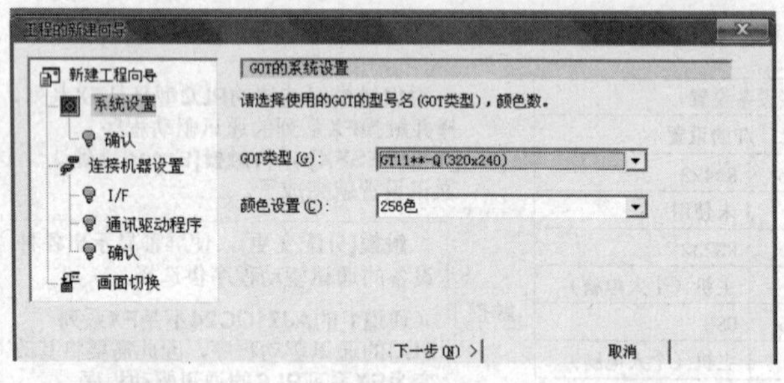

图 3-12

如图 3-13 所示，单击“下一步”按钮。

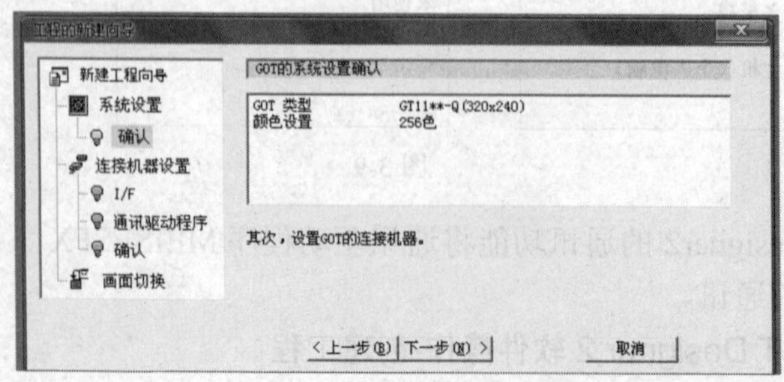

图 3-13

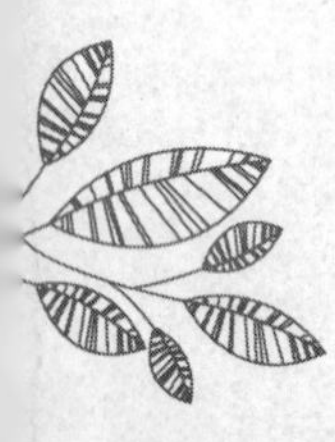

如图 3-14 所示，选定连接机器类型为 MELSEC-FX 系列，单击“下一步”按钮。

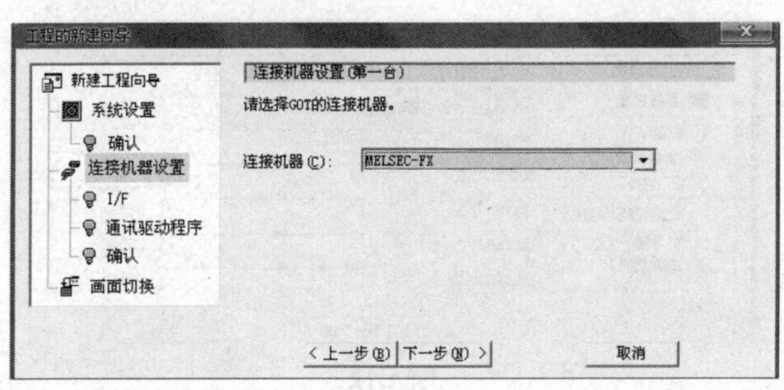

图 3-14

如图 3-15 所示，连接机器接口选择 I/F：标准 I/F（标准 RS-422/232）单击“下一步”按钮。

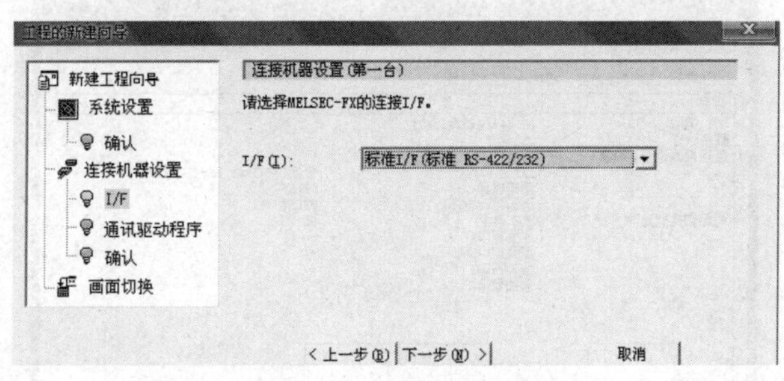

图 3-15

如图 3-16 所示，连接机器通讯驱动程序（MELSEC-FX），详细设置。单击“下一步”按钮。

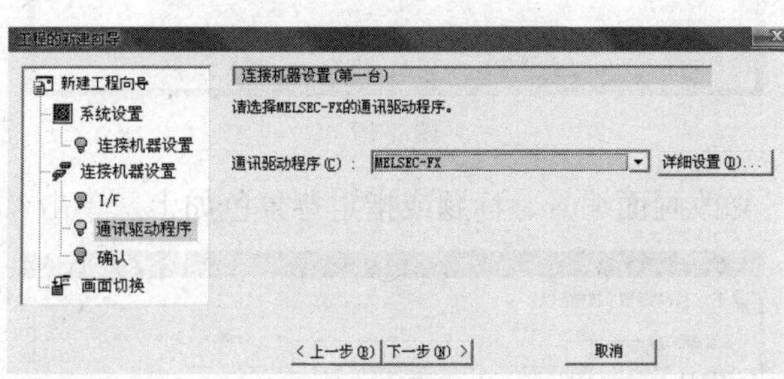

图 3-16

如图 3-17 所示，（确认后屏幕显示连接机器设置列表。其中列出通道：1）。单击“下一步”按钮。

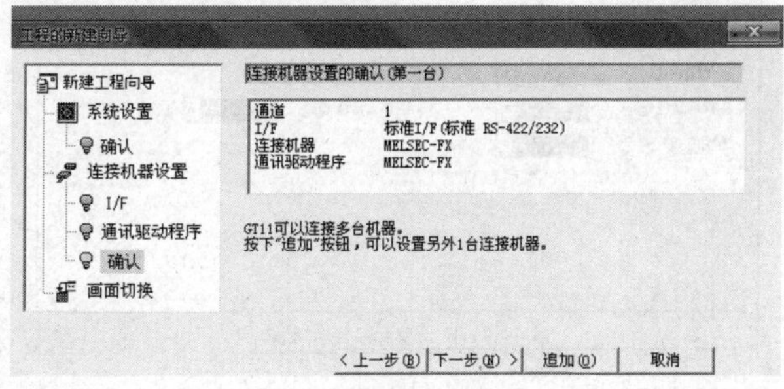

图 3-17

如图 3-18 所示，一般基本画面默认软元件为 GD100，单击“下一步”按钮。

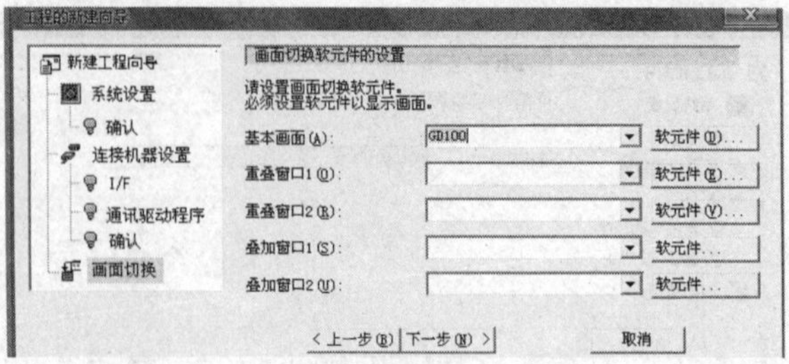

图 3-18

如图 3-19 所示，单击“结束”按钮。

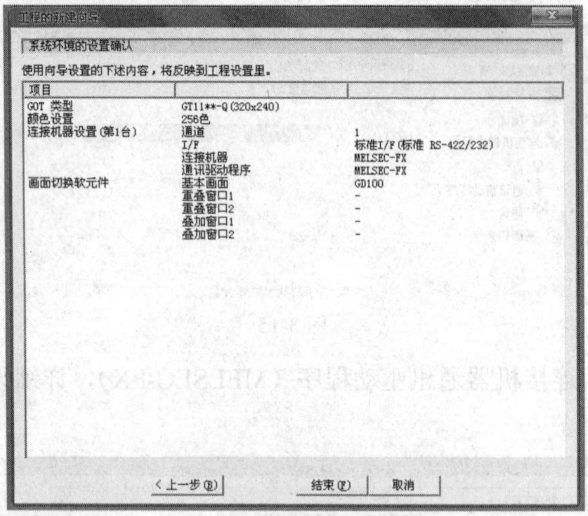

图 3-19

如图 3-20 所示，修改画面编号、标题或指定背景色如上，单击“确定”按钮。

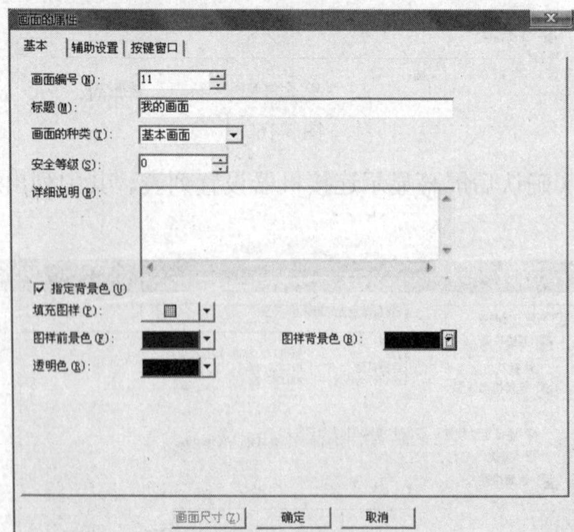

图 3-20

工程及其基本画面创制完成，效果如图 3-21 所示。

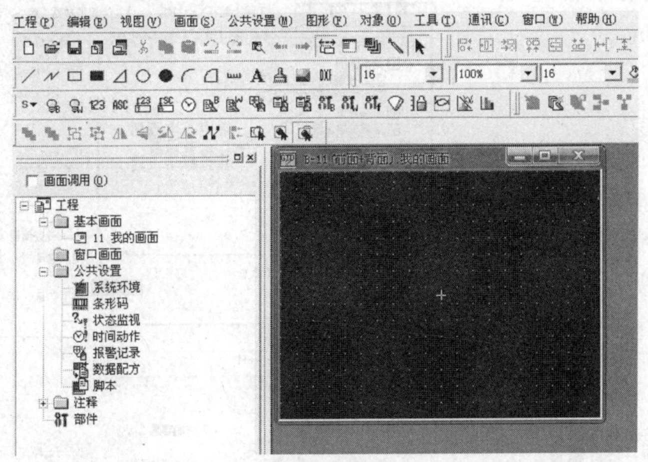

图 3-21

主界面的介绍如图 3-22 所示。

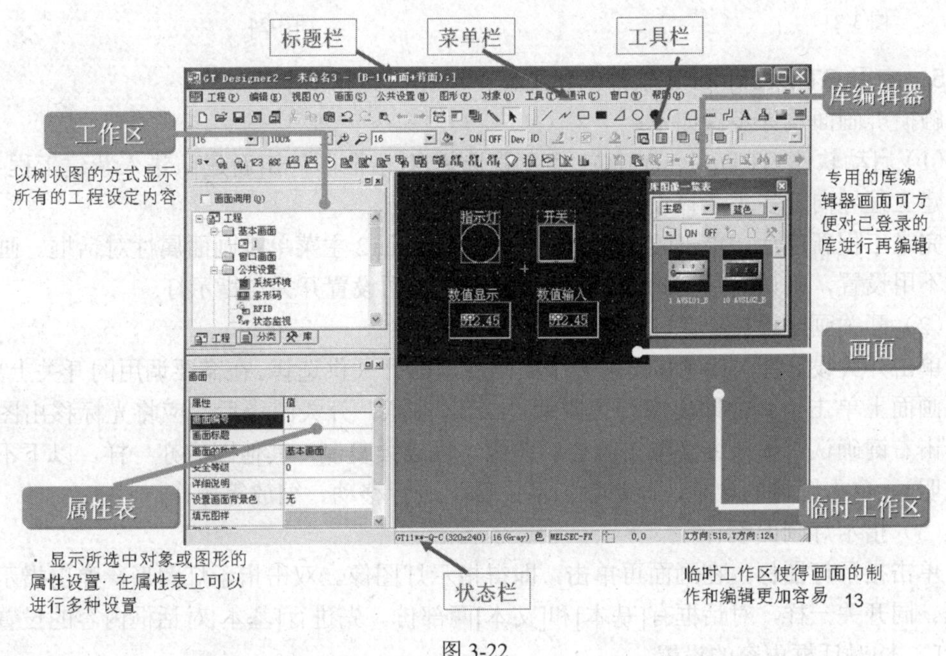

图 3-22

（2）多个基本画面的创制

在前面已经创制了一个画面，以下开始创制第二个画面，方法如下：

1）单击工具栏“画面”→“新建”→“基本画面”。

2）具体操作如图 3-23 所示。

（3）工程下载至 GOT 操作

单击工具栏“通讯”→“跟 GOT 的通讯”，选择工程下载→GOT，界面如图 3-24 所示。

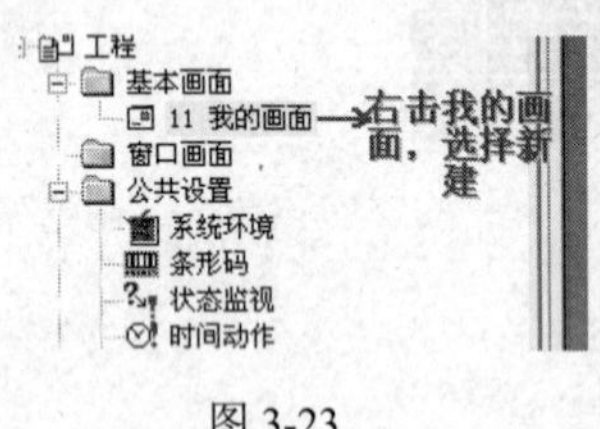

图 3-23

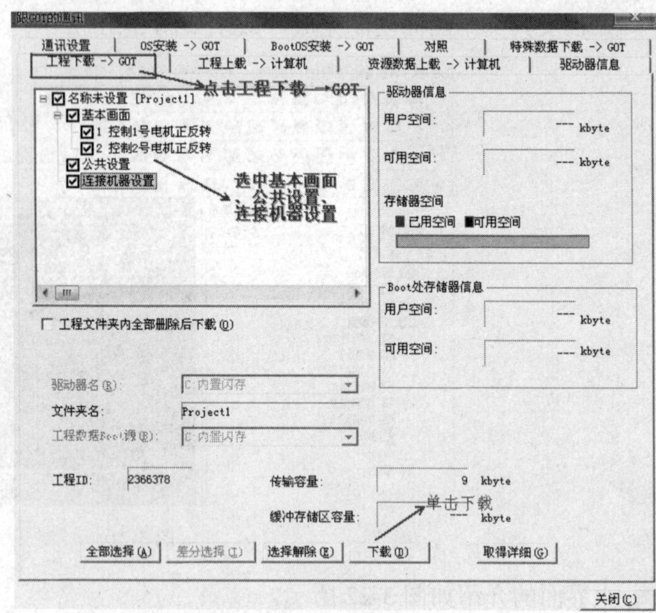

图 3-24

5．应用 GT Designer 2 软件创建工程，制作按钮和指示灯

触摸屏画面设计步骤如下：

（1）启动软件 GT Designer2，显示[工程选择]对话框，单击[新建]，进入新建工程导向。按新建工程导向一步步选择设置、确认，直至结束。

完成工程新建后，单击[结束]，显示 GT Designer2 主菜单及画面属性对话框。画面属性暂不用设置，确认为基本画面 1，就可直接在画面设置开关与指示灯。

（2）开关画面设计

单击开关设计图符[S▼]，出现 6 个不同性质的开关供选择。在需要调用的开关上单击，再在画面上单击，画面即出现开关图像“□”（注意：开关图像后，应将光标移出图像外再单击右键确认，如果继续单击就会对图像进行连续复制，其他图像亦一样，以下不再重复说明）。单击图像的边框，就可以激活图像，进行移动、缩放等操作。

（3）指示灯画面设计

单击指示灯图标，在画面再单击，即得指示灯图像。双击指示灯图形，弹出指示灯对话框。同开关一样，对话框有[基本]和[文本]两部份。先进行[基本]对话框内容的设置，再进行[文本]对话框内容的设置。

实例

设计一触摸屏画面，其中 M0/M1 为点动按钮，M2 为交替开关，Y100、Y101 和 Y102 为指示灯。

对应的触摸屏画面和 PLC 顺控程序如图 3-25 所示：

（1）按钮 M0/M1 的制作如下。

（开关的软元件 M0 要与 PLC 程序中的相应控制开关元件 M0 相同，开关 M2 制作类同，如图 3-26 所示）

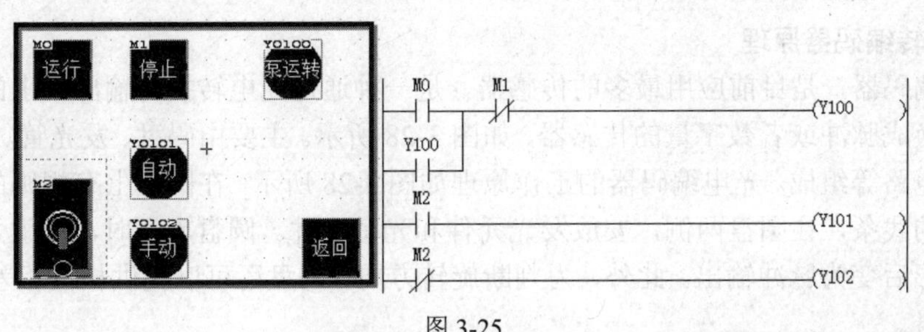

图 3-25

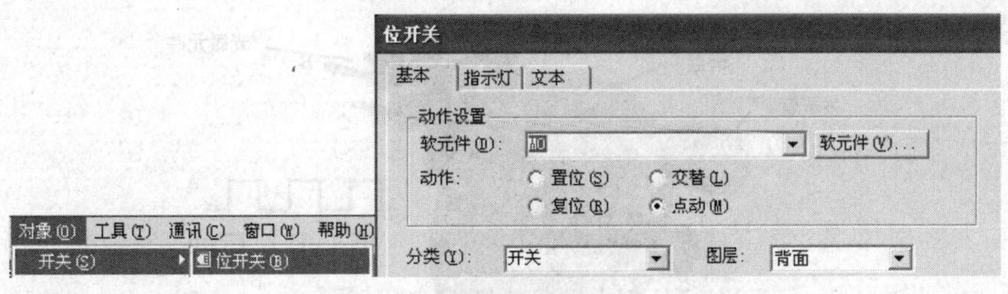

图 3-26

（2）指示灯 Y100、Y101 和 Y102 的制作如图 3-27 所示。

图 3-27

（3）将设计好的画面传输到触摸屏。

单击[通讯]→[跟 GOT 的通讯]→[全部选择]→[下载]。

在对话框“停止监视器进行下载，执行吗？”单击{是}。

计算机就与触摸屏进行通讯，将画面下载至触摸屏，下载完成后，触摸屏会自动启动，设计的画面就会在触摸屏屏幕上显示出来。

下载时，驱动器原来的工程式数据将会被删除（有提示框）。

下载过程中，不要中断和断电。

（4）启动 PLC，即可用触摸屏控制程序运行。

（二）旋转编码器的应用

在运动定位控制系统中，常为了达到准确定位的目的，在电动机输出轴同轴装上编码器（Encoder）。电动机与编码器为同步旋转，电动机转一圈编码器也转一圈；转动的同时将编码信号送回驱动器，驱动器根据编码信号判断电动机转向、转速、位置是否正确，据此调速驱动器输出电源频率及电流大小进行准确定位控制。

1．旋转编码器原理

光电编码器，是目前应用最多的传感器，是一种通过光电转换将输出轴上的机械几何位移量转换成脉冲或者数字量的传感器，如图 3-28 所示。主要由码盘、发光管、光敏元件、放大整形电路等组成。光电编码器的工作原理如图 3-28 所示，在圆盘上有规则的刻有透光和不透光的线条，在圆盘两侧，安放发光元件和光敏元件。圆盘旋转时，光敏元件输出波形经过整形后变为脉冲输出。此外，为判断旋转方向，码盘还可以提供相位相差 90° 的两路脉冲信号。

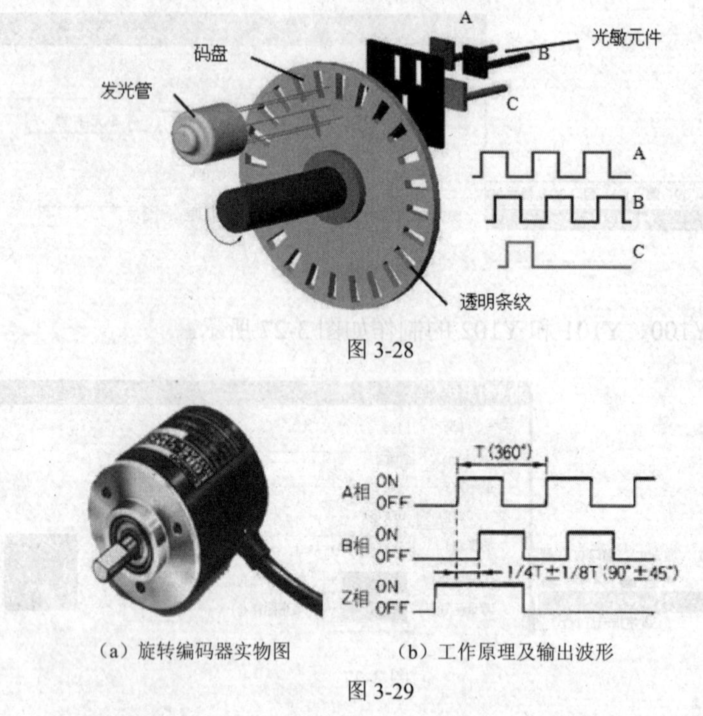

图 3-28

（a）旋转编码器实物图　（b）工作原理及输出波形

图 3-29

增量式编码器是直接利用光电转换原理输出三组方波脉冲 A、B 和 Z 相；A、B 两组脉冲相位差 90° ，分别代表正转及反转，从而可方便地判断出旋转方向，而 Z 相为每转一圈发出一个脉冲，用于基准点定位。它的优点是原理构造简单，机械平均寿命可在几万小时以上，抗干扰能力强，可靠性高，适合于长距离的传输。其缺点是无法输出轴转动的绝对位置信息。

2．旋转编码器接线图（如图 3-30 所示）

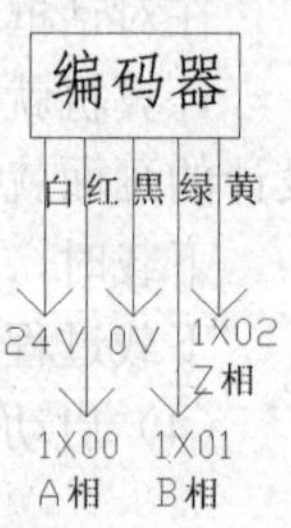

编码器
白 红 黑 绿 黄
24V 0V 1X02 Z相
1X00 A相 1X01 B相

图 3-30

（三）PLC 高速计数器

三菱 FX2N 系列 PLC 的提供了 21 个高速计数器，元件编号为 C235～C255。高速计数器有单相单输入、单相双输入以及双相输入三种输入类型。其中，单相单输入高速计数器元件编号为 C235～C240，均为 32 位高速双向计数器，计数信号输入做增计数与减计数由特殊辅助继电器 M8235～M8240 对应设置。其输入分配关系如表 3-2 所示。

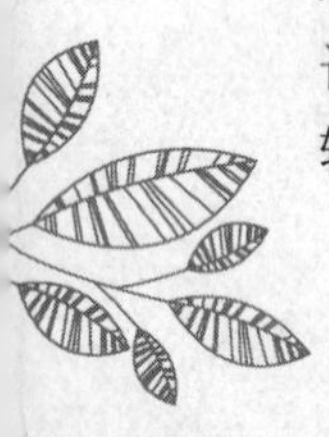

表 3-2　PLC 高速计数器输入分配关系

输入端		X0	X1	X2	X3	X4	X5	X6	X7
1 相无启动/复位	C235	U/D							
	C236		U/D						
	C237			U/D					
	C238				U/D				
	C239					U/D			
	C240						U/D		

说明：U 表示增计数器，D 表示减计数器。计数方向由 M8235～M8244 ON（减）/OFF（加）的状态决定。

单相单输入高速计数器应用如图 3-31 所示。

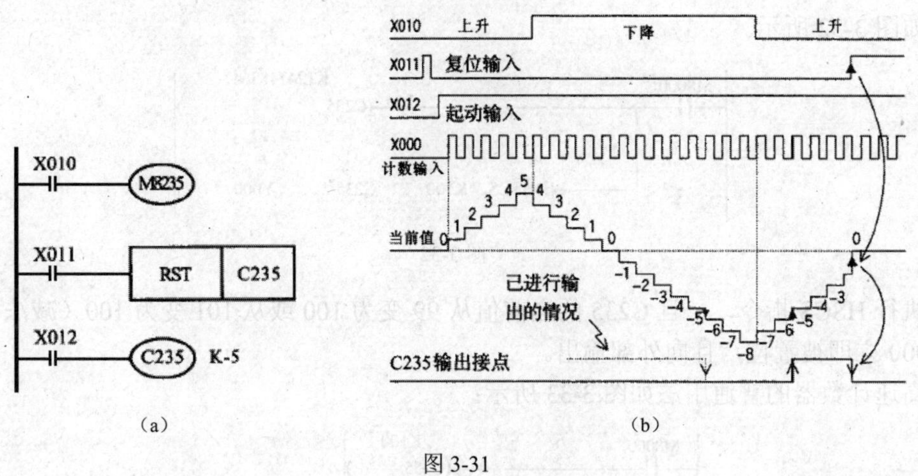

(a)　(b)

图 3-31

（四）高速处理指令

高速处理指令能充分利用可编程控制器的高速处理能力进行中断处理，达到利用最新的输入输出信息进行控制，高速处理指令如表 3-4 所示。

表 3-4　高速处理指令

FNC N0.	指令记号	指令名称	FNC N0.	指令记号	指令名称
50	REF	输入输出刷新	55	HSZ	区间比较（高速计数器）
51	REFF	滤波调整	56	SPD	脉冲密度
52	MTR	矩阵输入	57	PLSY	脉冲输出
53	HSCS	比较置位（高速计数器）	58	PWM	脉宽调制
54	HSCR	比较复位（高速计数器）	59	PLSR	可高速脉冲输出

1. 比较置位指令（高速计数器）HSCS

指令	类型	适合软元件									占用步数
FNC53 HSCS (P) (32)	字元件							S2.			13步
		K、H	KnX	KnY	KnM	KnS	T	C	D	V、Z	
		S1.									
	位元件	X	Y	M	S						
			D.								

HSCS 指令是对高速计数器当前值进行比较，并通过中断方式进行处理的指令，指令形式如图 3-32 所示。

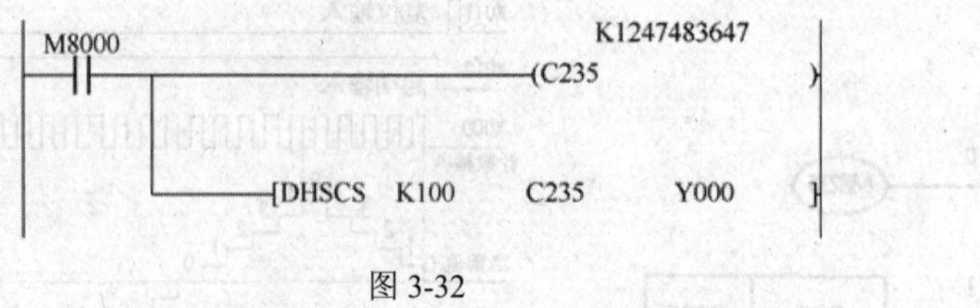

图 3-32

执行 HSCS 指令，一旦 C235 的当前值从 99 变为 100 或从 101 变为 100（减法）时，则 Y000 立即被置位，且向外部输出。

高速计数器的普通用法如图 3-33 所示：

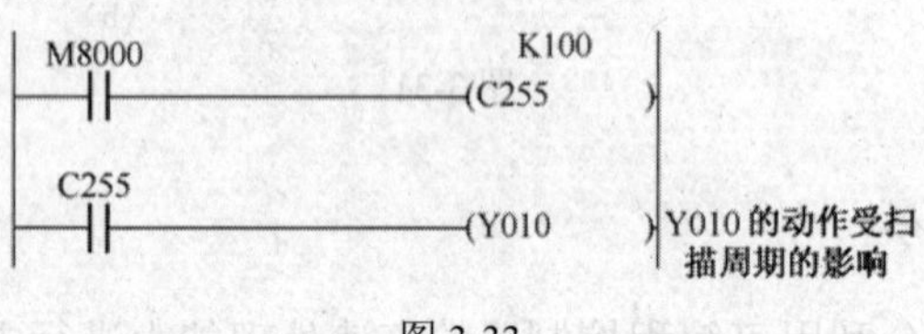

图 3-33

当前值与设定值相等时，Y010 的输出受 PLC 的扫描周期影响。

2. 比较复位指令（高速计数器）HSCR

指令	类型	适合软元件									占用步数
FNC54 HSCR (32)	字元件							S2.			13步
		K、H	KnX	KnY	KnM	KnS	T	C	D	V、Z	
		S1.									
	位元件	X	Y	M	S						
			D.								

HSCR 指令的形式如图 3-34 所示。

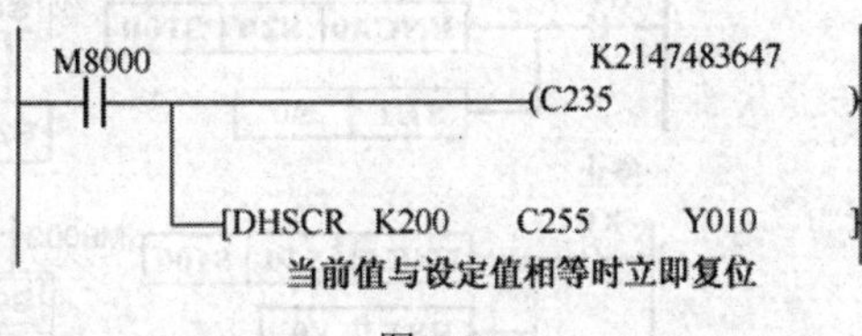

图 3-34

执行 HSCR 指令，一旦 C235 的当前值与设定值相等时，则 Y010 立即被复位，且外部输出也复位，且当前值被清零。

指令 HSCS 和 HSCR 是在脉冲送到输入端子时以中断方式进行。如果没有脉冲输入，即使驱动输入为 ON 且比较条件[S1·]＝[S2·]，但输出 Y0 也不会动作。

（五）停止控制的方法

在生产设备运行中，常常会根据各种情况对设备进行停机处理，用于停止的控制方式有：正常停止、紧急停止、暂时停止、复位后停止等。在状态流程程序中，经常采用以下程序实现停止的方法。

1．用“启保停”电路停止的控制方法

电路功能：

停止信号出现时马上停止当前工作的处理方式。

应用实例如图 3-35 所示。

2．用应用指令 ZRST 块复位（FNC40）实现停止的控制方法

指令功能：

将指令范围内的软元件全部复位（清零）。

指令格式如图 3-36 所示。

X1 接通后，FNC40 指令将 D1～D2 范围内的软元件全部复位（清零）。

应用实例如图 3-37 所示。

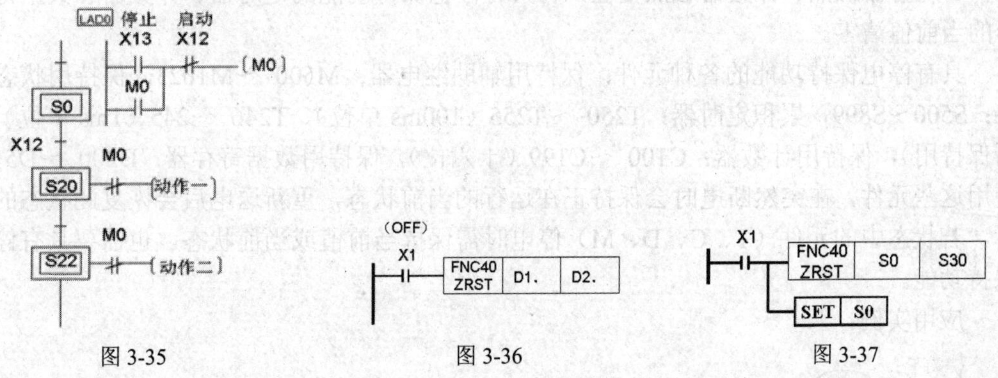

图 3-35　图 3-36　图 3-37

X1 接通后，FNC40 指令将状态 S0 至 S30 全部复位，实现停止控制；复位后同时应将状态 S0 置位，否则程序不能进入初始待机状态，步进程序就不能重新启动了。

程序编写实例：（用动合按钮作启动和停止控制，如图 3-38、图 3-39 所示）

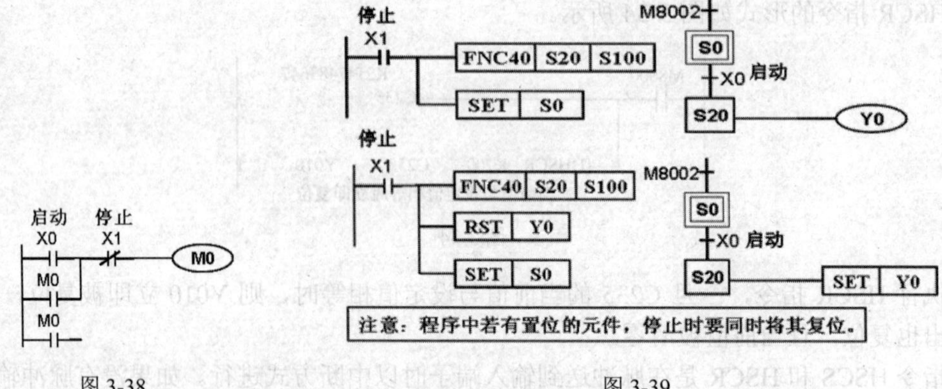

图 3-38　　　　图 3-39

3．用特殊辅助继电器 M8031 作停止的控制

特殊辅助继电器 M8031 的功能：

M8031 线圈被驱动时（X1—M8031），可以将普通的 Y、M、S 元件复位，也可将普通的 T、C、D 当前值清零同时将它们的触点复位。

应用实例：

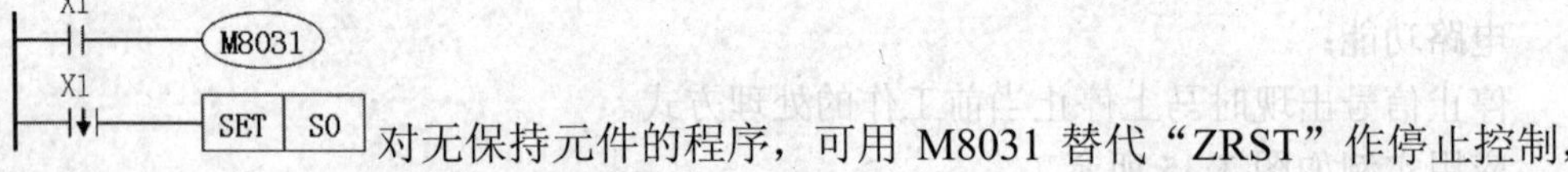

对无保持元件的程序，可用 M8031 替代“ZRST”作停止控制，但要注意，不能在驱动 M8031 的同时置位 S0，而要在 M8031 使用后，再用停止控制的下沿脉冲触点置位 S0，以实现再次启动。

4．用特殊辅助继电器 M8032 作停止的控制

特殊辅助继电器 M8032 的功能：

M8032 线圈被驱动时（X1—M8032），能将具有停电保持功能的辅助继电器、状态元件、定时器触点、计数器触点复位，将具有停电保持功能的定时器、计数器和数据寄存器的当前值清零。

具有停电保持功能的各种元件：保持用辅助继电器：M500 ～M1023，保持用状态元件：S500～S899，累积定时器：T250 ～T255（100ms 单位）、T246 ～245（1ms 单位）中断保持用），保持用计数器：C100 ～C199（十六位），保持用数据寄存器：D200 ～D511。使用这些元件，在突然断电时会保持正在运行的当前状态，重新送电后会恢复此状态的执行，若状态中的元件（T、C、D、M）停电时需保持当前值或当前状态，也需要具有停电保持功能。

应用实例：

（X1—M8031、M8032）由于 M8032 只能对具有停电保持元件复位，因此对普通元件的复位还要使用 M8031，所以常常同时使用 M8031 和 M8032，以实现停止时对程序所有元件复位和清零。

5．使用 MC—MCR 指令作停止的控制

MC—MCR 指令的功能：

主控指令“MC/MCR”在状态指令编程中，用来实现状态流程程序正常停止时的状态保持（注意：停止时状态还会处于激活，只是暂时保持不转移）；一般可使用在急停控制中。

应用实例如图 3-40 所示。

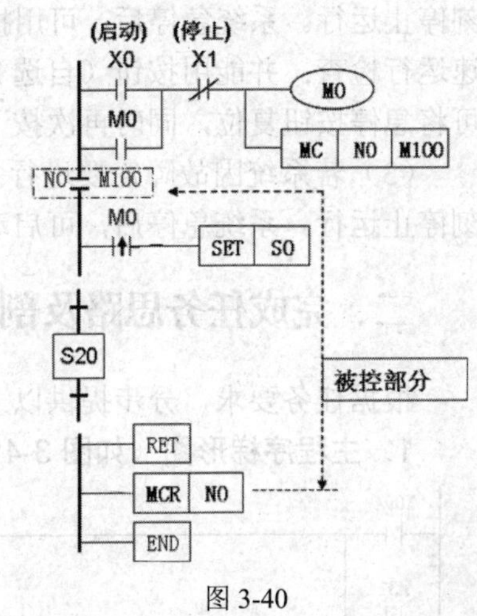

图 3-40

使用时注意：“M0”一定要放在“MC N0 M100”前面先驱动，“MC”“MCR”指令应分别放在步进程序外，初始状态 S0 的置位改用启动时 M0 的前沿脉冲，每次重新启动运行，都要按下启动按钮 X0。

6．特殊辅助继电器 M8040 指令作暂停止的控制

特殊辅助继电器 M8040 的功能：

主要作为状态流程程序的暂时停止、单步运行调试的控制。当 M8040 线圈被驱动时，禁止状态流程程序的状态转移。此时，步进程序将会停止在当前被驱动的状态上，状态内的程序仍在运行，输出不停止；即使此时转移条件满足，状态也不会发生转移。当 M8040 线圈被断开后，状态才能恢复转移。

应用实例：

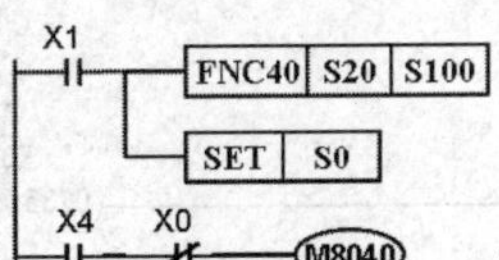

当 X4 闭合后，激活 M8040，状态被禁止转移。只有按下启动按钮 X0，切断 M8040，状态才能在执行完成后（用时间控制转移的状态，必须将按钮按住至状态运行到设定值）进行转移。

7．使用 M8034 指令作停止输出的控制

特殊辅助继电器 M8034 的功能：

主要作为状态流程程序功能的调试。当 M8034 线圈被驱动时，将禁止所有的输出。

应用实例：

（程序调试开关）
X27
M8034（禁止输出）

在程序运行中，若 M8034 被驱动，则程序虽然仍在运行（状态也会发生转移），但程序的输出全部断开，此时所有与输出继电器 Y 相接的外接元件都不会动作。

在状态流程程序的急停控制中，有时会采用同时驱动 M8040 和 M8034，即实现状态被禁止转移且禁止所有的输出，起到紧急停止的功能。

8．在状态流程程序中，对于设备紧急停止的要求

（1）在任何运行方式中，只要压下急停按钮，系统立刻停止工作，急停后必须要先使机器返回初始待机状态（复位）后才能启动自动运行。

（2）若系统因故障需要进行急停，可按下急停按钮（按钮应锁死），此时，系统应立刻停止运行。系统急停后，可用按钮（自选 2 个）对传送带分别进行手动正、反方向的慢速运行检查；并能用按钮（自选 2 个）手动控制位置气缸处理废品和复位。故障处理后，可将急停按钮复位，同时再次按下待机控制按钮，使系统重新进入待机状态。

（3）若系统因故障需要进行急停，可按下急停按钮（按钮应锁死），此时，系统应立刻停止运行。系统急停后，可启动自动检测按钮对皮带输送机与气缸进行检查。

二、完成任务思路及剖析

根据任务要求，分步提供以下编程思路供参考。

1．主程序梯形图（如图 3-41、图 3-42 所示）

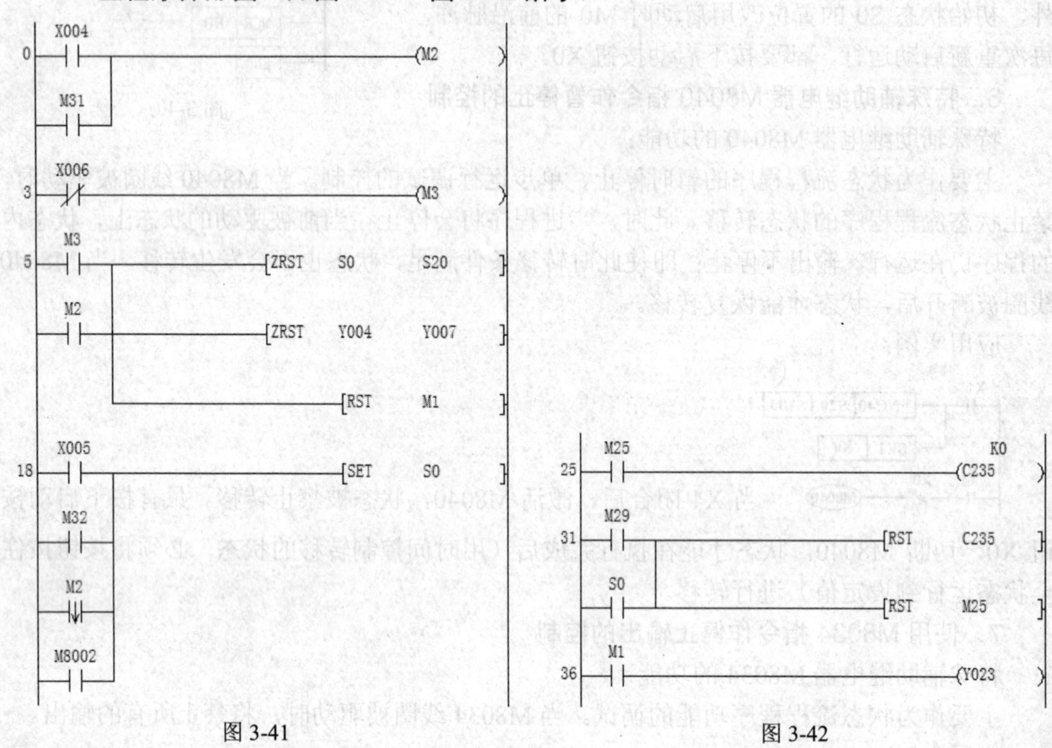

图 3-41　　图 3-42

注释：

M0：原点标志、M1：运行标志、M2：停止标志、M3：急停标志、M31：停止按钮（触摸屏）、M32：复位按钮（触摸屏）、M25：开始计算脉冲、M29：停止计算脉冲。

2．触摸屏画面（如图 3-43 所示）

注释：

M0：原点标志、M1：运行标志、M2：停止标志、M3：急停标志、M30：启动按钮（触摸屏）、M31：停止按钮（触摸屏）、M32：复位按钮（触摸屏）。

3．状态流程图（如图 3-44 所示）

各状态编程思路：

（1）状态 0

初始状态，要求是电动机停止运行，复位运行标志，停止指示灯亮，原点检测。

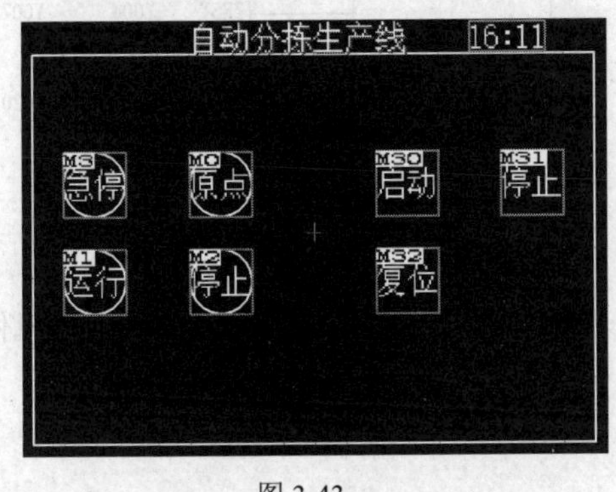

图 3-43

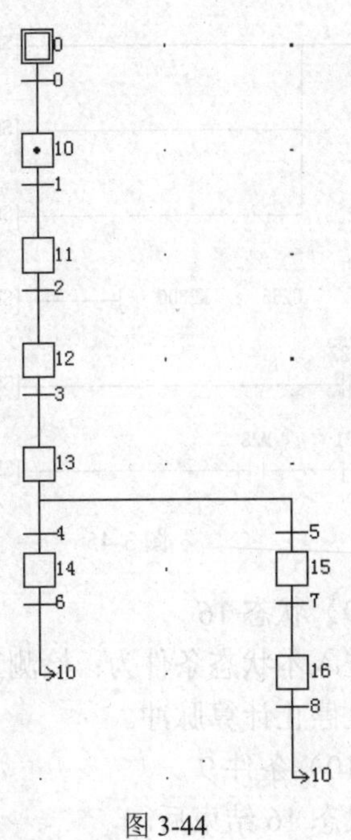

图 3-44

（2）状态 10

进入本状态条件为：原点位置时按下启动按钮；状态内容是：置位运行标志，复位检测标志。

（3）状态 11

进入本状态条件为：工件检测有料；状态内容是：延时 1s 后送料推出，再延时 1s。

（4）状态 12

进入本状态条件为：上面状态延时 1s 后；状态内容是：送料杆后限时电动机高速运行，同时开始计算脉冲（M25 置位）。

（5）状态 13

进入本状态条件为：高速计数器达 K1000 值后；状态内容是：电动机中速运行通过检测区并判断材质。

参考梯形图如图 3-45 所示。

注释：

M21：金属材质、M22：非金属材质、M28：检测区结束。

（6）状态 14

进入本状态条件为：检测区结束后如是金属材质；状态内容是：电动机中速运行到推杆（K2700）停机，并推杆推出再复位，且停止计算脉冲。

参考梯形图如图 3-46 所示。

（7）条件 6

推杆推出复位后。

（8）状态 15

进入本状态条件为：检测区结束后如是非金属材质；状态内容是：电动机高速运行。

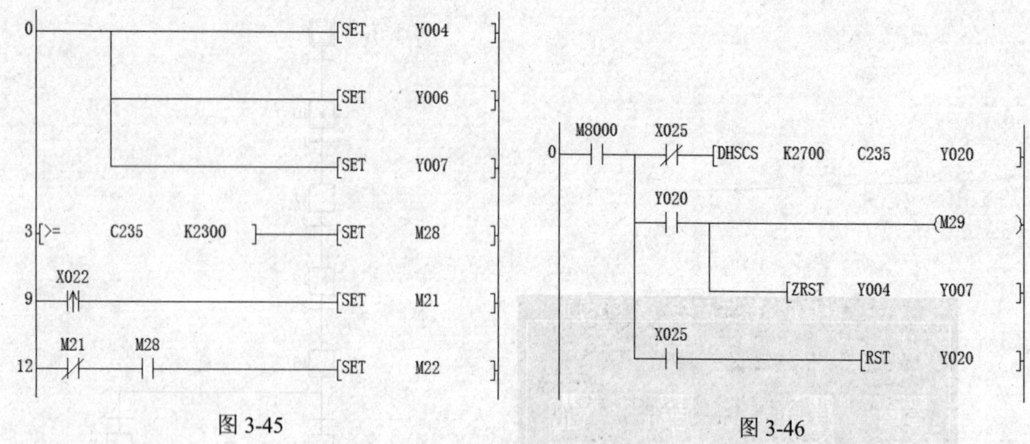

图 3-45　　　　图 3-46

（9）状态 16

进入本状态条件为：检测工件到达皮带末端；状态内容是：延时 0.5s 后电动机停止运行，且停止计算脉冲。

（10）条件 9

状态 16 结束后。

制定计划

根据工作任务的要求和以上对整个系统设计思路分析，制定以下控制系统的技术要求及控制方案。

一、设计出状态流程图，对每一个状态内容和条件内容进行详细注释：（可参考如图 3-47 所示状态流程图）

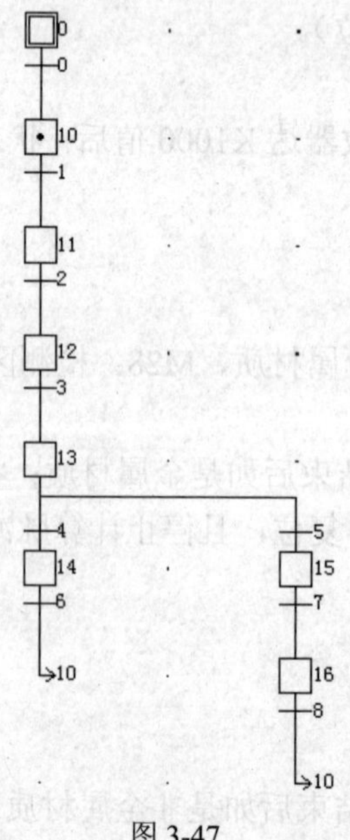

图 3-47

二、设计出主程序梯形图草图。

三、设计出触摸屏画面草图。

四、根据任务要求设定变频器参数，将所需的参数设置列于下表。

顺　　序	参 数 号	名　　称	初 始 值	设 定 值	内　　容
1					
2					
3					
4					
5					

续表

顺　序	参数号	名　称	初始值	设定值	内　容
6					
7					
8					
9					

任务实施

参考步骤

一、第一步：创建、调试触摸屏控制画面。

根据设计出的触摸屏画面草图，创建触摸屏控制画面，再仿真调试好保存。

二、第二步：用 GX 编程软件编制 PLC 控制程序。

先根据设计好的主程序梯形图草图，编写好主程序，再根据设计好的状态流程图，编写状态转移程序，并不断地修改优化程序并保存。

三、第三步：设定变频器参数，调试变频器。

将变频器设置处于内部控制状态（PU 模式），再根据任务要求设定好变频器参数，再将变频器设置处于外部控制状态（EXT 模式）。

四、第四步：把编制好的程序下载到 PLC 中进行调试和修改。

程序调试时应仔细检查和调整各单元中机械元件相关位置，气动元件气阀的开度，电气元件各传感器的位置和灵敏度参数，调整各驱动机械的参数设置等，并不断对 PLC 程序进行修改和完善，使系统各单元动作定位准确，运行正常，符合系统控制要求。为便于分步骤条理的调试，在调试过程中，对调试的步骤、工作现象及功能等进行记录。

调试步骤	描述该步骤现象	修改措施
1.		
2.		
3.		
4.		
5.		
6.		
7.		
8.		

任务检查、总结与评价

一、各小组展示工作任务成果，接受全体同学和老师的检阅。

1．根据系统控制要求，演示设备运行效果，测试控制要求的实现情况。并请其他小

组代表及辅导教师按功能评分表对任务完成情况进行评分。

功能评分表 1

序号	评分项目	配分	评分标准	备注	自评 20%	他组评 30%	教师评 50%	总评
1	**PLC 编程运行：** 1．使用软件编写程序和下载程序；2．程序能运行；3．运行监控	10	1．能正确使用软件得 5 分；2．能清除 PLC，传送程序后能运行得 3 分；3．能正确进行程序运行监控得 2 分					
2	**人机界面运行：** 1．使用软件建立工程画面和下载工程；2．工程画面能运行	10	1．能正确使用软件得 6 分；2．传送工程画面后能运行得 4 分					
3	**供料过程：** 1．送料装置感应到工件后将工件推出；2．推出后退回	10	1 项错扣 6 分； 2 项错扣 4 分					
4	**传输带运行过程：** 1．工件上传输带后且送料杆退回，传输带以高速运行；2．当物料运行至距离传感器检测区约 80mm 时，传输带以中速运行	15	1 项错扣 8 分； 2 项错扣 7 分					
5	**检测分拣过程：** 1．金属工件中速运行至推杆装置前停行，并推入指定的回收箱；2．非金属工件则转为高速运行至输送带末端并自动停机	15	1 项错扣 8 分； 2 项错扣 7 分；					
6	**人机界面功能：** 1．有正常运行控制的启动、停止、复位按钮；2．系统运行、停止、原点指示、紧急停机指示灯	10	1．无 1 项功能扣 1～3 分； 2．无 2 项功能扣 1～3 分					
7	**停机功能：** 1．正常停机时须人工处理完已送出工件后再按起动按钮才能重新开机；2．紧急停机功能：停机时须人工处理完已送出工件后按复位按钮才能重新开机	8	1 项错扣 4 分； 2 项错扣 4 分					
8	**变频器参数设置：** 1．中速运行（25Hz）；2．高速运行（35Hz）；3．频率加减速时间（0.8S）；4．上限频率为 50Hz；5．下限频率 5Hz；6．起动频率为 3Hz；7．电子过流保护（1A）；传送带运行后变频器禁止改变参数 PR77 参数	15	参数设置错误每个扣 3 分					
9	**指示灯功能：** 1．系统运行（绿灯）；2．停止（红灯）；3．原点指示灯（黄灯）	7	指示灯无功能或错误显示每个扣 2 分					

2．在工作任务检测过程中，对各方的评价及建议进行记录。

	检测情况的评价及建议	改进措施
本组		
其他组		
老师		

3．各小组派代表叙述完成工程任务的设计思路及展示触摸屏画面和PLC梯形图（利用投影仪），并解析程序的含义，记录各方的评价和建议。

	评价及改进建议	备　注
其他组		
老师		

二、各小组对工作岗位的“6S”处理。

在小组和教师都完成工作任务总结以后，各小组必须对自己的工作岗位进行“整理、整顿、清扫、清洁、安全、素养”；归还所借的工具和资料。

三、学生对本项目学习成果自我评估与总结。

（可以参考以下几点提示：你掌握了哪些知识点？你在编程、接线、调试过程中出现了哪些问题，怎么解决的？你觉得你完成的任务中哪些地方做得比较好，哪些地方做得不够好（编程、接线、调试）；你有哪些还没掌握好，不够清楚的？说说你的心得体会。）

四、对学生综合职业能力进行评价。

综合评价表 3

班级：________　　指导教师：________

小组：________

姓名：________　　日期：

评价项目	评价标准	评价依据	评价方式			权重	得分小计
			学生自评 20%	小组互评 30%	教师评价 50%		
职业素养	1．遵守规章制度、劳动纪律； 2．有良好的职业道德和职业行为规范。 3.积极主动承担工作任务，爱岗敬业、勤学好问、有较强责任意识，按时按质完成工作任务； 4.具备严谨细致的工作作风，积极向上努力进取精神； 5．注意人身安全与设备安全； 6．自觉认真完成工作岗位的 6S	1．出勤、仪容仪表； 2．工作态度和行为； 3．学习和劳动纪律； 4．团队协作精神； 5．完成工作岗位的 6S				0.2	
专业能力	1．掌握触摸屏基本设置操作，能实现与 PLC 的通讯操作。 2.熟练运用触摸屏组态软件进行按钮和指示灯工程的设计、下载和运行； 3．熟练操作变频器； 4．熟练运用 PLC 编程软件进行编程设计、下载和运行； 5．掌握采用 PLC 步进指令编程方法和触摸屏、变频器的综合应用； 6．会独立进行系统整体的运行与调试； 7.具有较强的信息分析、处理及基本的 PLC 系统开发能力； 8．符合安全操作规程	1．操作的准确性和规范性； 2．工作页或项目技术总结完成情况； 3．专业技能任务完成情况				0.5	
方法能力	1．能够将理论联系实际，自主学习，独立完成工作任务； 2．善于阅读分析和总结归纳规律，积累经验和技巧，具备收集及处理信息的能力； 3.具备良好的工作敏感性及分析和处理生产中出现的突发事件能力； 4．具有较强的工作服务意识； 5.在任务完成过程中能提出自己的有一定见解的方案，具备创新能力； 6．在教学或生产管理上提出合理建议，具有创新性	1．学习过程能力表现； 2．处理突发事件的能力表现； 3．创新方案的可行性及意义； 4．合理建议的可行性				0.15	
社会能力	1．具备团队合作精神和能力； 2．拥有良好的与人交流、沟通表达、合作能力； 3.具有组织管理、协调处理和解决问题的能力	学习过程能力表现情况				0.15	
合计							

技能拓展

1．任务中的正常停止或急停处理，如采用其他的控制方式，如何修改程序？

2．任务中要求在设备运行过程中，按下急停按钮，设备停止运行及输出，复位急停按钮后，再按下启动按钮，设备从停止时的状态继续运行，如何修改程序？

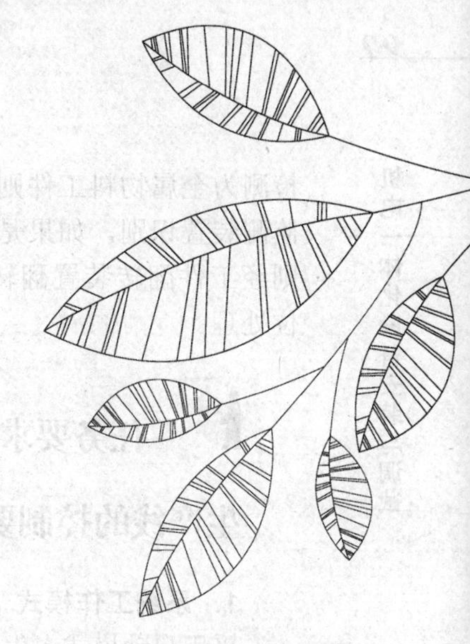

学习任务四

生产线传送带工件姿态调整功能的调试

Chapter 4

工作任务

工件自动分拣和姿态调整生产线的调试

任务描述

生产线的组成主要由间歇式送料装置、传送带、姿态监测装置（电容传感器）、物性检测装置（电感传感器）、水平推杆装置、工件翻转装置、物料转送装置（龙门机械手）等功能单元以及配套的电气控制系统、气动回路组成。自动生产线的结构简图如图 4-1 所示。

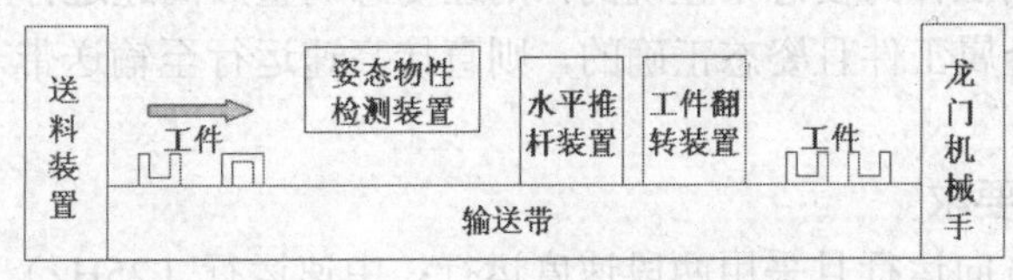

图 4-1

生产线的功能是在生产过程中，随机摆放的物料工件经间歇式送料装置依次放置在输送带上，输送带在电动机的驱动下将物料工件向前输送。制品经物性传感器检测后，检测为金属物料工件则经推杆装置推入指定的回收箱；检测为非金属物料工件再经姿态监测装置识别，如果是开口向上的工件直接向前输送至输送带末端，如开口向下的工件则经工件翻转装置翻转后再继续向前传送至输送带末端，由龙门机械手转运至指定工位处理。

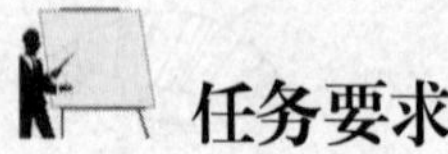

任务要求

生产线的控制要求

1．系统工作模式

采用自动模式：生产线启动后能自动循环实现工件的姿态调整、材质分拣与输送。正常停机时能处理完已送出工件后自动停机，按启动按钮后重新运行。

2．执行机构的驱动方式

传送带采用交流异步电动机驱动，变频无极调速。其他执行机构均采用气动器件控制，详细工作原理参考《生产线气动回路图》。

3．工件翻转装置

工件翻转运动机构工作时，注意不能发生碰撞，必须合理地按一定顺序和轨迹运行。工件在翻转运动时，翻转运动机构须在上限位置。

4．原点回归动作

紧急停机、故障停机或设备检修调整后，各执行机构可能不处于工作原点，系统上电后需进行原点回归操作，各机构必须处于原点位置（原点指示灯亮），系统才能启动运行。原点回归操作。

机构如不在原点位置，按原点复位按钮，各执行机构返回原点位置。

（1）送料单元推料气缸活塞杆内缩。

（2）翻转装置初始位置：旋转马达处于左限位，垂直活塞杆上位，气动手指打开。

（3）水平推杆装置气缸活塞杆内缩。

（4）皮带静止不动。

5．传送带高效运行

送料装置感应到物料工件后将物料工件推出，物料工件上传输带后，传输带以高速运行，当物料运行至距离传感器检测区约 80mm 时，传输带以中速运行。经检测如为金属工件则继续中速运行至推杆装置前停行，并推入指定的回收箱结束本次分拣任务。

如检测是非金属工件为姿态不正确的，则经姿态调整后高速运行至输送带末端并自动停机；如检测是非金属工件且姿态正确的，则直接高速运行至输送带末端并自动停机，结束本次分拣任务。

6．变频器设置要求

传送带只能单方向运行且采用两段速度运行：中速运行（25Hz）、高速运行（35Hz）。频率加减速时间（0.8s）。

7．人机界面监控功能

（1）自动运行的设备控制（按钮）与运行状态监视（指示灯）；

（2）能实时显示工件运转位置参数；能设定工件运行至减速位、传感器检测区、推杆装置和工件翻转装置位置参数。

8．安全保护功能

（1）运动机构不能发生碰撞。

（2）具有紧急停机功能。紧急停机时，报警红色指示灯闪烁（发光频率 2.5Hz），报警蜂鸣器发出报警声（响声频率 1Hz）；紧急停机后需对设备进行复位后才能再启动运行。

完成工作任务要求

根据系统设计要求，分析、制定控制系统技术要求及控制方案，并在实训/考核设备上完成如下工作。

1．创建、调试触摸屏监控画面；

2．调试变频器，设定变频器参数；

3．编写、调试 PLC 控制程序；

4．进行系统调试，满足功能要求。

所设计的 PLC 程序调试时应仔细检查和调整各单元中机械元件相关位置，气动元件气阀的开度，电气元件各传感器的位置和灵敏度参数，调整各驱动机械的参数设置等，使系统各单元动作定位准确，运行正常，符合控制要求。

能力目标

1．职业素养目标

培养学生自觉遵守教学和企业规章制度、劳动纪律，使学生养成良好的职业道德和职业行为习惯，爱岗敬业、勤学好问、有较强责任意识，按时按质自觉地完成工作任务。

2．专业能力目标

（1）能根据 PLC 程序要求设计触摸屏的数值显示和数值输入功能画面。

（2）掌握原点回归动作的意义及应用。

（3）掌握停止指令后运行状态的运用。

（4）理解本工作任务的设计思路，学会本工作任务整个控制系统的设计及系统的整体综合调试，主要有原点回归、正常停机与急停、传送带的运行、翻转装置动作、工件姿态与材质判断、姿态调整与材质分拣、指示灯功能等程序的设计；变频器相关参数的设定；人机界面按钮指示灯、数据显示与设定功能的制作；传感器位置和灵敏度的调整；机械位置的调整；气动系统运行时的调节；系统的整体综合调试。

3．方法能力和社会能力目标

培养学生具有自学、阅读、表达、总结、信息收集处理与积累、独立分析、创新改造等方法能力；和交流沟通、合作、评价、综合决策、处理和解决问题等社会能力。

任务准备

一、相关理论知识

（一）触摸屏数值显示和数值输入的制作

1．触摸屏的数据显示

功能是显示 PLC 内部字元件的各种类型数据，有 16 位与 32 位两种。

实例

要显示定时器 T150 当前值和设定值的数值，要求是实数/5 位数/1 位小数。对应的触摸屏画面如图 4-2 所示。

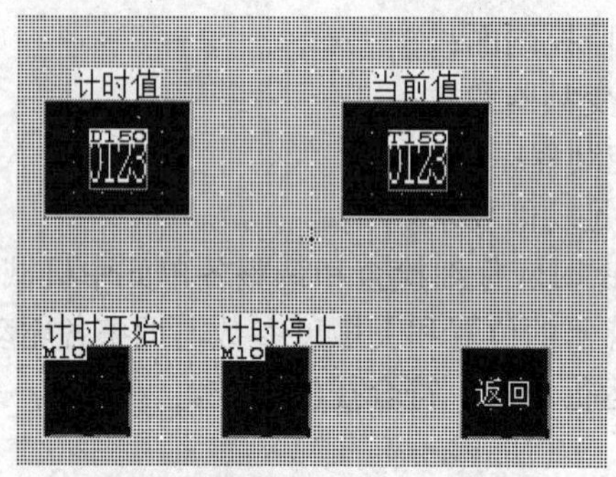

图 4-2

对应的 PLC 顺控程序（计时开始：SET　M10，计时停止：RST　M10）如图 4-3 所示。

图 4-3

（1）定时器当前值数值显示功能画面的设计

创建数据显示图标：点击数值显示标志[123]（或路径：对象-数值显示）。屏幕上拖出数值显示框，双击数值显示框，调出数值设置对话框，进行下列设置，设置完成后单击[确定]按钮即可；在画面上配置图标后，双击图标进行相关设置，如图 4-4 所示。

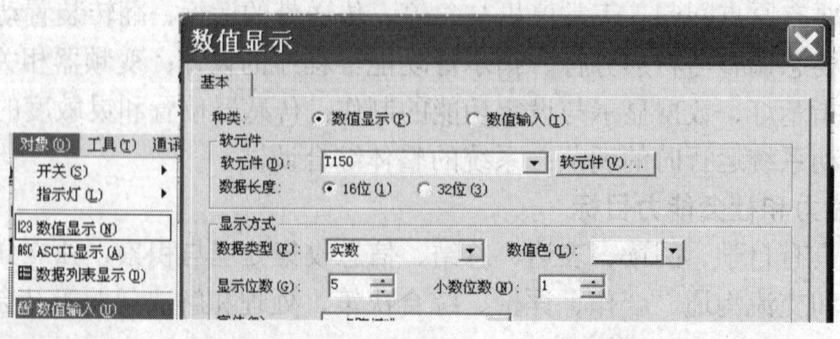

图 4-4

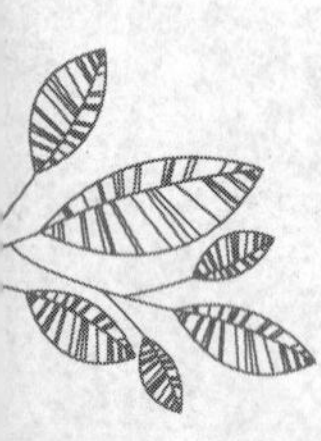

（2）定时器设定值数值显示功能画面的设计

由于要显示 T150 的设定值，所以要再设置数据存储器 D150 的数值显示。

定时器 T150 设定值数值显示画面设计与当前值一样，同样用[123]数值显示功能进行设置，但其软元件应作修改。定时器 T150 当前值数值显示软元件为“T150”为过程值显示，而定时器 T150 设定值显示软元件为“D150”为设定值显示。

将设计好的画面传输到触摸屏启动 PLC，用触摸屏控制程序运行。在“D150 图标”将显示 T150 的设定值数值，在“T150 图标”将显示 T150 的当前值数值。

2．触摸屏的数据输入

功能是对 PLC 内部字元件的各种类型数据在触摸屏上进行设置或输入，有 16 位与 32 位两种。

实例

定时器 T150 计时设定值 D150 的数值输入，要求是实数/5 位数/1 位小数。对应的触摸屏画面如图 4-5 所示。

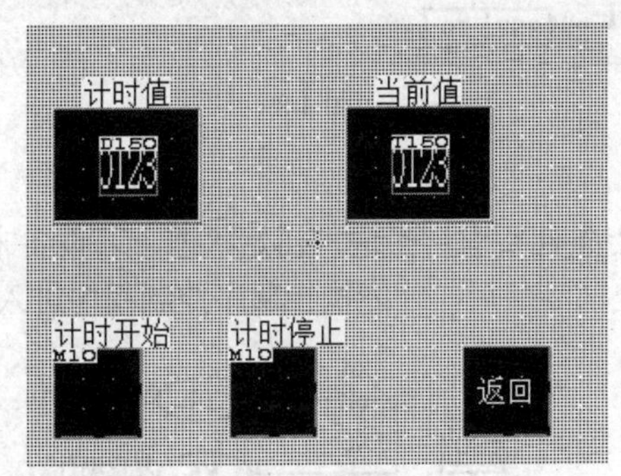

图 4-5

对应的 PLC 顺控程序（计时开始：SET　M10，计时停止：RST　M10）如图 4-6 所示。

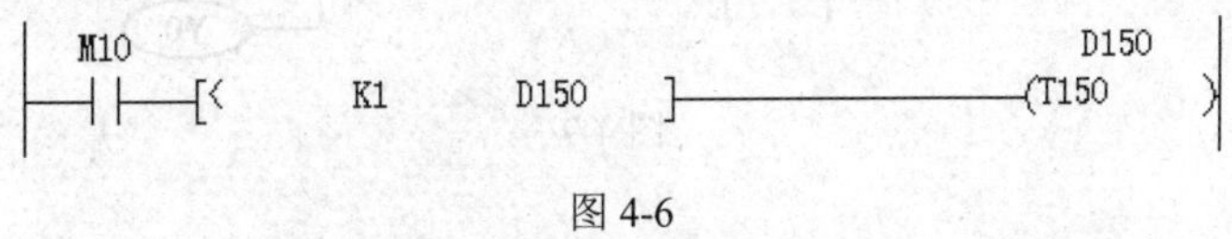

图 4-6

创建数据输入图标：单击“123”设置数值输入功能（或路径：对象-数值输入）。屏幕上拖出数值显示框，在画面上配置图标后，双击图标进行相关设置：双击数值输入功能框，对话框的设置与数值显示对话框基本一样，软元件仍是 D150，文本可设“计时值输入”。或在上例的“数值显示 D150”图标双击修改 D150 为数值输入功能，如图 4-7 所示。

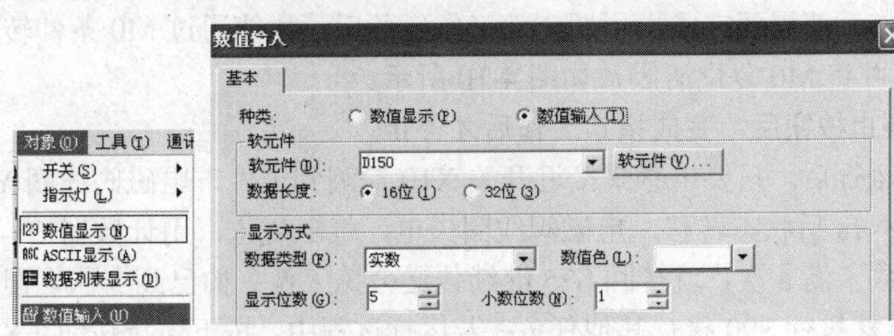

图 4-7

将设计好的画面传输到触摸屏启动 PLC，用触摸屏控制程序运行。运行前，触摸“D150”数值输入框，屏幕左下方会弹出数字键盘供数值设定用。数值设定后触摸确认键[Enter]，在 D150 数值输入框中就会显示所设定的数值（D150 设定值）。

（二）初始状态的运用及原点回归控制

1．初始状态的运用

在状态流程程序中，常利用激活的初始状态对步进程序进行初始化处理，或者利用初始状态执行工作任务，如图 4-8 所示。

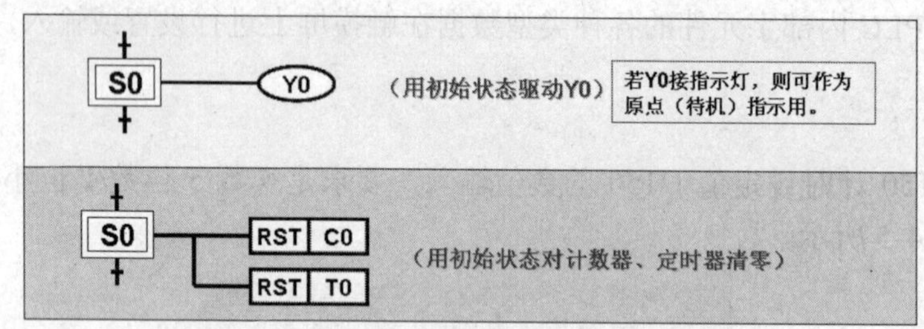

图 4-8

2．原点回归的控制

如：某分拣系统有原点条件要求，当进入初始状态，若设备未满足原点条件，就强迫其自动复位；只有原点条件全部满足后，才能执行顺序控制程序进入启动运行，如图 4-9 所示。

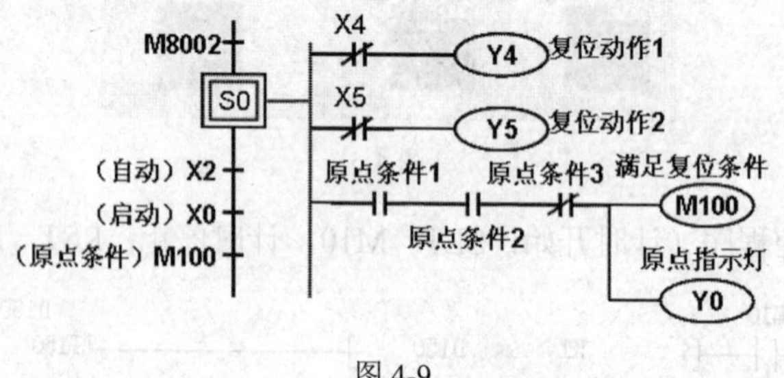

图 4-9

（三）正常停止指令后，设备运行状态处理的实例运用

1．按下停止按钮后，完成一周期的工作后才停止

工作系统在连续循环方式的运行过程中，只要按下停止按钮 X1，系统立刻提示停止下料（红色指示灯 Y10 发光），由于停机指令发出 M0 已置位，因此，不管停止时系统正在哪个状态工作，都需要完成本周期全部工作任务后，才能通过 M0 条件转移到初始状态 S0 停止运行，并将 M0 复位清零，如图 4-10 所示。

2．按下停止按钮后，完成指定工作后才停止

系统启动运行后，只要电感式接近开关 X10 检测到工件，电磁阀线圈 Y5 通电，气缸就将工件推出；1s 后状态转移，电磁阀线圈失电，气缸复位，用计数器 C1 对已推出的工件计数，如计数未满 5 次，就转回 S75 继续传送分拣工件；如已到 5 次，但未按下停止按钮（X2），就转移执行 S90 执行其他任务；若运行过程中，按下停止按钮（X2）、M0 置位，

且分拣计数已到 5 次了，就转移至初始状态 S0 停止运行，并将 M0 复位清零进入待机状态，如图 4-11 所示。

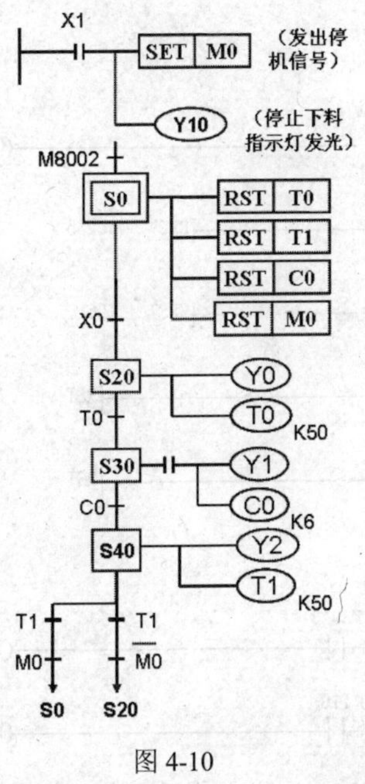

图 4-10

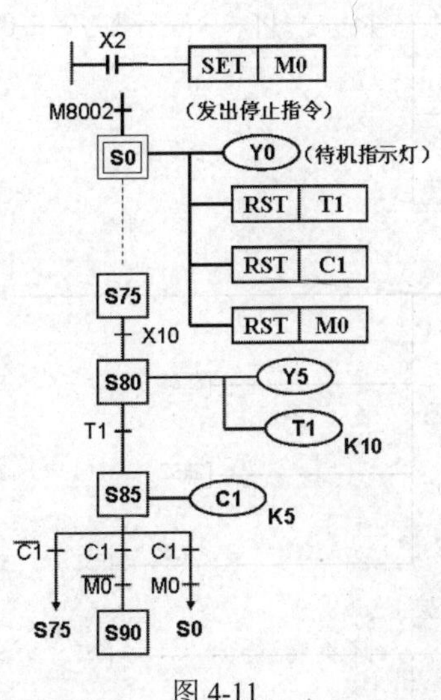

图 4-11

3．按下停止按钮后，需判断系统的工作状态，再根据工作状态选择停机方式

按下按钮 X2，则发出正常停止信号，此时，若皮带输送机尚有物料，则系统继续进行分拣工作，只有下料工件数（D1）与出料工件数（D2）相等，完成了物料的分拣，传送带无工件时，才可停机；若皮带输送机已无物料，则系统立刻停止运行。系统正常停止运行后应自动回到初始状态 S0 的待机状态，如图 4-12 所示。

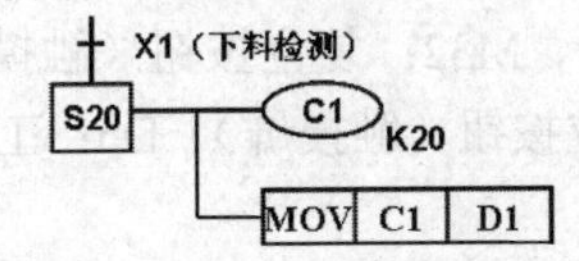

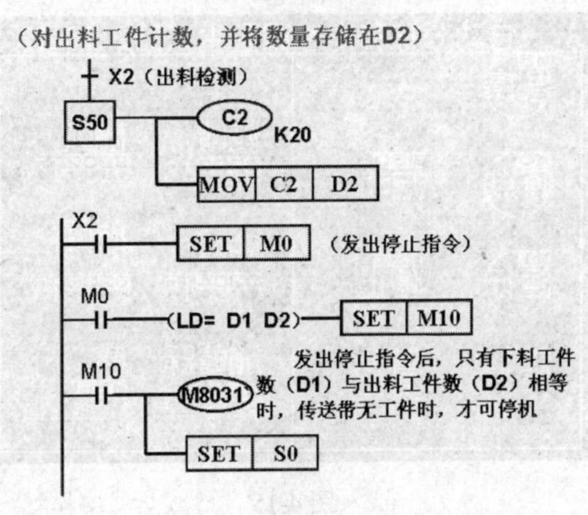

图 4-12

二、完成任务思路及剖析

根据任务要求，分步提供以下编程思路供参考：

1．主程序梯形图（见图 4-13、图 4-14）

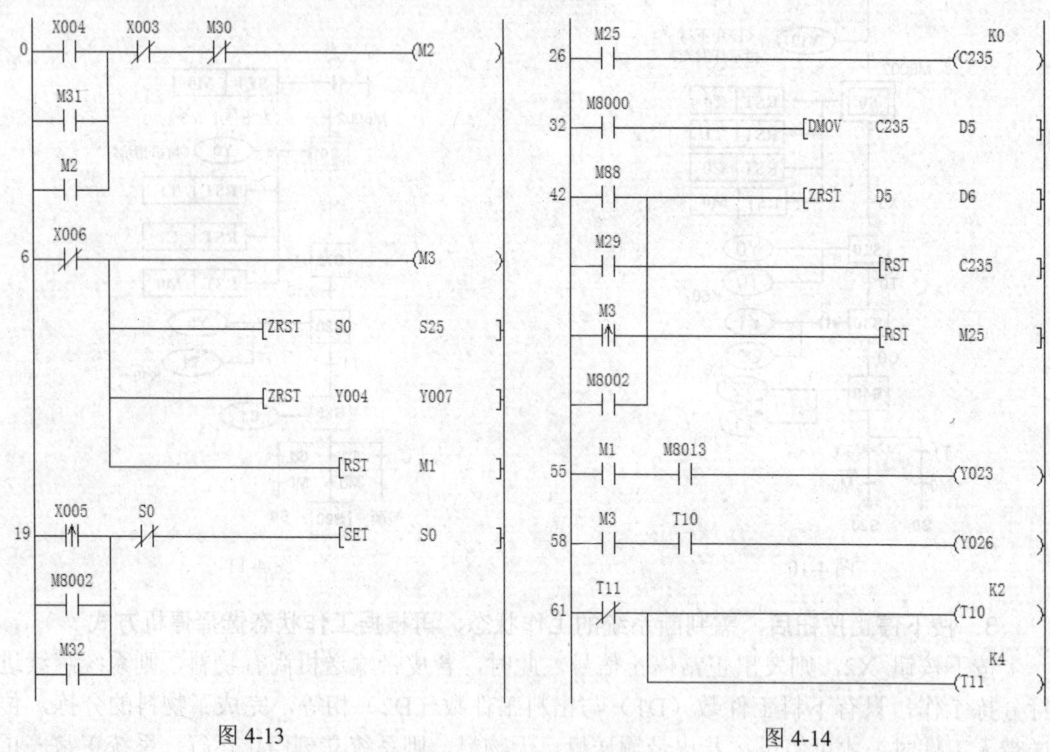

图 4-13　　　　图 4-14

注释：

M0：原点标志、M1：运行标志、M2：停止标志、M3：急停标志、M30：启动按钮（触摸屏）、M31：停止按钮（触摸屏）、M32：复位按钮（触摸屏）、M25：开始计算脉冲、M29：停止计算脉冲、M88：数据复位按钮（触摸屏）、D5：工件当前位置显示（触摸屏）。

2．触摸屏画面（见图 4-15）

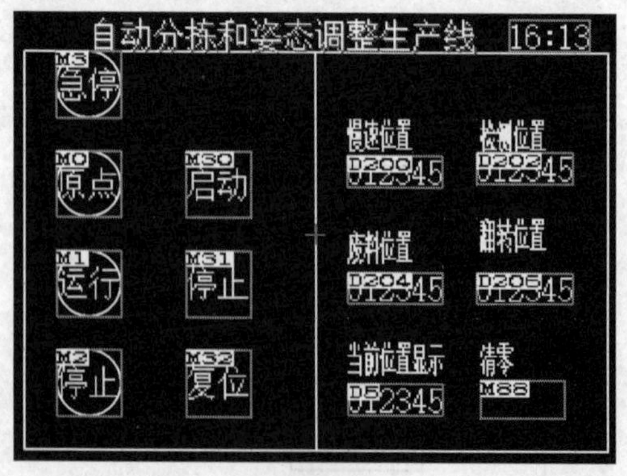

图 4-15

注释：

M0：原点标志、M1：运行标志、M2：停止标志、M3：急停标志、M30：启动按钮（触摸屏）、M31：停止按钮（触摸屏）、M32：复位按钮（触摸屏）、M88：数据复位按钮（触摸屏）、D5：工件当前位置显示（触摸屏）。

3．状态流程图（见图 4-16）

4．各状态编程思路

（1）状态 0

初始状态，要求是电动机停止运行，复位运行标志，停止指示灯亮，原点检测、原点检测指示灯。

（2）状态 10

进入本状态条件为：检测不在原点且按下复位按钮；状态内容是：所有输出复位、电动机复位，抓手反翻转归位（左限位），手指松开延时 1s。

（3）条件 1

手指松开延时 1s。

（4）状态 11

进入本状态条件为：检测在原点位置时按下启动按钮；状态内容是：置位运行标志，复位检测标志。

（5）状态 12

进入本状态条件为：工件检测有料；状态内容是：延时 1s 后送料推出，再延时 1s。

（6）状态 13

进入本状态条件为：上面状态延时 1s 后；状态内容是：送料杆后限时电动机高速运行，同时开始计算脉冲（M25 置位）。

（7）状态 14

进入本状态条件为：高速计数器达设定值（触摸屏 D200）后；状态内容是：电动机中速运行通过检测区并判断材质及姿势。

参考梯形图（见图 4-17）。

注释：

M21：金属材质、M22：非金属材质、M23：工件开口向下、M28：检测区结束标志、D202 检测区结束设定（触摸屏）。

（8）状态 15

进入本状态条件为：检测区结束后如是非金属材质且工件开口向上；状态内容是：电动机高速运行。

（9）状态 16

进入本状态条件为：工件到达皮带末端；状态内容是：延时 0.5s 后电动机停止运行，且停止计算脉冲。

（10）条件 10，11

条件 10：状态 16 结束后，皮带末端没工件，连续运行状态下；条件 11：状态 16 结束后，皮带末端没工件，停止运行状态下。

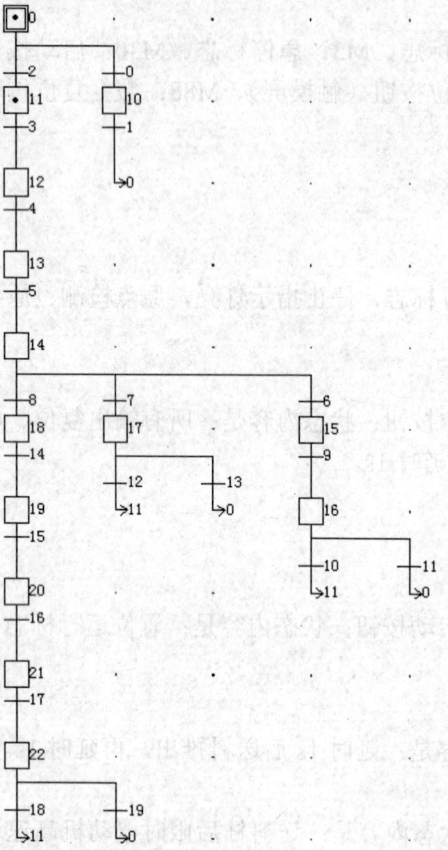

图 4-16

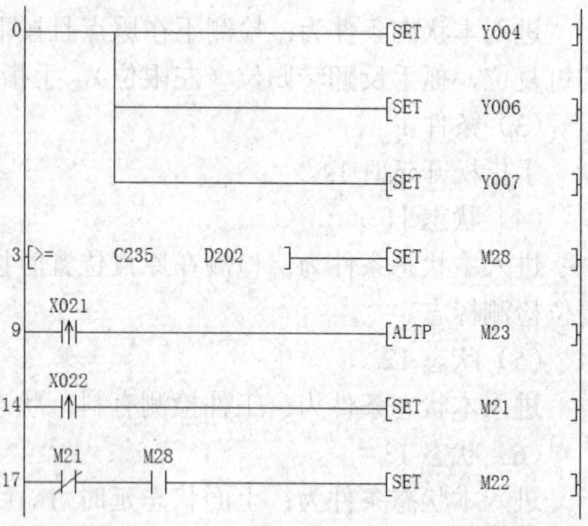

```
0    ──────────────[SET Y004]
     ──────────────[SET Y006]
     ──────────────[SET Y007]
3  [>= C235 D202]──[SET M28]
9    X021(↑)───────[ALTP M23]
14   X022(↑)───────[SET M21]
17   M21(/) M28────[SET M22]
```

图 4-17

（11）状态 17

进入本状态条件为：检测区结束后如是金属材质；状态内容是：电动机中速运行到推杆前（触摸屏 D204 设定值）停机，推杆推出再复位，且停止计算脉冲。

（12）条件 12，13

条件 12：推杆推出复位后，连续运行状态下；条件 13：推杆推出复位后，停止运行状态下。

（13）状态 18

进入本状态条件为：检测区结束后如是非金属材质且工件开口向下，电动机中速运行至翻转抓手位置（触摸屏 D206 设定值）后；状态内容是：电动机停止运行且停止计算脉冲，翻转抓手下降，到下限位时夹紧，并延时 1s。

（14）状态 19

进入本状态条件为：上状态延时 1s 后；状态内容是：翻转抓手上升到上限位时，抓手正翻转到右限位停。

（15）状态 20

进入本状态条件为：抓手正翻转到右限位；状态内容是：翻转抓手下降，到下限位时松开，并延时 1s。

（16）状态 21

进入本状态条件为：上状态延时 1s 后；状态内容是：翻转抓手上升到上限位时，抓手反翻转到左限位停，电动机高速运行。

（17）状态 22

进入本状态条件为：工件到达皮带末端；状态内容是：延时 0.5s 后电动机停止运行。

（18）条件 18，19

条件 18：状态 22 结束后，皮带末端没工件，连续运行状态下；条件 19：状态 22 结束后，皮带末端没工件，停止运行状态下。

制定计划

根据工作任务的要求和以上对整个系统设计思路分析，制定以下控制系统的技术要求及控制方案。

1. 设计出状态流程图，对每一个状态内容和条件内容进行详细注释。（可参考图 4-18 状态流程图）

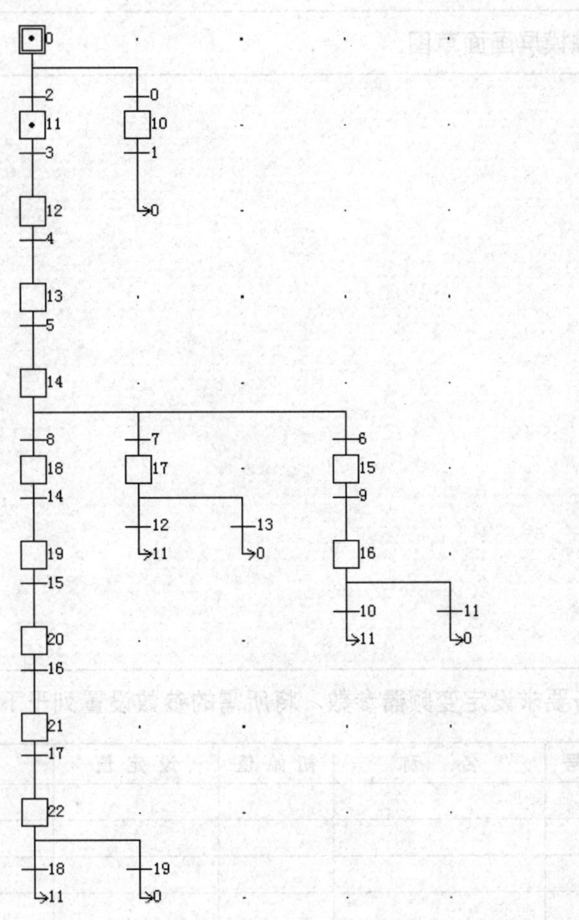

图 4-18

2．设计出主程序梯形图草图。

3．设计出触摸屏画面草图。

4．根据任务要求设定变频器参数，将所需的参数设置列于下表。

顺　序	参 数 号	名　称	初 始 值	设 定 值	内　容
1					
2					
3					
4					
5					

续表

顺序	参数号	名称	初始值	设定值	内容
6					
7					
8					
9					

任务实施

参考步骤

1．第一步：创建、调试触摸屏控制画面

根据设计出的触摸屏画面草图，创建触摸屏控制画面，再仿真调试好保存。

2．第二步：用 GX 编程软件编制 PLC 控制程序

先根据设计好的主程序梯形图草图，编写好主程序，再根据设计好的状态流程图，编写状态转移程序，并不断地修改优化程序并保存。

3．第三步：设定变频器参数，调试变频器

将变频器设置处于内部控制状态（PU 模式），再根据任务要求设定好变频器参数，再将变频器设置处于外部控制状态（EXT 模式）。

4．第四步：把编制好的程序下载到 PLC 中进行调试和修改

程序调试时应仔细检查和调整各单元中机械元件相关位置，气动元件气阀的开度，电气元件各传感器的位置和灵敏度参数，调整各驱动机械的参数设置等，并不断对 PLC 程序进行修改和完善，使系统各单元动作定位准确，运行正常，符合系统控制要求。为便于分步骤条理的调试，在调试过程中，对调试的步骤、工作现象及功能等进行记录。

调试步骤	描述该步骤现象	修改措施
1.		
2.		
3.		
4.		
5.		
6.		
7.		
8.		

任务检查、总结与评价

一、各小组展示工作任务成果，接受全体同学和老师的检阅。

1．根据系统控制要求，演示设备运行效果，测试控制要求的实现情况。并请其他小组代表及辅导教师按功能评分表对任务完成情况进行评分。

功能评分表 2

序号	评分项目	配分	评分标准	备注	自评 20%	他组评 30%	教师评 50%	总评
1	**PLC 编程运行：** 1. 使用软件编写程序和下载程序；2. 程序能运行；3. 运行监控	10	1. 能正确使用软件得 5 分；2. 能清除 PLC，传送程序后能运行得 3 分；3. 能正确进行程序运行监控得 2 分					
2	**人机界面运行：** 1. 使用软件建立工程画面和下载工程；2. 工程画面能运行	5	1. 能正确使用软件得 3 分；2. 传送工程画面后能运行得 2 分					
3	**供料过程：** 1. 送料装置感应到工件后将工件推出；2. 推出后退回	10	1. 项错扣 5 分；2. 项错扣 5 分					
4	**传输带运行过程：** 1. 工件上传输带后且送料杆退回，传输带以高速运行；2. 当物料运行至距离传感器检测区约 80mm 时，传输带以中速运行	12	1. 项错扣 6 分；2. 项错扣 6 分					
5	**检测分拣过程：** 1. 金属工件中速运行至推杆装置前停行，并推入指定的回收箱；2. 非金属工件且姿态正确的，则直接高速运行至输送带末端并自动停机	13	1. 项错扣 7 分；2. 项错扣 6 分					
6	**姿态调整过程：** 非金属工件为姿态不正确的，则经姿态调整后高速运行至输送带末端并自动停机	15	1. 不能进行姿态调整的扣 10 分；2. 姿态调整过程错误的扣 2～6 分；3. 调整后不能高速运行至输送带末端的扣 3 分					
7	**原点回归动作：** 各机构按合理的轨道回归初始位置	10	1. 没有原点回归功能的扣 10 分；2. 原点回归动作有错误的扣 2～5 分					
8	**人机界面功能：** 1. 有正常运行控制的启动、停止、复位按钮；2. 系统运行、停止、原点指示、紧急停机指示灯；3. 能实时显示工件运转位置；4. 能设定工件运行至减速位、传感器检测区、推杆装置和工件翻转装置参数	10	1. 无 1 项功能扣 1～3 分；2. 无 2 项功能扣 1～2 分；3. 无 3 项功能扣 4 分；4. 无 4 项功能扣 5 分					
9	**停机功能：** 1. 正常停机时能处理完已送出工件后自动停机，按启动按钮后重新运行；2. 紧急停机后需对设备进行复位后才能再启动运行	5	1. 项错扣 3 分；2. 项错扣 2 分					
10	**变频器参数设置：** 1. 中速运行（25Hz）；2. 高速运行（35Hz）；3. 频率加减速时间（0.8s）	5	参数设置错误每个扣 1～2 分					
11	**指示灯、蜂鸣器功能：** 1. 系统运行（绿灯）；2. 停止（红灯）；3. 原点指示灯（黄灯）；4. 紧急停机蜂鸣器报警	5	指示灯、蜂鸣器无功能或错误显示每个扣 1～2 分					

2．在工作任务检测过程中，对各方的评价及建议进行记录。

	检测情况的评价及建议	改进措施
本组		
其他组		
老师		

3．各小组派代表叙述完成工程任务的设计思路及展示触摸屏画面和 PLC 梯形图（利用投影仪），并解析程序的含义，记录各方的评价和建议。

	评价及改进建议	备　注
其他组		
老师		

二、各小组对工作岗位的“6S”处理。

在小组和教师都完成工作任务总结以后，各小组必须对自己的工作岗位进行“整理、整顿、清扫、清洁、安全、素养”；归还所借的工具和资料。

三、学生对本项目学习成果自我评估与总结。

____

____

____

____

____

（可以参考以下几点提示：你掌握了哪些知识点？你在编程、接线、调试过程中出现了哪些问题，怎么解决的？你觉得你完成的任务中哪些地方做得比较好，哪些地方做得不够好（编程、接线、调试）；你有哪些还没掌握好，不够清楚的？说说你的心得体会。）

四、对学生综合职业能力进行评价。

综合评价表 3

班级：＿＿＿＿＿＿ 指导教师：＿＿＿＿＿＿

小组：＿＿＿＿＿＿

姓名：＿＿＿＿＿＿ 日期：＿＿＿＿＿＿

评价项目	评价标准	评价依据	评价方式			权重	得分小计
			学生自评 20%	小组互评 30%	教师评价 50%		
职业素养	1．遵守规章制度、劳动纪律； 2．有良好的职业道德和职业行为规范。 3．积极主动承担工作任务，爱岗敬业、勤学好问、有较强责任意识，按时按质完成工作任务； 4．具备严谨细致的工作作风，积极向上努力进取精神； 5．注意人身安全与设备安全； 6．自觉认真完成工作岗位的 6S	1．出勤、仪容仪表； 2．工作态度和行为； 3．学习和劳动纪律； 4．团队协作精神； 5．完成工作岗位的 6S				0.2	
专业能力	1．熟练操作变频器； 2．能设计触摸屏的数值显示和数值输入功能画面并下载和运行。 3. 熟练运用 PLC 编程软件进行编程设计、下载和运行； 4. 掌握采用 PLC 步进指令编程方法和触摸屏、变频器的综合应用； 5．会独立进行系统整体的运行与调试； 6．具有较强的信息分析、处理及基本的 PLC 系统开发能力。 7．符合安全操作规程	1．操作的准确性和规范性； 2．工作页或项目技术总结完成情况； 3．专业技能任务完成情况				0.5	
方法能力	1．能够将理论联系实际，自主学习，独立完成工作任务； 2．善于阅读分析和总结归纳规律，积累经验和技巧，具备收集及处理信息的能力； 3．具备良好的工作敏感性及分析和处理生产中出现的突发事件能力； 4．具有较强的工作服务意识； 5．在任务完成过程中能提出自己的有一定见解的方案，具备创新能力； 6．在教学或生产管理上提出合理建议，具有创新性	1．学习过程能力表现； 2．处理突发事件的能力表现； 3．创新方案的可行性及意义； 4．合理建议的可行性				0.15	
社会能力	1．具备团队合作精神和能力； 2．拥有良好的与人交流、沟通表达、合作能力； 3．具有组织管理、协调处理和解决问题的能力	学习过程能力表现情况				0.15	
合计							

技能拓展

1. 任务中如要求正常停机时，要处理完 3 个金属工件后才停机，按启动按钮后重新运行，如何修改程序？

2. 要求系统具有停电保持功能，如何修改程序？

知识链接

自动控制的停电保持功能

停电保持功能对一些不能中断运行的设备是十分有用的。如一些加工设备、灌装设备和工件传送设备，若加工或运行过程中遇到突然停电，在恢复送电后，如果重新启动时不能使设备在停电状态上继续运行，就有可能造成工件的损坏或材料的损失。因此，在 PLC 控制中，常用具备停电保持的软元件来确保设备停电后继续正常运行。

1. 停电保持的运行方式

（1）停电后重新运行要求

系统应有停电保持功能。若系统在自动运行中突然遇到电源断电后再来电，系统能自行启动并从断电前的状态继续运行。

（2）送电后继续运行要求

停电后保持，送电后立刻运行；停电后保持，送电后需按运行按钮再运行；停电后保持，送电后需系统复位后再运行；停电后保持，送电后需系统复位后按运行按钮再运行。

（3）停电保持要求

停电后保持，送电后在停电的状态上继续运行（状态 S 保持）；停电后保持，送电后在停电的时间或次数上继续运行（状态 S、时间 T 和计数 C 保持）。

2. 具有停电保持功能的各种元件

具有停电保持功能的各种元件：保持用辅助继电器：M500 ～M1023，保持用状态元件：S500～S899，累积定时器：T250 ～T255（100ms 单位）、T246 ～245（1ms 单位）中断保持用，保持用计数器：C100 ～C199（十六位），保持用数据寄存器：D200 ～D511。使用这些元件，在突然断电时会保持正在运行的当前状态，重新送电后会恢复此状态的执行，若状态中的元件（T、C、D、M）停电时需保持当前值或当前状态，也需要具有停电保持功能。

实例：一工作系统完成正常运行后，可按 X0 重新启动运行；运行中停止须按 X1，由于有停电保持元件，需同时用 M8031 和 M8032 清零；运行中停止后再启动，要先按 X2 进行复位，再按 X0 才能启动运行。运行中突然发生停电，运行中的状态与数据都会保持；重新送电后，会在停电时的状态下继续运行，如图 4-19 所示。

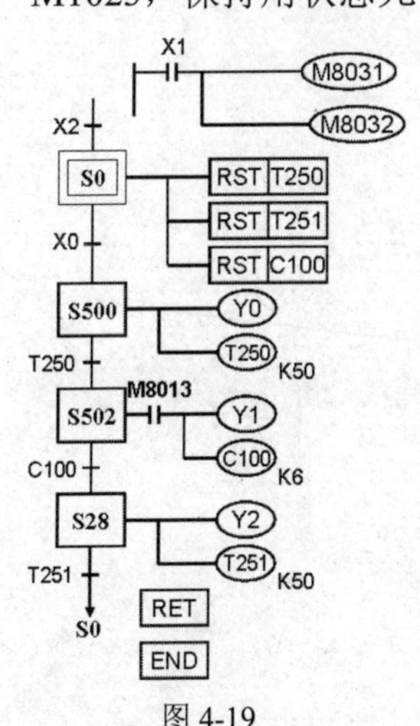

图 4-19

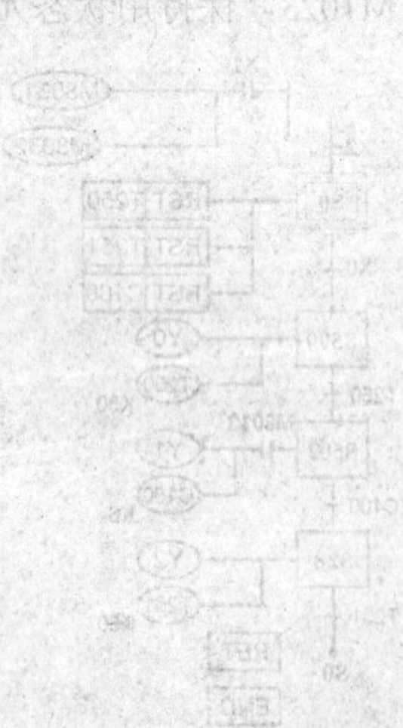

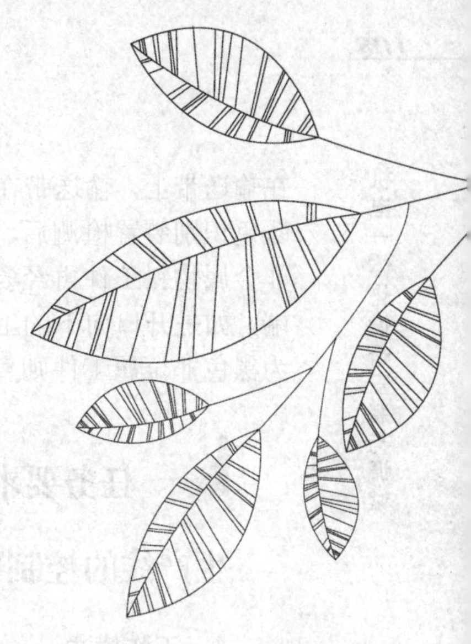

学习任务五

生产线传送带工件颜色识别功能的调试

Chapter 5

工作任务

工件自动颜色识别、姿态调整和分拣生产线的调试

任务描述

生产线的组成主要由间歇式送料装置、传送带、颜色识别装置（光纤传感器）、姿态监测装置（电容传感器）、物性检测装置（电感传感器）、水平推杆装置、工件翻转装置、物料转送装置（龙门机械手）等功能单元以及配套的电气控制系统、气动回路组成。自动生产线的结构简图如图 5-1 所示。

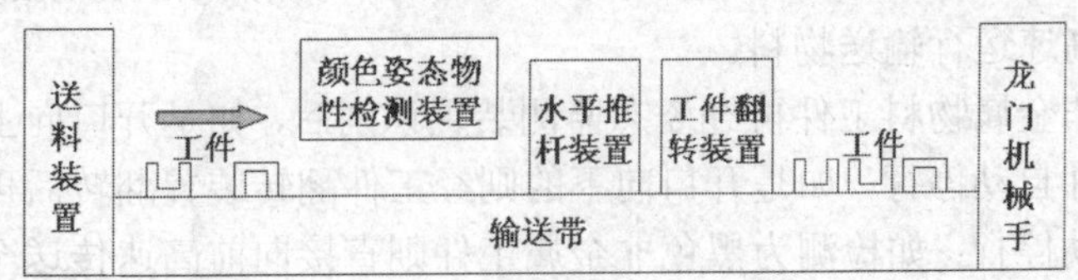

图 5-1

生产线的功能主要是在生产过程中，随机摆放的物料工件经间歇式送料装置依次放置

在输送带上，输送带在电动机的驱动下将物料工件向前输送。物料工件经物性检测装置和颜色识别装置检测后，检测为金属物料工件则经推杆装置推入指定的回收箱；检测为白色非金属物料工件再经姿态监测装置识别后，如是开口向上的工件直接向前输送至输送带末端，如是开口向下的工件则经工件翻转装置翻转后再继续向前传送至输送带末端；如检测为黑色非金属工件则直接向前传送至输送带末端，由龙门机械手转运至指定工位处理。

任务要求

生产线的控制要求

1．工作模式

自动线具有两种工作模式：自动和手动模式。工作模式间应互锁，由一转换开关切换。

（1）自动模式：生产线启动后能自动循环实现工件的颜色识别、姿态调整、材质分拣与连续输送。正常停机时能处理完已送出工件后自动停机，按启动按钮后重新运行。

（2）手动模式：可分别控制各执行机构的动作，便于设备调试与调整。

2．执行机构的驱动方式

传送带采用交流异步电动机驱动，变频无极调速。其他执行机构均采用气动器件控制，详细工作原理参考《生产线气动回路图》。

3．工件翻转装置

工件翻转运动机构工作时，注意不能发生碰撞，必须合理的按一定顺序和轨迹运行：工件在翻转运动时，翻转运动机构须在上限位置。

4．原点回归动作

系统上电后需进行原点回归操作，各机构必须处于原点位置（原点指示灯亮），系统才能启动运行。原点回归操作：按原点复位按钮，各执行机构返回原点位置：

（1）送料单元推料气缸活塞杆内缩。

（2）翻转装置初始位置：旋转马达处于左限位，垂直活塞杆上位，气动手指打开。

（3）水平推杆装置气缸活塞杆内缩。

（4）皮带静止不动。

5．传送带高效、节能运行与自动停机

送料装置感应到物料工件后将物料工件推出，物料工件上传输带后，传输带以高速运行，当物料运行至距离传感器检测区约 80mm 时，传输带以中速运行。经检测如为金属工件则继续中速运行至推杆装置前停行，并推入指定的回收箱结束本次分拣任务；处理工件后，传输带继续高速运行输送物料。

检测为白色非金属物料工件再经姿态监测装置识别后，如是开口向上的则向前高速输送至输送带末端并自动停行，如是开口向下的则经工件翻转装置翻转后再继续高速传送至输送带末端并自动停行；如检测为黑色非金属工件则直接向前高速传送至输送带末端并自动停行，结束本次分拣任务；处理工件后，传输带继续高速运行输送物料。

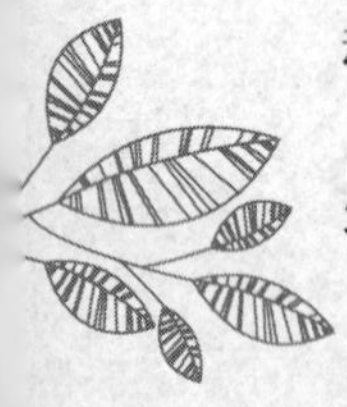

自动工作模式下，传送带在有料传送时高速运行，传送完毕若送料装置中无工件 5S 后则转低速运行，缺料时蜂鸣器发出报警声（响声频率 1Hz）（期间若有工件放入则

继续执行正常运行），低速运行一段时间（5S）仍缺料则整条线自动停机，缺料蜂鸣器熄灭。

6．变频器设置要求

传送带只能单方向运行且采用三段速度运行：低速运行（10Hz）、中速运行（25Hz）、高速运行（35Hz），频率加减速时间（0.8s）。

7．人机界面监控功能

（1）自动运行模式下的设备控制（按钮）与运行状态监视（指示灯），手动模式下各执行机构的动作控制；

（2）能实时显示工件运转位置参数；能设定工件运行至减速位、传感器检测区、推杆装置和工件翻转装置位置参数。

（3）可自动统计并显示分拣工件的总数、非金属工件数（黑与白）；

（4）对自动线运行状态有相应状态指示或文本提示：不在原点位置显示："请原点回归后再启动"，缺料运行显示："请放入工件" ，紧急停机显示："设备故障"。

（5）手动模式下可分别控制各执行机构的动作。

（6）多个画面且能自由切换。

8．安全保护功能

（1）运动机构不能发生碰撞；

（2）具有紧急停机功能。紧急停机时不允许出现工件跌落。紧急停机后需对设备进行复位后再启动运行。

完成工作任务要求

根据系统设计要求，分析、制定控制系统技术要求及控制方案，并在实训/考核设备上完成如下工作。

1．触摸屏监控画面设计与调试：不少于 2 幅用户界面，各操控画面人机交互性好，画面切换方便；

2．变频器参数设置与调整；

3．PLC 控制程序设计与调试；

4．系统调试，满足功能要求。

所设计的 PLC 程序调试时应仔细检查和调整各单元中机械元件相关位置，气动元件气阀的开度，电气元件各传感器的位置和灵敏度参数，调整各驱动机械的参数设置等，使系统各单元动作定位准确，运行正常，符合控制要求。

能力目标

1．职业素养目标

培养学生具有自觉遵守教学和企业规章制度、劳动纪律，使学生养成良好的职业道德和职业行为习惯，爱岗敬业、勤学好问、有较强责任意识，按时按质自觉地完成工作任务。

2．专业能力目标

（1）能设计触摸屏的文字注释显示功能和多个基本画面的制作与切换功能。

（2）掌握自动控制中指示灯控制功能的意义及应用。

（3）理解本工作任务的设计思路，学会本工作任务整个控制系统的设计及系统的整体综合调试，主要有自动和手动工作模式、原点回归、正常停机与急停、传送带高效与节能运行、翻转装置动作、工件颜色识别、工件姿态与材质判断、姿态调整、颜色与材质分拣、工件的计数、指示灯功能等程序的设计；变频器相关参数的设定；人机界面多个画面、文本提示、按钮指示灯、数据显示与设定功能的制作；传感器位置和灵敏度的调整；机械位置的调整；气动系统运行时的调节；系统的整体综合调试。

3．方法能力和社会能力目标

培养学生具有自学、阅读、表达、总结、信息收集处理与积累、独立分析、创新改造等方法能力；和交流沟通、合作、评价、综合决策、处理和解决问题等社会能力。

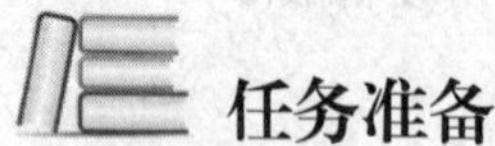

任务准备

一、相关理论知识

（一）触摸屏注释显示的制作

触摸屏注释显示主要用于显示与位软元件的ON/OFF相对应或与字软元件的值相对应的文字注释的功能，可分为位注释和字注释。

1．位注释：是显示与位软元件的ON/OFF相对应的注释的功能。

实例

当（X5）=ON时，显示“上限”；（X5）=OFF时，显示“下限”。

（1）创建位注释图标路径是：“对象”-“注释显示”-“位注释”；将对象图标配置在画面上，如图5-2所示。

（2）双击图标，进行基本设置，设定软元件为“X0005”，如图5-3所示。

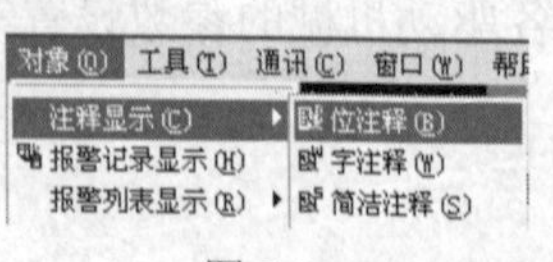

图5-2

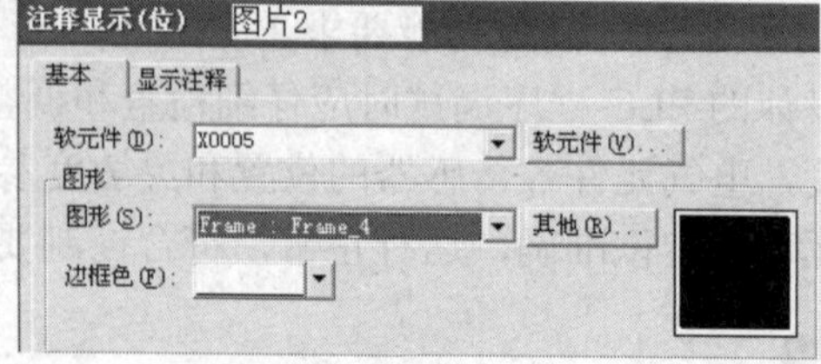

图5-3

（3）进行“显示注释”设置。

① 选择“基本注释”；

②“ON/OFF”切换；

③ 选择“直接输入”，输入注释信息；

④ 对显示字体、颜色等设置，如图5-4所示。

（4）完成的对象，如图 5-5 所示。

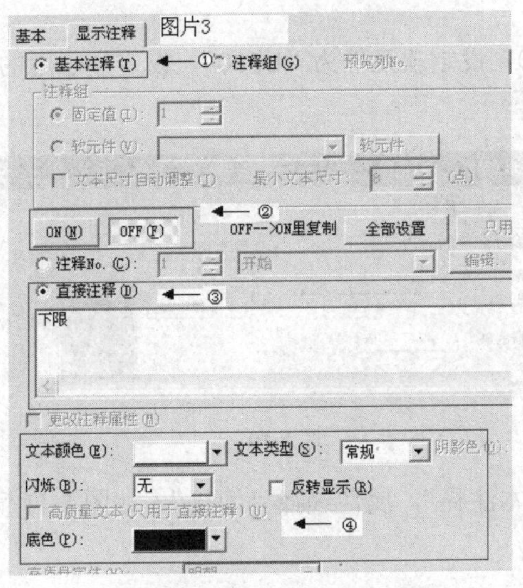

图 5-4

图 5-5

2．字注释：是显示与字软元件的值相对应的注释的功能。

实例

当 PLC 软元件 D180 的值为 1 时，显示“故障 1”；值为 2 时，显示“故障 2”；值为 3 时，显示“故障 3”；值为 4 时，显示“故障 4”。

根据字软元件的数值显示注释时，必须预先登录要显示的注释。

（1）登录字注释图标路径是：“公共设置” - “注释” - “注释”，如图 5-6 所示。

（2）显示“打开注释组”，双击“基本注释”，如图 5-7 所示。

图 5-6

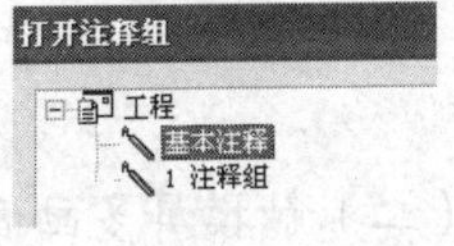

图 5-7

（3）输入要显示的注释，设置文本色等，如图 5-8 所示。

注释No.	注释	文本颜色	反转	闪烁	高质量	文本类型	阴影色
1	故障1		否	低速	□	常规	
2	故障2		是	中速	□	常规	
3	故障3		否	低速	□	常规	
4	故障4		是	无	□	常规	

图 5-8

注释 1：“故障 1”文本颜色：灰 12　　反转：否　　闪烁：低速

注释 2：“故障 2”文本颜色：灰 14　　反转：是　　闪烁：中速

注释 3：“故障 3”文本颜色：灰 9　　反转：否　　闪烁：低速

注释 4：“故障 4”文本颜色：白色　　反转：是　　闪烁：无

然后再设定注释显示功能。

（1）创建字注释图标路径是：“对象”-“注释显示”-“字注释”，将对象图标配置在画面上，如图 5-9 所示。

（2）双击图标进行基本设置（注释显示），设定软元件为“D180”，设定显示用的图形框，如图 5-10 所示。

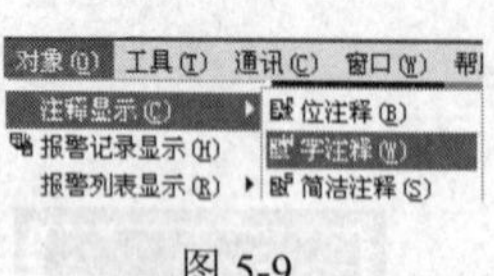

图 5-9

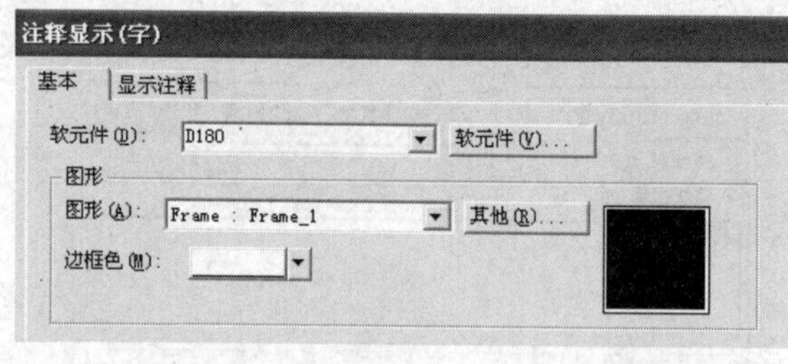

图 5-10

（3）进行“显示注释”设置，选择“基本注释”，属性选择“间接”，如图 5-11 所示。

（4）完成的对象，如图 5-12 所示。

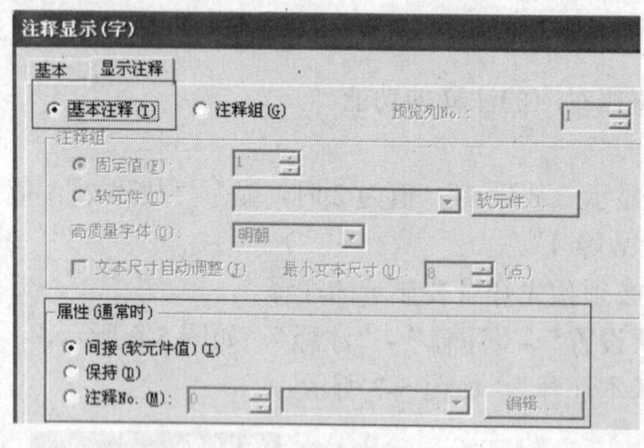

图 5-11

图 5-12

（二）触摸屏多画面切换的制作

在触摸屏设计上，可设置多个基本画面，分别用于对不同功能的操作或显示；并分别在多个基本画面上设置相互切换的按钮，可灵活地在多个画面间进行切换。画面切换方法有两种。

1. 通过 PLC 程序，改变 D0 的值进行画面切换

路径是：公共设置-系统环境-画面切换；并进行相关配置，如图 5-13 所示。

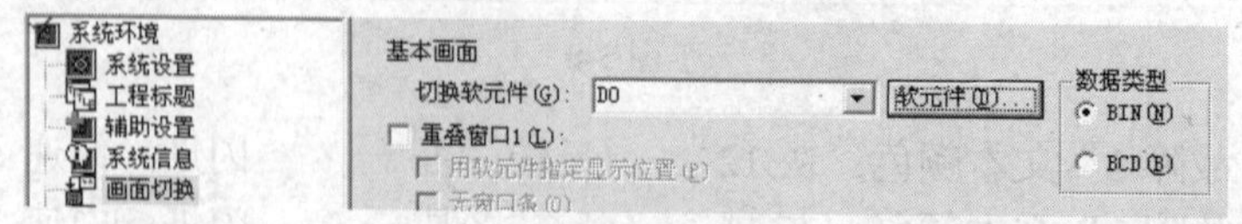

图 5-13

D0 的值对应基本画面编号：D0=0，画面消失；D0=1，切换至 1＃画面；D0=2，切换至 2＃画面。

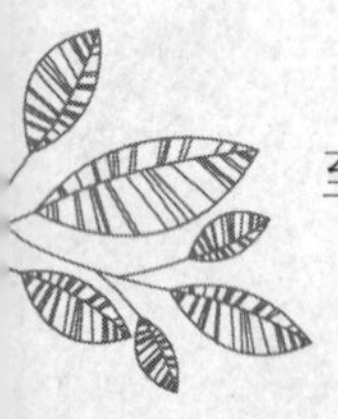

2. 通过画面切换开关进行画面切换

创建画面切换开关图标路径是：对象-开关-画面切换开关，或点击开关标志[S▼]，选择[画面切换开关]，如图 5-14 所示。

将画面切换开关配置在画面上，双击画面切换开关框，调出对话框进行设置，如图 5-15 所示。

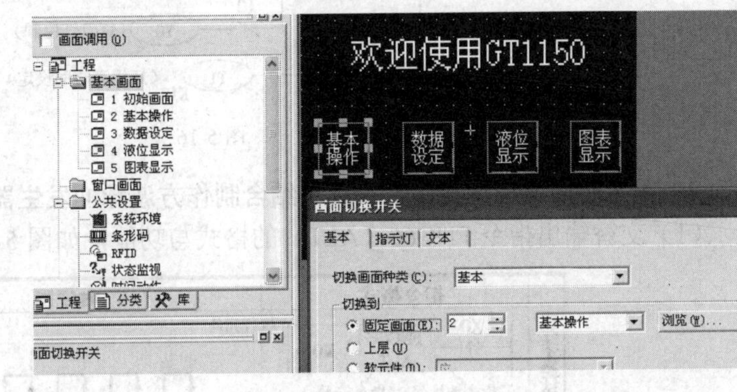

图 5-14　　　　图 5-15

实例

已制作好两个控制画面：手动控制和自动控制，要求采用[画面切换开关]进行两个控制画面的相互切换。

（1）将画面切换开关配置在画面 1“自动控制”上，双击画面切换开关框，先设置[基本]对话框，再设置[文本]对话框；在[基本]对话框设置时要确定要切换到第几号画面，在[切换到]的固定画面中选 2，选[手动]；在[文本]对话框进行文本输入：手动控制。

（2）将画面切换开关配置在画面 2“手动控制”上，双击画面切换开关框，先设置[基本]对话框，再设置[文本]对话框；设置时要确定要切换到第几号画面，在[切换到]的固定画面中选 1，选[手动]；文本输入：自动控制。

（三）自动控制中指示灯的功能设计

在自动控制系统中，指示灯一般用作各种工作状态的提示、设备保护的提示、容许下料的提示、禁止下料的提示、时间间隔的提示等等。控制的方式一般有不同频率的闪烁、长亮、交替发亮等方式。指示灯不同频率闪烁控制的编程方式有以下几种。

1. 应用定时器实现指示灯闪烁的控制

（1）定时器（T）知识：即对时钟脉冲进行加法运算，当达到设定值时，输出触点动作。

常用的定时器有以下几种：普通型 100ms（0.1s）：T0—T199 共 200 点（设定范围 0.1—3276 . 7s）；普通型 10ms（0.01s）：T200—T245 共 46 点（设定范围 0.01—327 .67s ）；断电保持型：100ms（0.1s）：T250—T255 共 6 点；断电保持型 1ms（0.001s）：T246—T249 共 4 点（设定范围 0.001—32.767s）。

（2）定时器实现指示灯闪烁的程序编写，如图 5-16 所示。

特点：用 2 个定时器分别作灯发光时间与熄灭时间的设定，用定时器触点作灯闪烁的控制；将控制灯发光与熄灭的定时器设定时间改变，即可改变灯闪烁频率；将定时器 T0

与 T1 设不同的时间值，就能实现灯闪烁时发光时间与熄灭时间的不同。

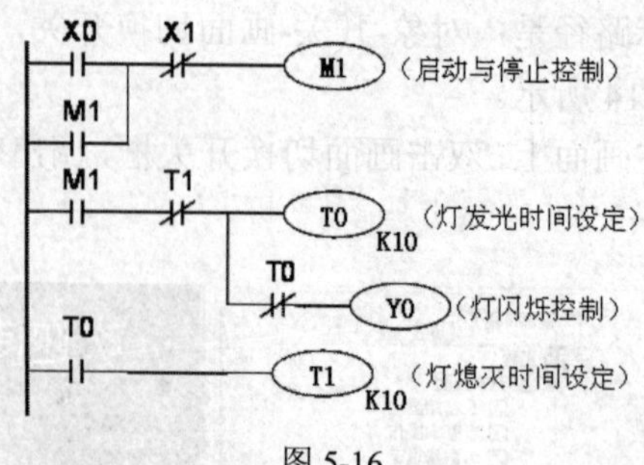

图 5-16

2．用定时器与应用指令“ALT”结合制作方波脉冲发生器，实现指示灯闪烁的控制

（1）交替输出指令 FNC66（ALT）的格式与功能，如图 5-17 所示。

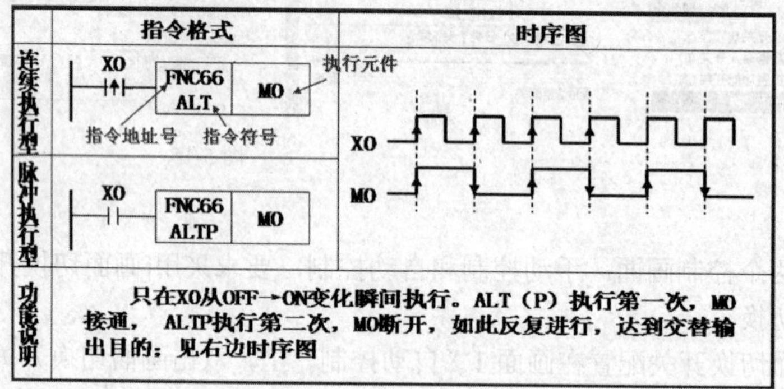

	指令格式	时序图
连续执行型	X0 ─┤↑├─ FNC66 ALT M0；执行元件；指令地址号；指令符号	X0 / M0
脉冲执行型	X0 ─┤├─ FNC66 ALTP M0	
功能说明	只在X0从OFF→ON变化瞬间执行。ALT（P）执行第一次，M0接通，ALTP执行第二次，M0断开，如此反复进行，达到交替输出目的：见右边时序图	

图 5-17

（2）定时器与应用指令“ALT”实现指示灯闪烁的程序编写，如图 5-18 所示。

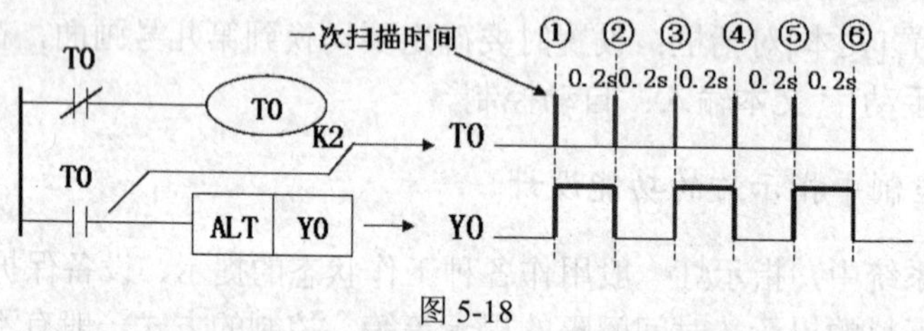

图 5-18

特点：用 1 个定时器制作一脉冲发生信号，用脉冲发生信号驱动“ALT”指令，使其输出交替的方波脉冲信号，作为指示灯闪烁的控制；当改变定时器的设定时间，即可改变灯闪烁的频率。

3．用特殊内部时钟继电器实现灯闪烁控制

在 FX2N 中，产生时钟脉冲功能的特殊继电器有四个：

M8011：触点以 10ms 的频率作周期性振荡，产生 10ms 的时钟脉冲。

M8012：触点以 100ms 的频率作周期性振荡，产生 100ms 的时钟脉冲。

M8013：触点以 1s 的频率作周期性振荡，产生 1s 的时钟脉冲。

M8014：触点以 1min 的频率作周期性振荡，产生 1min 的时钟脉冲。

特点：特殊继电器 M8011～M8014 产生的脉冲是方波脉冲，经常直接用于灯的闪烁控

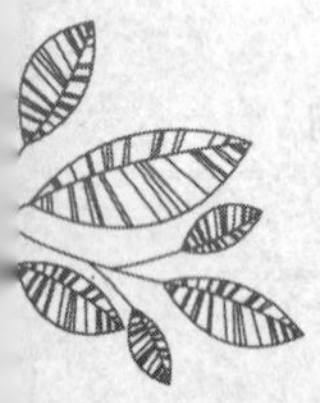

制，如图 5-19 所示。

4．指示灯闪烁发光的应用实例

（1）1 个指示灯发光 2s，熄灭 1s，不断重复，如图 5-20 所示。

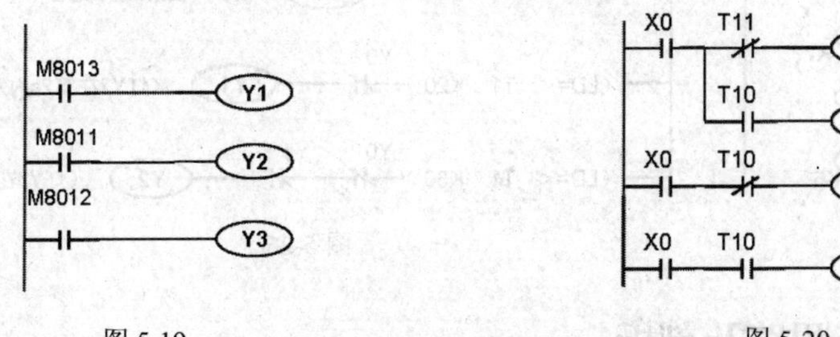

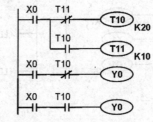

图 5-19　　图 5-20

启动后 T10 常闭触点接通，Y0 发光，2s 后 T10 动作，T10 常闭触点断开，Y0 熄灭；再过 1s 后 T11 动作使 T10 失电，T10 触点复位，Y0 再次发光。如此实现状态重复。

（2）1 个指示灯 0．5s 闪光 1 次（发光频率：2Hz），不断重复，如图 5-21 所示。

若要求 1s 闪光 3 次、4 次、5 次...，可照此方式编写（修改 T200 的设定时间）。

（3）两灯交替发光 0．5s （发光频率：1Hz），不断重复，如图 5-22 所示。

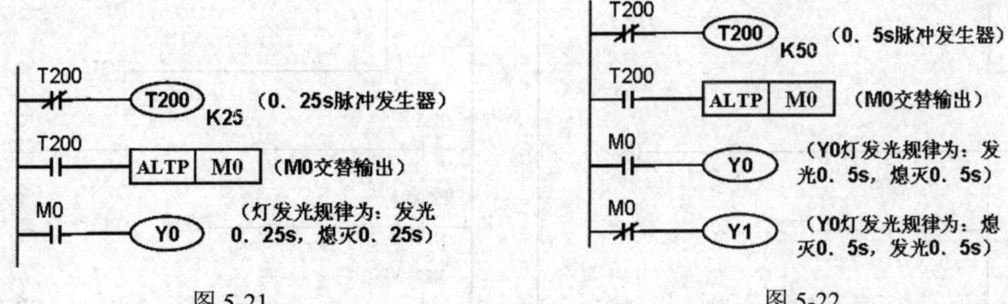

图 5-21　　图 5-22

（4）1 个指示灯 0．4s 闪光 1 次（发光频率：2.5HZ），不断重复，如图 5-23 所示。

（5）指示灯 1s 闪光 2 次，熄灭 1s，不断重复，如图 5-24 所示。

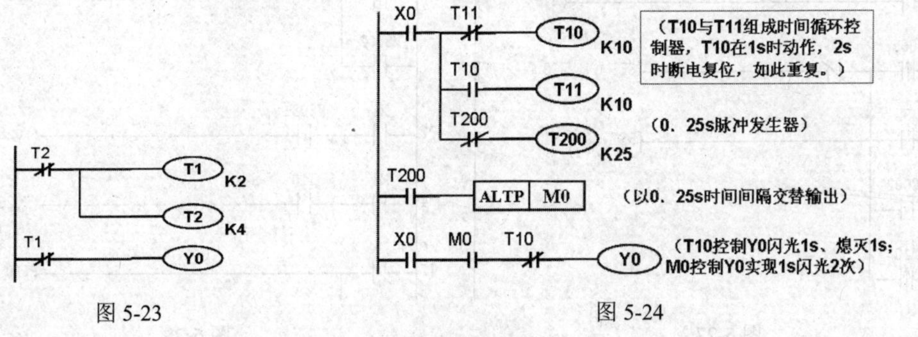

图 5-23　　图 5-24

（6）指示灯闪光 4 次就熄灭，如图 5-25 所示。

（7）3 个指示灯轮流发光 1s ，不断重复，如图 5-26 所示。

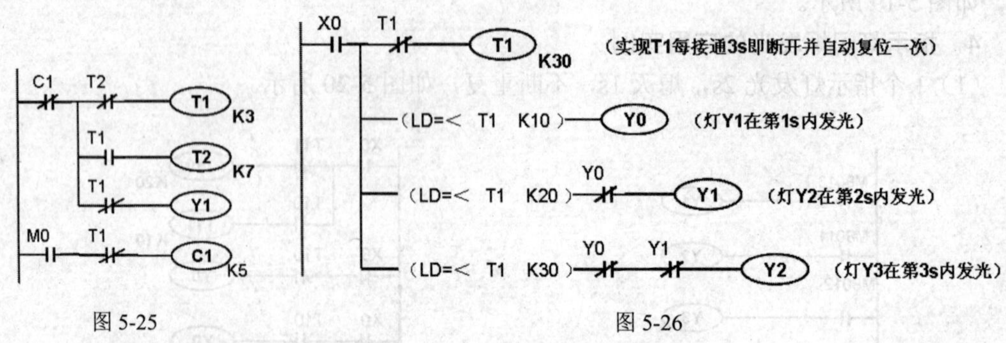

C1
T2
T1
K3
T1
T2
K7
T1
Y1
M0
T1
C1
K5

图 5-25

X0
T1
T1
K30
（实现T1每接通3s即断开并自动复位一次）
（LD=< T1 K10）
Y0
（灯Y1在第1s内发光）
Y0
（LD=< T1 K20）
Y1
（灯Y2在第2s内发光）
Y0
Y1
（LD=< T1 K30）
Y2
（灯Y3在第3s内发光）

图 5-26

二、完成任务思路及剖析

根据任务要求，分步提供以下编程思路供参考。

1．主程序梯形图（见图 5-27、图 5-28、图 5-29）

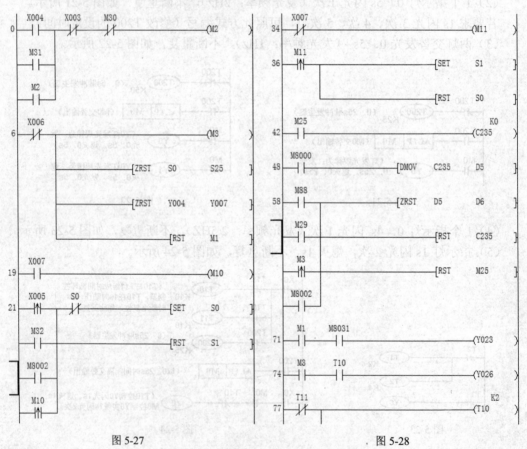

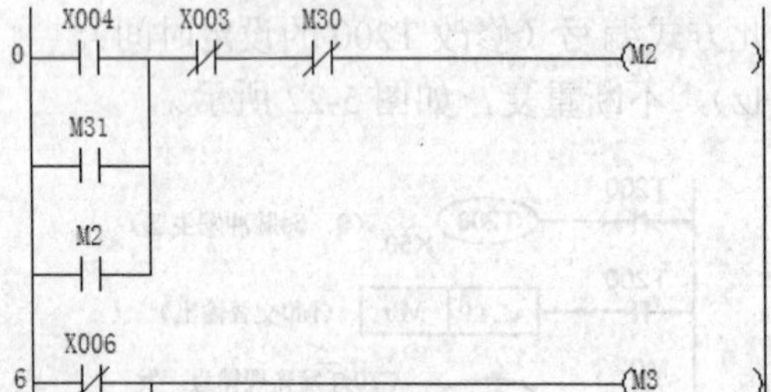

0
X004
X003
M30
M2
M31
M2
6
X006
M3
ZRST S0 S25
ZRST Y004 Y007
RST M1
19
X007
M10
21
X005
S0
SET S0
M32
RST S1
M8002
M10

图 5-27

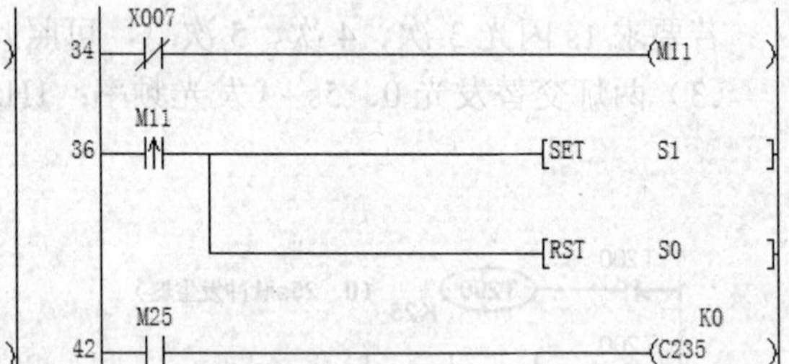

34
X007
M11
36
M11
SET S1
RST S0
42
M25
K0
C235
48
M8000
DMOV C235 D5
58
M88
ZRST D5 D6
M29
RST C235
M3
RST M25
M8002
71
M1
M8031
Y023
74
M3
T10
Y026
77
T11
K2
T10

图 5-28

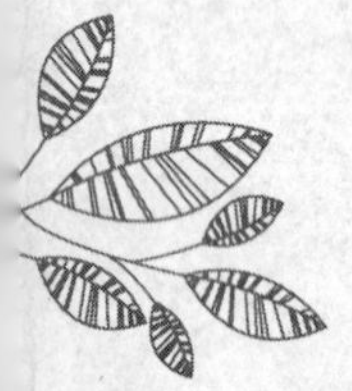

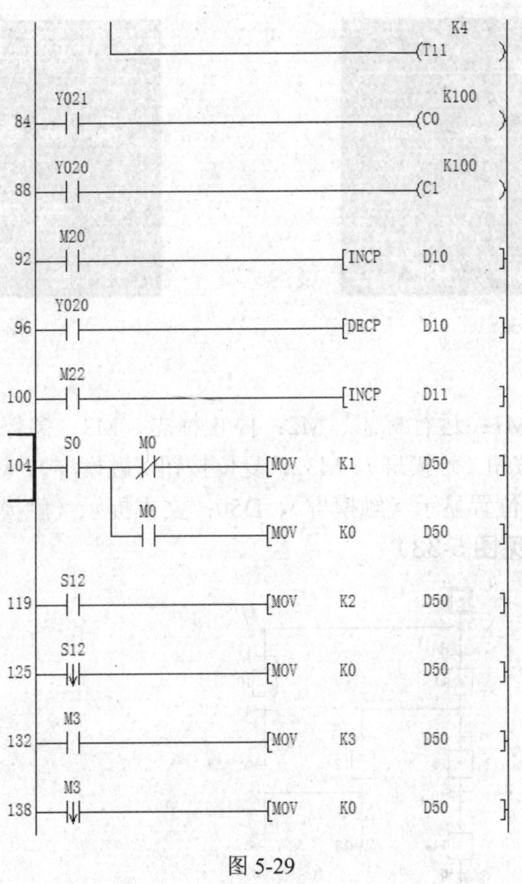

图 5-29

注释：

M0：原点标志、M1：运行标志、M2：停止标志、M3：急停标志、M10：自动运行状态标志、M11：手动运行状态标志、M30：启动按钮（触摸屏）、M31：停止按钮（触摸屏）、M32：复位按钮（触摸屏）、M25：开始计算脉冲、M29：停止计算脉冲、M88：数据复位按钮（触摸屏）、D5：工件当前位置显示（触摸屏）、D50：文本提示（触摸屏）、S12：缺料状态、M20：白色非金属工件标志、M21：金属工件标志、M22：黑色非金属工件标志。

2．触摸屏画面（见图 5-30、图 5-31、图 5-32）

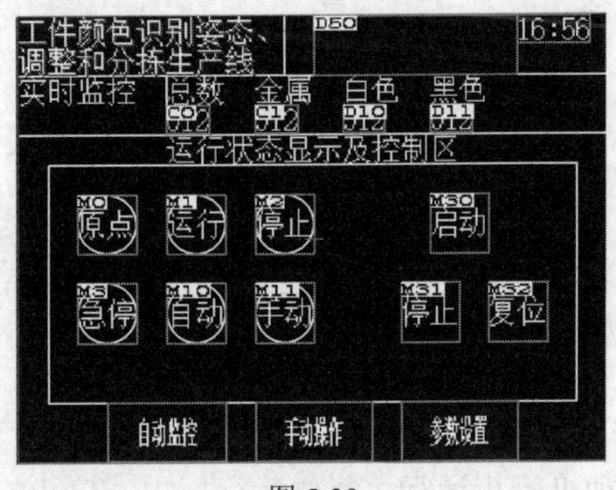

图 5-30

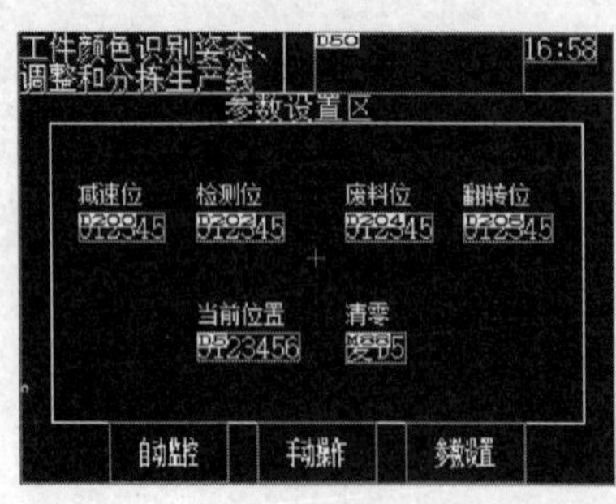

图 5-31

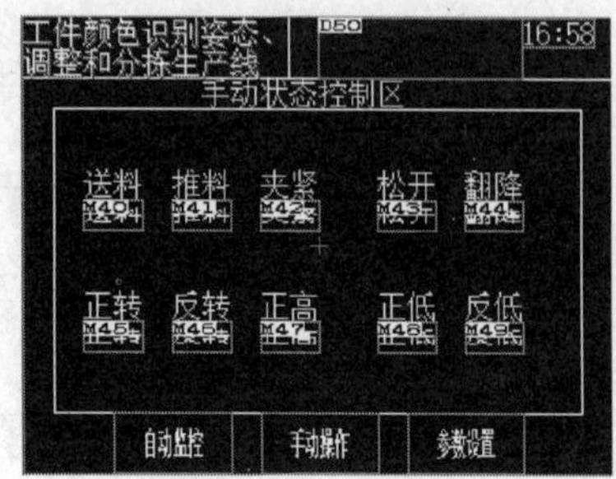

图 5-32

注释：

M0：原点标志、M1：运行标志、M2：停止标志、M3：急停标志、M30：启动按钮（触摸屏）M31：停止按钮（触摸屏）、M32：复位按钮（触摸屏）、M88：数据复位按钮（触摸屏）、D5：工件当前位置显示（触摸屏）、D50：文本提示（触摸屏）。

3．状态流程图（见图 5-33）

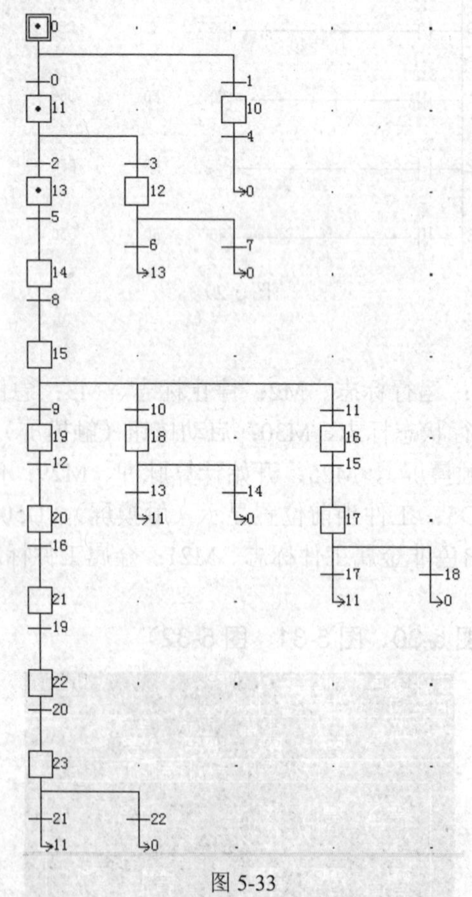

图 5-33

4．各状态编程思路

（1）状态 0

初始状态，要求是电动机停止运行，复位运行标志，停止指示灯亮，原点检测、原点

检测指示灯，清除计数数据。

（2）状态 10

进入本状态条件为：检测不在原点且按下复位按钮；状态内容是：所有输出复位、电动机复位，抓手反翻转归位（左限位），手指松开延时 1s。

（3）条件 4

手指松开延时 1s，跳转至状态 0。

（4）状态 11

进入本状态条件为：检测在原点位置时按下启动按钮；状态内容是：置位运行标志，复位检测标志，电机高速运行，计时 5s。

（5）状态 12

进入本状态条件为：状态 11 计时到 5s，工件送料检测无料；状态内容是：电动机低速运行，报警蜂鸣器发出报警声，计时 5s。

（6）条件 6，7

条件 5：状态 12 计时未到 5s，工件送料检测有料，跳转至状态 13；条件 7：计时到 5s，工件送料检测无料，跳转至状态 0。

（7）状态 13

进入本状态条件为：状态 11 计时未到 5s，工件送料检测有料，或条件 5 成立；状态内容是：电动机高速运行，延时 1s 后送料推出，再延时 0.5s 开始计算脉冲（M25 置位）。

（8）状态 14

进入本状态条件为：上面状态延时 1s 后；状态内容是：送料杆后退，电动机高速运行。

（9）状态 15

进入本状态条件为：高速计数器达设定值（触摸屏 D200）后；状态内容是：电动机中速运行通过检测区并判断颜色、材质及姿势。

参考梯形图如图 5-34 所示。

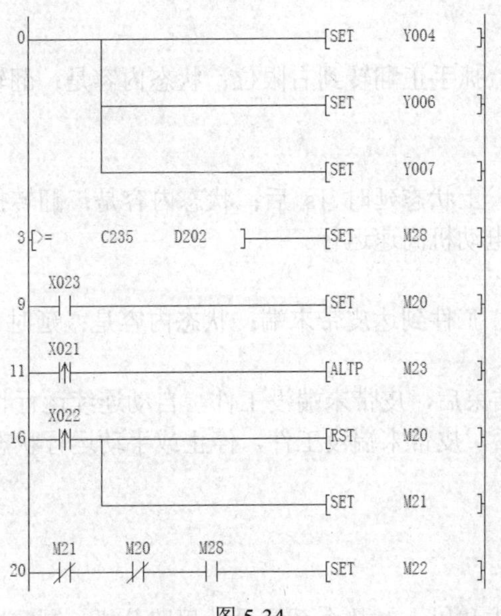

图 5-34

注释：

M20：白色非金属工件标志、M21：金属工件标志、M22：黑色非金属工件标志、M23：姿态不正确工件（开口向下）标志、M28：检测区结束标志、D202 检测区结束设定（触摸屏）。

（10）状态 16

进入本状态条件为：检测区结束后如是黑色非金属或白色非金属且工件开口向上；状态内容是：电动机高速运行。

（11）状态 17

进入本状态条件为：工件到达皮带末端；状态内容是：延时 0.5s 后电动机停止运行，且停止计算脉冲。

（12）条件 17，18

条件 17：状态 17 结束后，皮带末端没工件，自动连续运行状态下，跳转至状态 11；条件 18：状态 17 结束后，皮带末端没工件，停止或手动运行状态下，跳转至状态 0。

（13）状态 18

进入本状态条件为：检测区结束后如是金属材质，电动机中速运行到推杆前（触摸屏 D204 设定值）；状态内容是：电动机停止运行，推杆推出再复位，且停止计算脉冲。

（14）条件 13、14

条件 13：推杆推出复位后，自动连续运行状态下，跳转至状态 11；条件 14：推杆推出复位后，停止或手动运行状态下，跳转至状态 0。

（15）状态 19

进入本状态条件为：检测区结束后如是白色非金属且工件开口向下，电动机中速运行至翻转抓手位置（触摸屏 D206 设定值）后；状态内容是：电动机停止运行且停止计算脉冲，翻转抓手下降，到下限位时夹紧，并延时 1s。

（16）状态 20

进入本状态条件为：上状态延时 1s 后；状态内容是：翻转抓手上升到上限位时，抓手正翻转到右限位停。

（17）状态 21

进入本状态条件为：抓手正翻转到右限位；状态内容是：翻转抓手下降，到下限位时松开，并延时 1s。

（18）状态 22

进入本状态条件为：上状态延时 1s 后；状态内容是：翻转抓手上升到上限位时，抓手反翻转到左限位停，电动机高速运行。

（19）状态 23

进入本状态条件为：工件到达皮带末端；状态内容是：延时 0.5s 后电动机停止运行。

（20）条件 21，22

条件 21：状态 23 结束后，皮带末端没工件，自动连续运行状态下，跳转至状态 11；条件 22：状态 23 结束后，皮带末端没工件，停止或手动运行状态下，跳转至状态 0。

制定计划

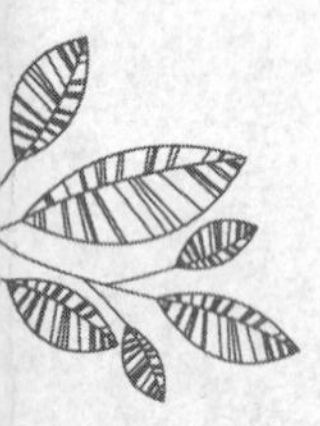

根据工作任务的要求和以上对整个系统设计思路分析，制定以下控制系统的技术要求

及控制方案。

1．设计出状态流程图，对每一个状态内容和条件内容进行详细注释。（可参考图 5-35 所示状态流程图）

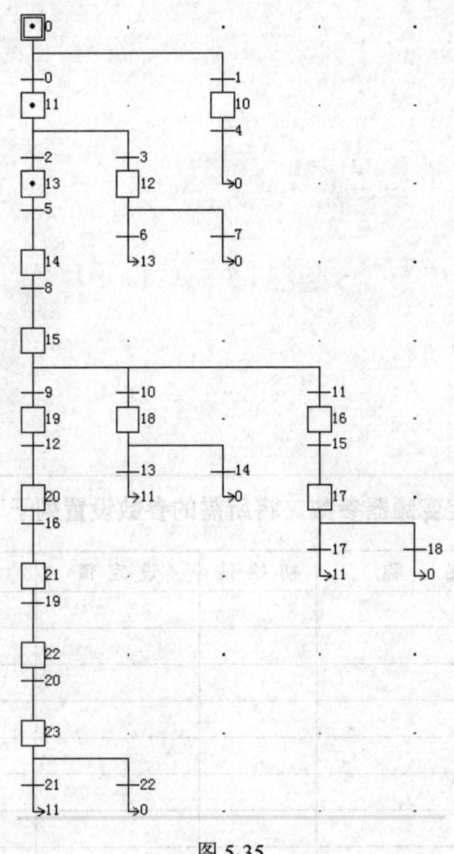

图 5-35

2．设计出主程序梯形图草图。

3．设计出触摸屏画面草图。

4．根据任务要求设定变频器参数，将所需的参数设置列于下表。

顺　序	参数号	名　称	初始值	设定值	内　容
1					
2					
3					
4					
5					
6					
7					
8					
9					

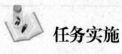

任务实施

参考步骤

1．第一步：创建、调试触摸屏控制画面

根据设计出的触摸屏画面草图，创建触摸屏控制画面，再仿真调试好保存。

2．第二步：用 GX 编程软件编制 PLC 控制程序

先根据设计好的主程序梯形图草图，编写好主程序，再根据设计好的状态流程图，编写状态转移程序，并不断地修改优化程序并保存。

3．第三步：设定变频器参数，调试变频器

将变频器设置处于内部控制状态（PU 模式），再根据任务要求设定好变频器参数，再将变频器设置处于外部控制状态（EXT 模式）。

4．第四步：把编制好的程序下载到PLC中进行调试和修改

程序调试时应仔细检查和调整各单元中机械元件相关位置，气动元件气阀的开度，电气元件各传感器的位置和灵敏度参数，调整各驱动机械的参数设置等，并不断对PLC程序进行修改和完善，使系统各单元动作定位准确，运行正常，符合系统控制要求。为便于分步骤条理的调试，在调试过程中，对调试的步骤、工作现象及功能等进行记录。

调试步骤	描述该步骤现象	修改措施
1.		
2.		
3.		
4.		
5.		
6.		
7.		
8.		

任务检查、总结与评价

一、各小组展示工作任务成果，接受全体同学和老师的检阅。

1．根据系统控制要求，演示设备运行效果，测试控制要求的实现情况。并请其他小组代表及辅导教师按功能评分表对任务完成情况进行评分。

功能评分表3

序号	评分项目	配分	评分标准	备注	自评20%	他组评30%	教师评50%	总评
1	**PLC编程运行：** 1．使用软件编写程序和下载程序；2．程序能运行；3．运行监控	10	1．能正确使用软件得5分；2．能清除PLC，传送程序后能运行得3分；3．能正确进行程序运行监控得2分					
2	**人机界面运行：** 1．使用软件建立工程画面和下载工程；2．工程画面能运行	5	1．能正确使用软件得3分；2．传送工程画面后能运行得2分					
3	**工作模式：** 1．自动和手动工作模式间有互锁；2．自动模式能自动循环运行；3．手动模式可分别控制各执行机构的动作	10	自动和手动工作模式能正确运行各得5分					
4	**供料过程：** 1．送料装置感应到工件后将工件推出，传输带以高速运行；2．推出后退回	6	1．项错扣3分；2．项错扣3分					
5	**传输带运行过程：** 当物料运行至距离传感器检测区约80mm时，传输带以中速运行	6	该项错扣6分					

续表

序号	评分项目	配分	评分标准	备注	自评20%	他组评30%	教师评50%	总评
6	检测分拣过程： 1．金属工件中速运行至推杆装置前停行，并推入指定的回收箱，后传输带继续高速运行；2．白色非金属工件且姿态正确的，则直接高速运行至输送带末端并自动停机，后传输带继续高速运行；3．黑色非金属工件则直接向前高速传送至输送带末端并自动停行，后传输带继续高速运行	10	1．项错扣 4 分；2．项错扣 3 分；3．项错扣 3 分					
7	姿态调整过程： 白色非金属工件为姿态不正确的，则经姿态调整后高速运行至输送带末端并自动停行，后传输带继续高速运行	8	1．不能进行姿态调整的扣 8 分；2．姿态调整过程错误的扣 1～2 分；3．调整后不能高速运行至输送带末端的扣 2 分					
8	节能运行与自动停机功能： 1．传送完毕若供料装置中无工件 5s 后则转低速运行（期间若有工件放入则继续执行正常运行）；2．缺料低速运行一段时间（5s）仍缺料则整条线自动停机	10	1．项错扣 5 分；2．项错扣 6 分					
9	原点回归动作： 各机构按合理的轨道回归初始位置	5	1．没有原点回归功能的扣 5 分；2．原点回归动作有错误的扣 1～2 分					
10	人机界面功能： 1．有正常运行控制的启动、停止、复位按钮；2．系统运行、停止、原点指示、紧急停机、自动、手动状态指示灯；3．能实时显示工件运转位置；4．能设定工件运行至减速位、传感器检测区、推杆装置和工件翻转装置参数；5．手动模式下各执行机构的动作控制；6．统计工件的总数、非金属工件数（黑与白）；7．运行状态文本提示（不在原点位置显示：“请原点回归后再启动”，缺料运行显示：“请放入工件”，紧急停机显示：“设备故障”）；8．画面有切换功能	15	1．无 1 项功能扣 1～2 分；2．无 2 项功能扣 1～2 分；3．无 3 项功能扣 2～3 分；4．无 4 项功能扣 2～3 分；5. 5 项功能不全扣 1～3 分；6．无 6 项功能扣 1～3 分；7．7 项功能不全扣 1～3 分；8．无 8 项功能扣 2 分					
11	停机功能： 1．正常停机时能处理完已送出工件后自动停机，按启动按钮后重新运行；2．紧急停机后需对设备进行复位后才能再启动运行；3．紧急停机时不允许出现工件跌落	5	1．项错扣 2 分；2．项错扣 2 分；3．项错扣 1 分					
12	变频器参数设置： 1．中速运行（25Hz）；2．高速运行（35Hz）；3．频率加减速时间（0.8s）	5	参数设置错误每个扣 1～2 分					

续表

序号	评分项目	配分	评分标准	备注	自评 20%	他组评 30%	教师评 50%	总评
13	**指示灯、蜂鸣器功能：** 1. 系统运行（绿灯）；2. 停止（红灯）；3. 原点指示灯（黄灯）；4. 紧急停机或缺料时蜂鸣器报警	5	指示灯、蜂鸣器无功能或错误显示每个扣1～2分					

2．在工作任务检测过程中，对各方的评价及建议进行记录。

	检测情况的评价及建议	改进措施
本组		
其他组		
老师		

3．各小组派代表叙述完成工程任务的设计思路及展示触摸屏画面和PLC梯形图（利用投影仪），并解析程序的含义，记录各方的评价和建议。

	评价及改进建议	备　注
其他组		
老师		

二、各小组对工作岗位的“6S”处理。

在小组和教师都完成工作任务总结以后，各小组必须对自己的工作岗位进行“整理、整顿、清扫、清洁、安全、素养”；归还所借的工具和资料。

三、学生对本项目学习成果自我评估与总结。

（可以参考以下几点提示：你掌握了哪些知识点？你在编程、接线、调试过程中出现了哪些问题，怎么解决的？你觉得你完成的任务中哪些地方做得比较好，哪些地方做得不够好（编程、接线、调试）；你有哪些还没掌握好，不够清楚的？说说你的心得体会。）

四、对学生综合职业能力进行评价。

综合评价表 4

班级：__________　　　　　　指导教师：__________

小组：__________

姓名：__________　　　　　　日期：__________

评价项目	评价标准	评价依据	评价方式			权重	得分小计
			学生自评 20%	小组互评 30%	教师评价 50%		
职业素养	1．遵守规章制度、劳动纪律； 2．有良好的职业道德和职业行为规范。 3．积极主动承担工作任务，爱岗敬业、勤学好问、有较强责任意识，按时按质完成工作任务； 4．具备严谨细致的工作作风，积极向上努力进取精神； 5．注意人身安全与设备安全； 6．自觉认真完成工作岗位的 6S	1．出勤、仪容仪表； 2．工作态度和行为； 3．学习和劳动纪律； 4．团队协作精神； 5．完成工作岗位的 6S				0.2	
专业能力	1．熟练操作变频器； 2．熟练运用触摸屏组态软件进行工程设计制作文字注释显示功能和多个基本画面的制作与切换功能，并下载和运行； 3．熟练运用 PLC 编程软件进行编程设计、下载和运行； 4．掌握采用 PLC 步进指令编程方法和触摸屏、变频器的综合应用； 5．会独立进行系统整体的运行与调试； 6．具有较强的信息分析、处理及基本的 PLC 系统开发能力。 7．符合安全操作规程	1．操作的准确性和规范性； 2．工作页或项目技术总结完成情况； 3．专业技能任务完成情况				0.5	
方法能力	1．能够将理论联系实际，自主学习，独立完成工作任务； 2．善于阅读分析和总结归纳规律，积累经验和技巧，具备收集及处理信息的能力； 3．具备良好的工作敏感性及分析和处理生产中出现的突发事件能力； 4．具有较强的工作服务意识； 5．在任务完成过程中能提出自己的有一定见解的方案，具备创新能力； 6．在教学或生产管理上提出合理建议，具有创新性	1．学习过程能力表现； 2．处理突发事件的能力表现； 3．创新方案的可行性及意义； 4．合理建议的可行性				0.15	
社会能力	1．具备团队合作精神和能力； 2．拥有良好的与人交流、沟通表达、合作能力； 3．具有组织管理、协调处理和解决问题的能力	学习过程能力表现情况				0.15	
合计							

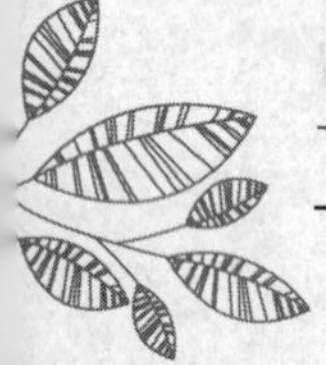

技能拓展

1．如各指示灯和蜂鸣器采用不同频率的闪烁方式，请自行修改程序。

2．任务要求如在自动运行过程，切换至手动模式时，要处理完已送出的工件后才自动停机，并再切换至手动控制模式，如何修改程序？

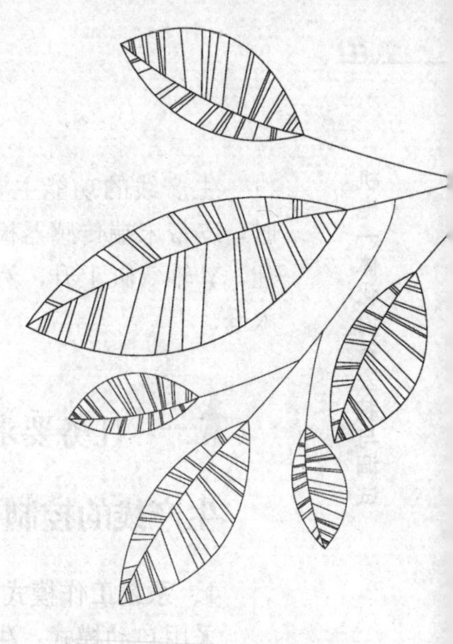

学习任务六

生产线移动机械手工件分装入仓功能的调试

Chapter 6

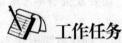

工作任务

吸盘式移动机械手工件自动分装入仓生产线的调试

任务描述

生产线的组成主要是由有 X 轴和 Y 轴（单轴气缸）构成的龙门架、用步进电动机驱动 X 轴移动的定位装置、真空发生器吸附装置、限位传感器等功能单元以及配套的电气控制系统、气动回路组成。自动生产线的结构简图如图 6-1 所示。

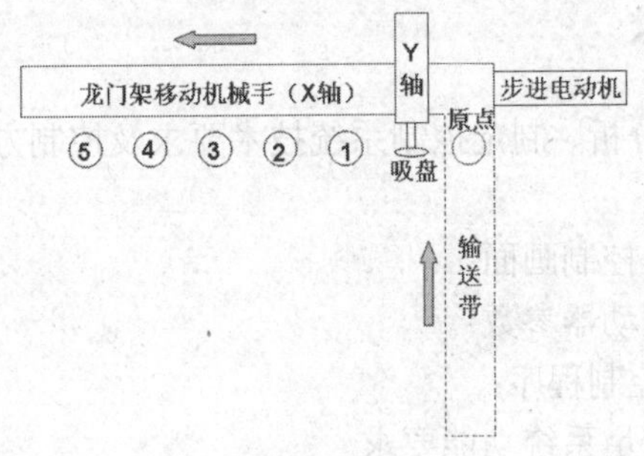

图 6-1

生产线的功能主要是在生产过程中，当前面流程的输送带将工件传送到输送带末端时，皮带末端传感器检测到工件到位，吸盘移动机械手 Y 轴气缸下降，真空吸盘将工件吸住，Y 轴气缸上升，然后步进电动机驱动 X 轴移动至指定仓位，Y 轴气缸再次下降，工件入仓。

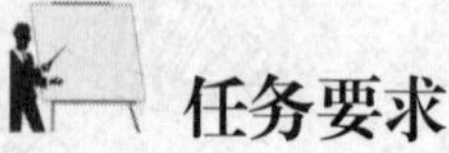

任务要求

生产线的控制要求

1．系统工作模式

采用自动模式：生产线启动后采用单周期运行实现工件的入仓输送。

2．执行机构的驱动方式

移动机械手采用步进电动机驱动定位。其他执行机构均采用气动器件，详细工作原理参考《气动回路图》。

3．原点回归动作

各机构必须处于原点位置（原点指示灯亮），系统才能启动运行，要求按下原点复位按钮，系统自行复位；原点状态为：龙门架步进电动机处于原点（靠近输送带一侧）位置，升降气缸处于上升状态，吸盘处于释放状态。

4．入仓控制要求

（1）龙门架由 PLC 脉冲定位入仓，要求各种物料依次按顺序放入 1～5 号仓位（1 号仓位靠近输送带，5 号最远），仓满后，指示灯亮，不再传送物料，需要复位清零才能继续工作。

（2）按下停止按钮，系统立即停止运行（若龙门架有吸附物料，则保持吸附状态）；再按下复位按钮，系统回归原点后才能重新启动运行。

（3）指示灯分别显示系统的当前状态：系统运行时绿灯常亮，系统停止时红灯常亮，系统复位时黄灯常亮，仓满后，篮色指示灯亮。

5．人机界面监控功能

（1）自动运行的设备控制（按钮）与运行状态监视（指示灯）。

（2）能实时显示机械手移动位置参数；能设定机械手脉冲定位入各仓位置参数。

（3）可自动统计并显示入仓工件的总数。

完成工作任务要求

根据系统设计要求，分析、制定控制系统技术要求及控制方案，并在实训/考核设备上完成如下工作。

1．创建、调试触摸屏控制画面；

2．调试步进电动机驱动器参数；

3．编写、调试 PLC 控制程序；

4．进行系统调试，满足系统功能要求。

所设计的 PLC 程序调试时应仔细检查和调整各单元中机械元件相关位置，气动元件气阀的开度，电气元件各传感器的位置和灵敏度参数，调整各驱动机械的参数设置等，使系统各单元动作定位准确，运行正常，符合控制要求。

能力目标

1．职业素养目标

培养学生具有自觉遵守教学和企业规章制度、劳动纪律，使学生养成良好的职业道德和职业行为习惯，爱岗敬业、勤学好问、有较强责任意识，按时按质自觉地完成工作任务。

2．专业能力目标

（1）了解步进电动机驱动器的原理及应用、掌握步进驱动器端子的接法与细分设置方法；

（2）掌握功能指令 PLSY，PLSR 的用法；

（3）理解本工作任务的设计思路，学会本工作任务整个控制系统的设计及系统的整体综合调试，主要有：单周期工作模式、正常停机、采用 PLSY 指令脉冲定位入仓、原点回归、工件的计数、指示灯功能等程序的设计；步进电动机驱动器参数设定；人机界面的按钮指示灯、数据显示与设定功能的制作；传感器位置和灵敏度的调整；机械位置的调整；气动系统运行时的调节；系统的整体综合调试。

3．方法能力和社会能力目标

培养学生具有自学、阅读、表达、总结、信息收集处理与积累、独立分析、创新改造等方法能力；和交流沟通、合作、评价、综合决策、处理和解决问题等社会能力。

任务准备

一、相关理论知识

（一）步进驱动器

从步进电动机的转动原理可以看出，要使步进电动机正常运行，必须按规律控制步进电动机的每一相绕组得电。驱动器的作用是对控制脉冲进行环形分配、功率放大，使步进电动机绕组按一定顺序通电，控制电动机转动。

1．步进驱动器原理（见图 6-2）

以两相步进电机为例，当给驱动器一个脉冲信号和一个正方向信号时，驱动器经过环形分配器和功率放大后，给电机绕组通电的顺序为 A-B-$\overline{A}$-$\overline{B}$，其四个状态周而复始进行变化，电机顺时针转动；若方向信号变为负时，通电时序就变为$\overline{B}$-$\overline{A}$-B-A，电机就逆时针转动。

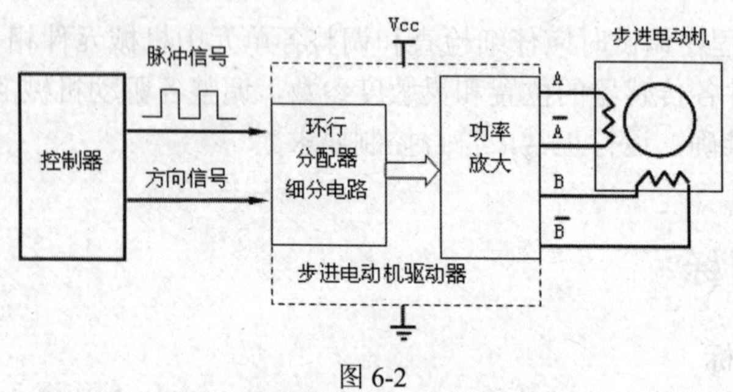

图 6-2

2. 步进驱动器端子介绍与接法（见图 6-3）

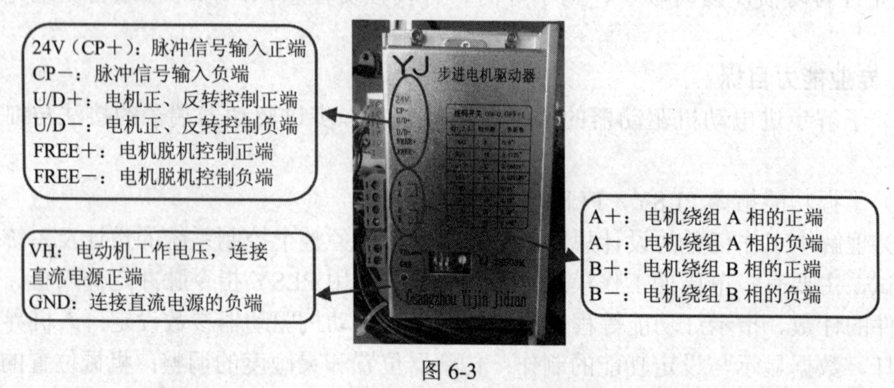

图 6-3

图中三个接口在驱动器内部的接口电路相同（见输入信号接口电路图），相互独立。该输入信号接口的特点是：用户可根据需要采用共阳极接法或共阴极接法。

共阳极接法：分别将 CP+，U/D+，FREE+连接到控制系统的电源上，如果此电源是+24V 则可直接接入，如果此电源大于+24V，则须外部另加限流电阻 R，保证给驱动器内部光藕提供 8～15mA 的驱动电流。输入信号通过 CP-加入。此时，U/D-，FREE-在低电平时起作用，如图 6-4 所示。

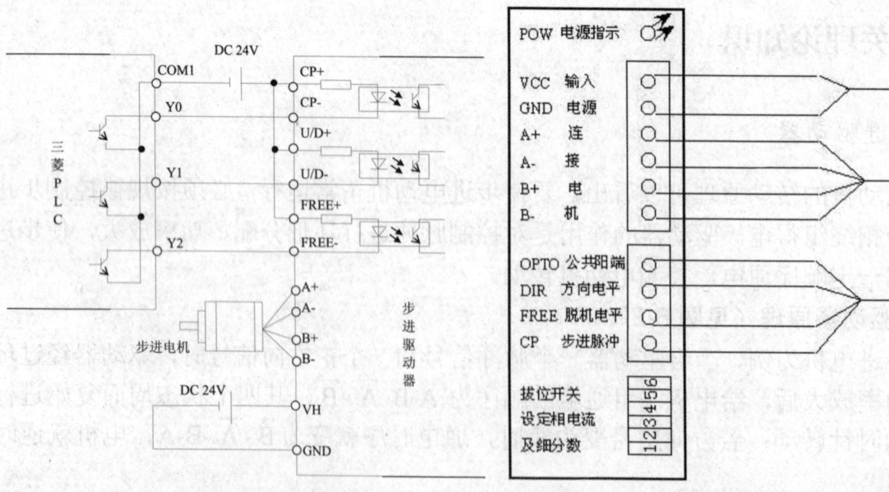

（a）步进驱动器共阳极输入信号接法　（b）步进驱动器端子功能及接线

图 6-4

3．步进驱动器的细分设置

步进驱动器的步进电动机驱动器工作模式

有三种基本的步进电动机驱动模式：整步、半步、细分，如图 6-5 所示。其主要区别在于电动机线圈电流的控制精度（即激磁方式）。

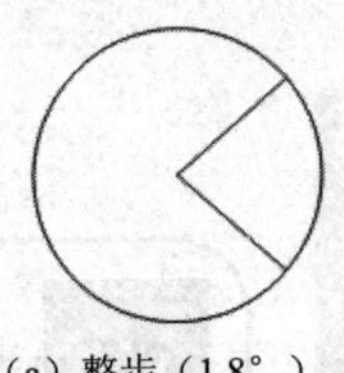

（a）整步（1.8°）

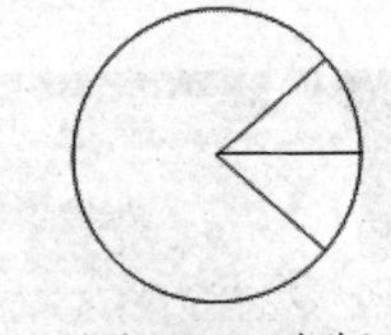

（b）半步（0.9°/半步）

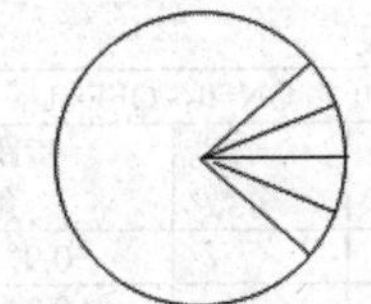

（c）n 细分步（每细分步=1.8°/n）

图 6-5

（1）整步驱动

在整步运行中，步进驱动器按脉冲/方向指令对两相步进电动机的两个线圈循环激磁（即将线圈充电设定电流），这种驱动方式的每个脉冲将使电动机移动一个基本步距角，即 1.80°（标准两相电动机的一圈共有 200 个步距角）。

（2）半步驱动

在单相激磁时，电动机转轴停至整步位置上，驱动器收到下一脉冲后，如给另一相激磁且保持原来相继处在激磁状态，则电动机转轴将移动半个步距角，停在相邻两个整步位置的中间。如此循环地对两相线圈进行单相然后双相激磁步进电动机将以每个脉冲 0.90°的半步方式转动。和整步方式相比，半步方式具有精度高一倍和低速运行时振动较小的优点。

（3）细分驱动

细分驱动模式具有低速振动极小和定位精度高两大优点。对于有时需要低速运行或定位精度要求小于 0.90°的步进应用中，细分驱动器获得广泛应用。其基本原理是对电动机的两个线圈分别按正弦和余弦形的台阶进行精密电流控制，从而使得一个步距角的距离分成若干个细步完成。例如十六细分的驱动方式可使每圈 200 标准步的步进电动机达到每圈 200*16=3200 步的运行精度（即 0.1125°）。

4．步进驱动器细分设置的介绍

由于步进电动机成本低，控制线路简单，调试方便，所以在许多开环控制系统中得到了广泛的应用。但是当步进电动机转子运动频率达到其机械谐振点时，就会产生谐振和噪声。为了克服机械噪声可以改变驱动方式，步进电动机的驱动方式一般分为单相激励、两相激励和半步激励等。单相激励时虽然具有输入功率小，温度不会升的太高的优点，但是由于振荡厉害，控制不稳，所以很少采用。两相激励、半步激励都可以提高平稳度，减小机械振荡。据此，采用细分驱动控制减小噪声是一种比较完善和理想的解决手段。

所谓细分就是通过驱动器中电路的方法把步距角减小。当转子从一个位置转到下一个位置的时候，会出现一些“暂态停留点”。这样使得电动机启动时的过调量或者停止时的过调量就会减小，电动机轴的振动也会减小，使电动机转子旋转过程变得更加平滑，更加细腻，从而减小了噪声。

5．步进驱动器细分的设置

步进驱动器的外壳上附有细分设置表，如图 6-6 所示。设置时，对照驱动器上的细分设置表，通过拨动拨码开关实现细分设置。如需设置为 5 细分，步距角为 0.36°，那么三个拨码开关分别对应的状态是 1，0，0，即第一个拨码开关置 ON，其余两个拨码开关均置 OFF。

细分设置表

拨码开关 ON=0，OFF=1		
位 1,2,3	细分数	步距角
000	2	0.9°
001	16	0.1125°
010	32	0.05625°
011	64	0.028125°
100	5	0.36°
101	10	0.18°
110	20	0.09°
111	40	0.045°

图 6-6

设置细分时要注意的事项：

①一般情况先细分数不能设置过大，因为在控制脉冲频率不变的情况下，细分越大，电动机的转速越慢，而且电动机的输出力矩减小。

②驱动步进电动机的脉冲频率不能太高，一般不超过 2KHz，否则电动机输出的力矩迅速减小。

（二）PLSY，PLSR 指令介绍

1．PLSY 指令介绍（见图 6-7）

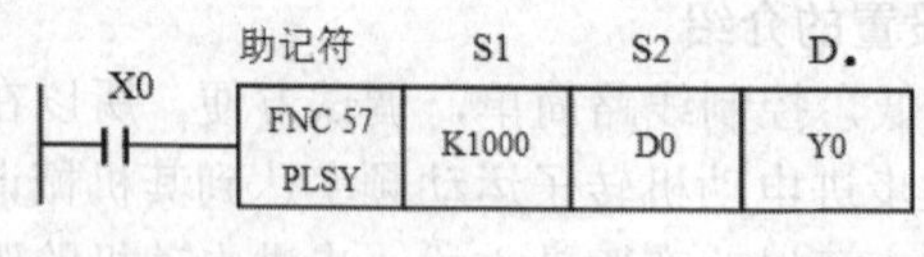

图 6-7

S1.：指定频率，16 位指令设定范围 2～20，000 Hz，32 位指令设定范围 1～100，000 Hz。

S2.：指定产生脉冲量，16 位指令设定范围 1～32，767（PLS），32 位指令设定范围 1～2，147，483，647 （PLS），当设定为 0 的时候为连续输出脉冲。

D.：指定输出脉冲 Y 编号，仅限于 Y0 或 Y1 有效，是采用中断方式直接输出。（请使用晶体管输出方式）

指令功能：在目的操作元件上产生指定频率和数量的占空比为 50%的脉冲。

PLSY 指令应用举例（见图 6-8）。

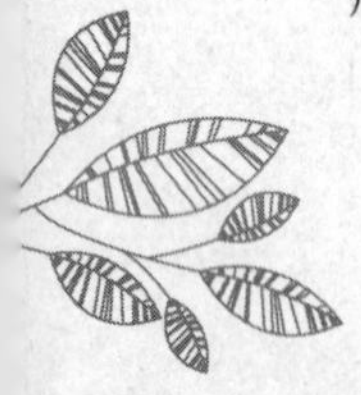

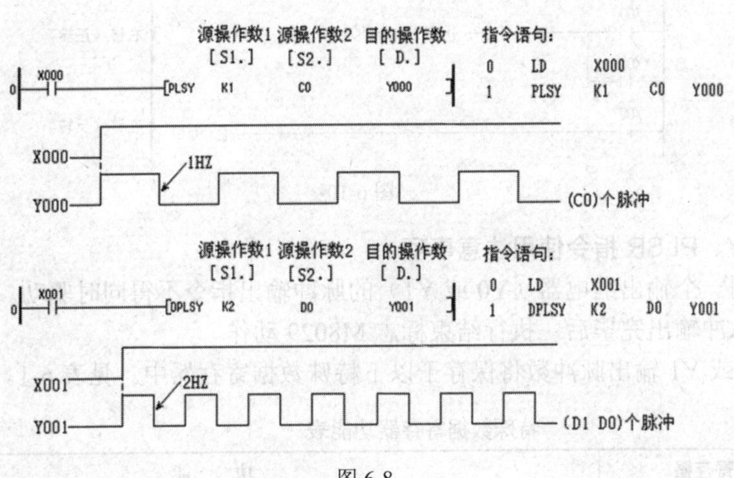

图 6-8

指令说明：

（1）脉冲输出指令的操作元件为。

源操作数[S1.]、[S2.]: K、H，KnX，KnY， KnM， KnS，T，C，D，V、Z。

目的操作数[D.]：Y。

（2）[S1.]指定的脉冲频率范围为 1～1000Hz；[S2.]指定的脉冲数量范围对于 16bit 指令 PLSY 为 0～32767 个，对于 32bit 指令 DPLSY 为 0～2147483647 个。

（3）指定脉冲数输出完毕，标志位 M8029 置 1。输出的脉冲数存于 D8136（下位）、D8137（上位）。当指令触发信号为 OFF 时，M8029 复位。

（4）指令执行过程中，触发信号从 ON 变为 OFF 时，脉冲输出停止。触发信号再次为 ON 时，重新开始输出[S2.]指定的脉冲数。

（5）脉冲输出指令在一个程序中只能使用一次，且输出脉冲的频率较高时应选用晶体管输出型 PLC。

2．PLSR 指令介绍（见图 6-9）

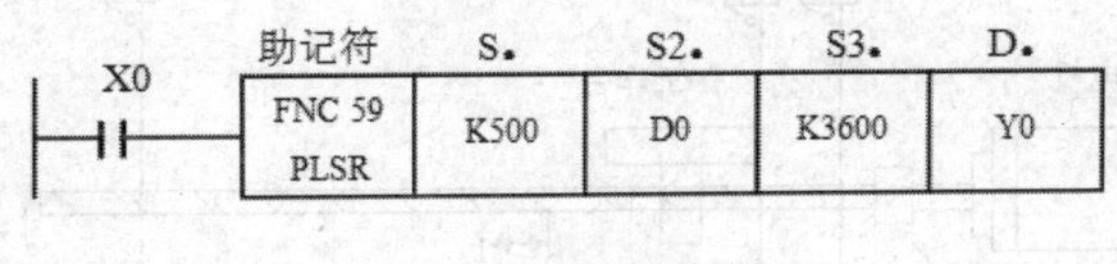

PLSR 指令结构

图 6-9

S1.：最高频率，设定范围 10～20000（Hz）。

S2.：总输出脉冲量，16 位指令设定范围 110～32，767（PLS），32 位指令设定范围 110～2，147，483，647 （PLS），当设定为 0 的时候为连续输出脉冲。

S3.：加减速时间，可设定范围 5000 ms 以下。

D.：指定输出脉冲 Y 编号，仅限于 Y0 或 Y1 有效（请使用晶体管输出方式）。

例：步进电动机正反转运行程序设计，如图 6-10 所示。

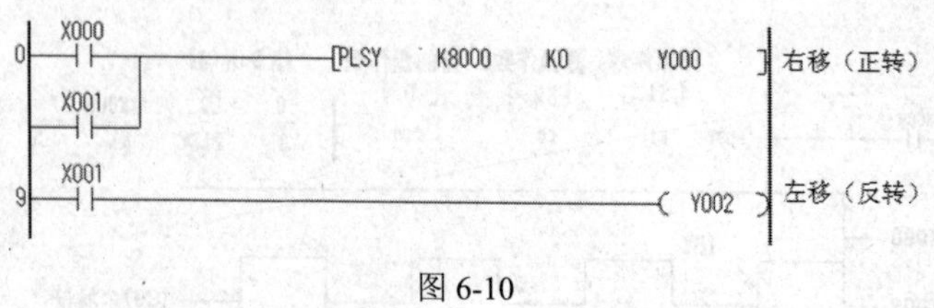

图 6-10

3．PLSY、PLSR 指令使用注意事项

①使用同一个输出继电器（Y0 或 Y1）的脉冲输出指令不得同时驱动。

②设定脉冲输出完毕后，执行结束标志 M8029 动作。

③从 Y0 或 Y1 输出脉冲数将保存于以下特殊数据寄存器中。见表 6-1。

表 6–1 特殊数据寄存器功能表

特殊数据寄存器	功　能
D8140（低位） D8141（高位）	PLSY、PLSR 指令的 Y0 脉冲输出总数
D8142（低位） D8143（高位）	PLSY、PLSR 指令的 Y1 脉冲输出总数
D8136（低位） D8137（高位）	Y0 和 Y1 脉冲输出总数

PLSY 和 PLSR 两条指令在程序中只能使用其中一条，一条指令可以使用二次，但输出地址号不能重复。PLSY 与 PWM 指令可以同时使用，但输出地址号不能重复。

4．应用案例

某工作台移动装置如图 6-11 所示，控制要求为：按下启动按钮 SQ1，工作台先执行回原点（SQ3）操作，接着右移至 50mm 处停 5s，返回原点停止；任何时刻按下停止按钮 SQ2，工作台立即停止；按下按钮 SQ3，使步进电动机脱机，方便手动调整工作台位置。

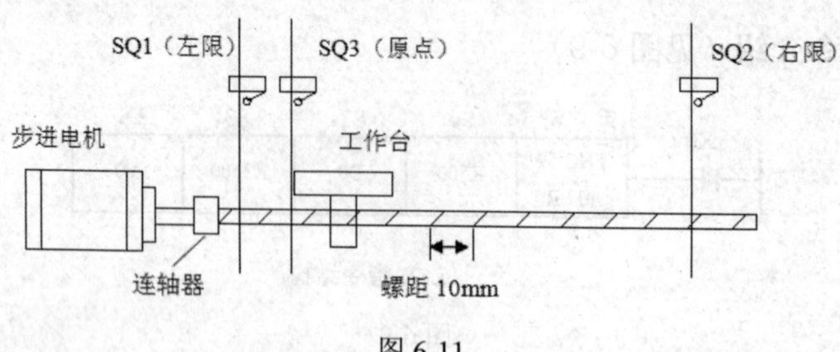

图 6-11

分析：丝杆螺距为 10mm，即步机电动机旋转一周，工作台移动 10mm。假设：将步进驱动器设置为 5 细分，步距角为 0.36°：

电动机转一周所需脉冲数＝360°/0.36°＝1000 个

每个脉冲行走的距离＝10mm/1000＝ 0.01mm

工作台行走 50mm 所需脉冲数＝50mm/0.01mm=5000 个

（1）画出系统连接图

工作台移动装置系统连接如图 6-12 所示。

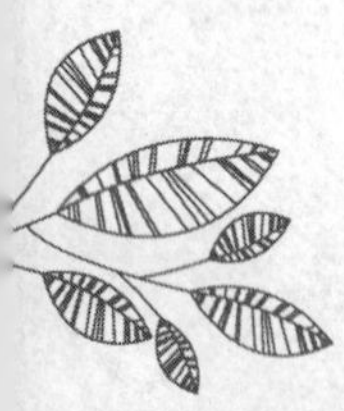

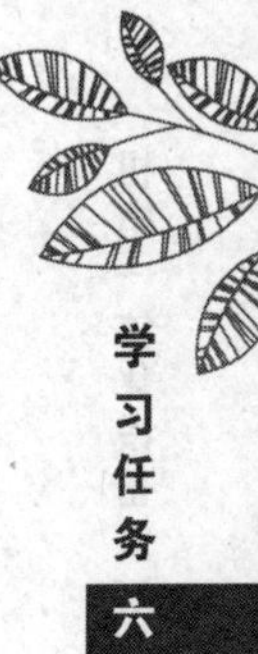

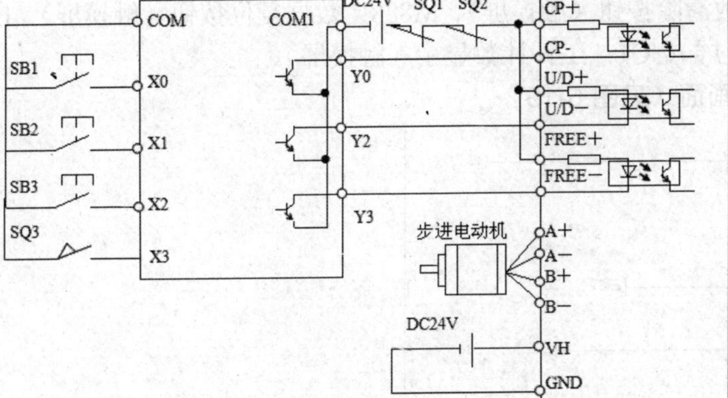

图 6-12

（2）PLC 控制程序（见图 6-13）

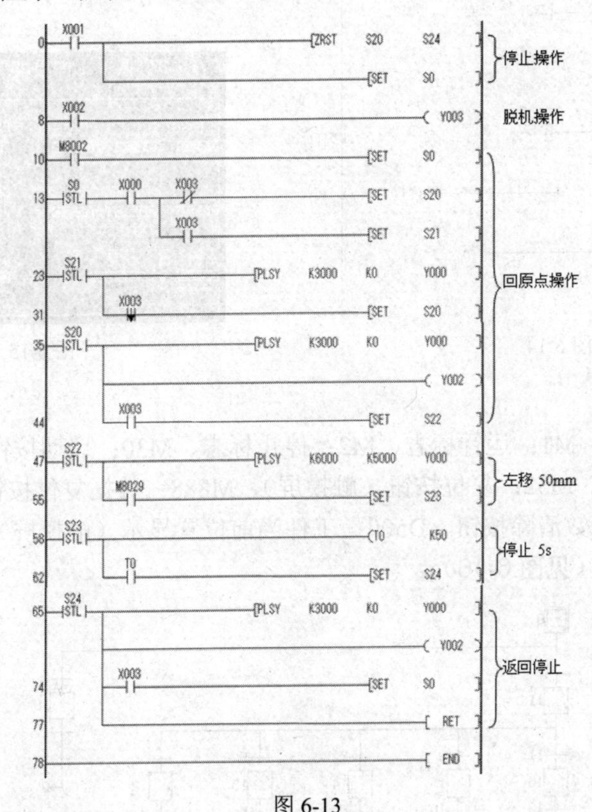

图 6-13

二、完成任务思路及剖析：

根据任务要求，分步提供以下编程思路供参考。

1．主程序梯形图（见图 6-14）

注释：

M2：停止标志、M4：仓满标志、M31：停止按钮（触摸屏）、M32：复位按钮（触摸屏）、M35：计数清除按钮（触摸屏）、M888：数据复位按钮（触摸屏）、D500：工件当前位置显示（触摸屏）、C1：工件计数显示（触摸屏）。

2．触摸屏画面（见图 6-15）

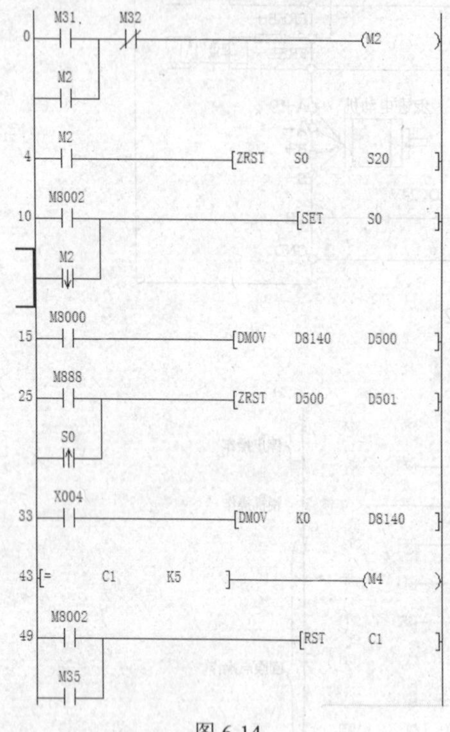

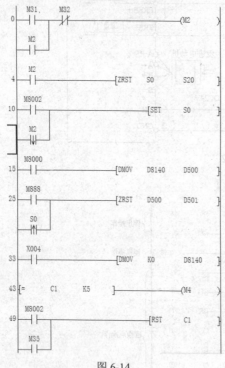

图 6-14

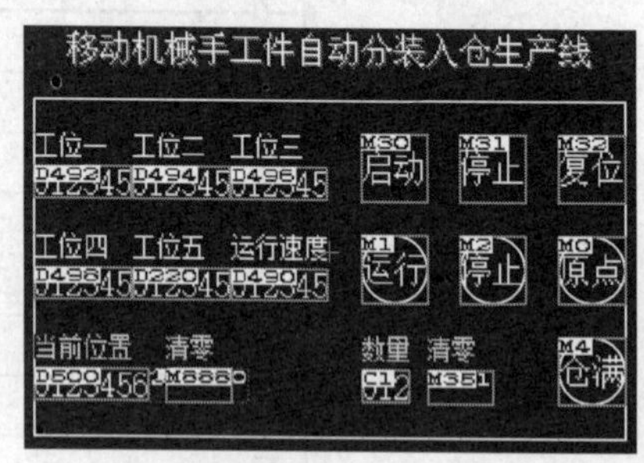

图 6-15

注释：

M0：原点标志、M1：运行标志、M2：停止标志、M30：启动按钮（触摸屏）M31：停止按钮（触摸屏）、M32：复位按钮（触摸屏）、M888：数据复位按钮（触摸屏）、C1：入仓计数、M35：计数清除按钮、D500：工件当前位置显示（触摸屏）。

3．状态流程图（见图 6-16）

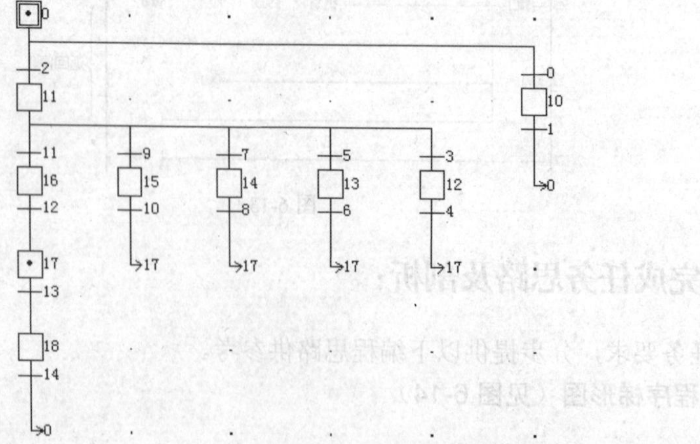

图 6-16

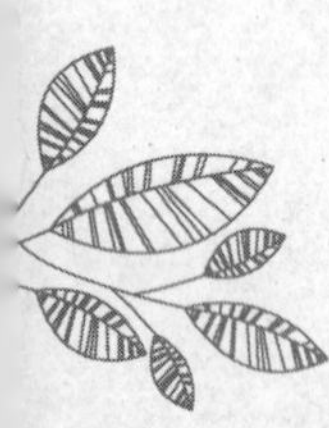

4. 各状态编程思路

（1）状态 0

初始状态，要求是复位运行标志，原点检测。

（2）状态 10

进入本状态条件为：检测不在原点且按下复位按钮；状态内容是：所有输出复位，吸盘上升，机械手右移至右端，吸盘释放延时 1s。

（3）状态 11

进入本状态条件为：检测为原点位置、入仓未满、且按下启动按钮；状态内容是：置位运行标志，工件入仓计数，吸盘下降，吸盘到下限位时，吸盘吸取工件并延时 1s。

（4）状态 12

进入本状态条件为：入仓计数为 1 时；状态内容是：传送工位 1 位置参数，吸盘上升，吸盘到上限位时，机械手左移至工位 1。

（5）状态 13

进入本状态条件为：入仓计数为 2 时；状态内容是：传送工位 2 位置参数，吸盘上升，吸盘到上限位时，机械手左移至工位 2。

（6）状态 14

进入本状态条件为：入仓计数为 3 时；状态内容是：传送工位 3 位置参数，吸盘上升，吸盘到上限位时，机械手左移至工位 3。

（7）状态 15

进入本状态条件为：入仓计数为 4 时；状态内容是：传送工位 4 位置参数，吸盘上升，吸盘到上限位时，机械手左移至工位 4。

（8）状态 16

进入本状态条件为：入仓计数为 5 时；状态内容是：传送工位 5 位置参数，吸盘上升，吸盘到上限位时，机械手左移至工位 5。

（9）状态 17

进入本状态条件为：机械手左移至各工位结束；状态内容是：吸盘下降，吸盘到下限位时，吸盘释放工件并延时 1s。

（10）状态 18

进入本状态条件为：上状态延时 1s 后；状态内容是：吸盘上升，机械手右移至右端停。

（11）条件 14

机械手在右端位置。

制定计划

根据工作任务的要求和以上对整个系统设计思路分析，制定以下控制系统的技术要求及控制方案。

1．设计出状态流程图，对每一个状态内容和条件内容进行详细注释。（可参考如图 6-17 所示状态流程图）

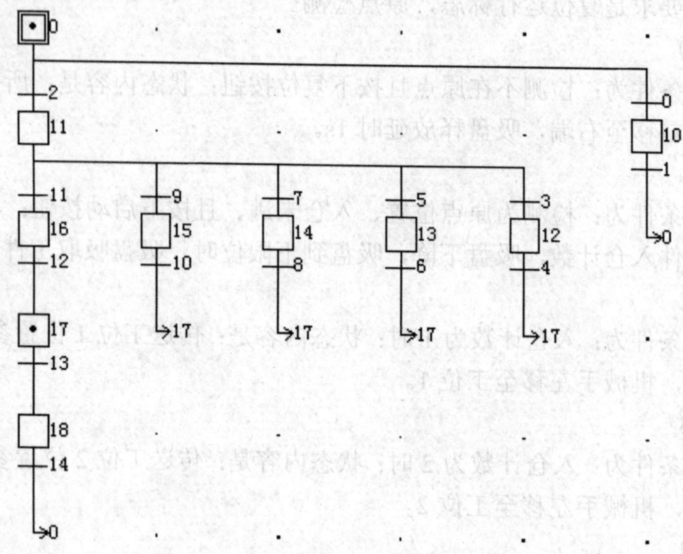

图 6-17

2．设计出主程序梯形图草图。

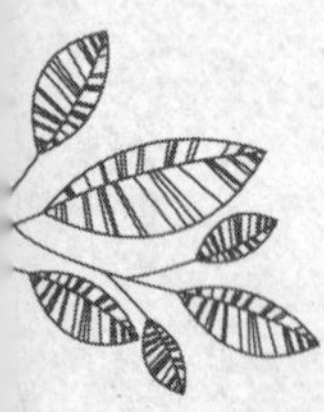

3．设计出触摸屏画面草图。

任务实施

参考步骤

1．第一步：创建、调试触摸屏控制画面

根据设计出的触摸屏画面草图，创建触摸屏控制画面，再仿真调试好保存。

2．第二步：用 GX 编程软件编制 PLC 控制程序

先根据设计好的主程序梯形图草图，编写好主程序，再根据设计好的状态流程图，编写状态转移程序，并不断地修改优化程序并保存。

3．第三步：设定步进电动机驱动器参数

设置步进驱动器的拨码为 00001010。

4．第四步：把编制好的程序下载到 PLC 中进行调试和修改

程序调试时应仔细检查和调整各单元中机械元件相关位置，气动元件气阀的开度，电气元件各传感器的位置和灵敏度参数，调整各驱动机械的参数设置等，并不断对 PLC 程序进行修改和完善，使系统各单元动作定位准确，运行正常，符合系统控制要求。为便于分步骤条理的调试，在调试过程中，对调试的步骤、工作现象及功能等进行记录。

调试步骤	描述该步骤现象	修改措施
1.		
2.		
3.		
4.		

续表

调试步骤	描述该步骤现象	修改措施
5.		
6.		
7.		
8.		

任务检查、总结与评价

一、各小组展示工作任务成果，接受全体同学和老师的检阅。

1．根据系统控制要求，演示设备运行效果，测试控制要求的实现情况。并请其他小组代表及辅导教师按功能评分表对任务完成情况进行评分。

功能评分表 4

序号	评分项目	配分	评分标准	备注	自评 20%	他组评 30%	教师评 50%	总评
1	**PLC 编程运行：** 1．使用软件编写程序和下载程序；2．程序能运行；3．运行监控	10	1．能正确使用软件得 5 分；2．能清除 PLC；传送程序后能运行得 3 分；3．能正确进行程序运行监控得 2 分					
2	**人机界面运行：** 1. 使用软件建立工程画面和下载工程；2．工程画面能运行	10	1．能正确使用软件得 6 分；2．传送工程画面后能运行得 4 分					
3	**工作模式：** 采用单周期运行实现工件的入仓输送	10	工作模式正确得 6~10 分					
4	**原点回归动作：** 要求按下原点复位按钮，系统各机构按合理的轨道回归初始位置；原点状态为：龙门架步进电动机处于原点位置，升降气缸处于上升状态，吸盘处于释放状态	15	1．没有原点回归功能的扣 10 分； 2．原点回归动作有错误的扣 3~5 分					
5	**工件入仓控制：** 1．各种物料依次按顺序放入 1~5 号仓位；2. 仓位装满后，指示灯亮，不再传送物料，需要复位清零才能继续工作	20	1．项错扣 10 分； 2．项错扣 10 分					
6	**人机界面功能：** 1．有正常运行控制的启动、停止、复位、数据清除复位按钮；2．系统运行、停止、原点指示、仓满指示灯；3. 能实时显示机械手移动位置；4．能设定 1~5 号仓位位置参数；5．能统计并显示入仓工件的总数	20	1．无 1 项功能扣 3~4 分；2．无 2 项功能扣 2~4 分；3. 无 3 项功能扣 5 分；4．4 项功能不全扣 1~5 分；5. 无 5 项功能扣 2 分					

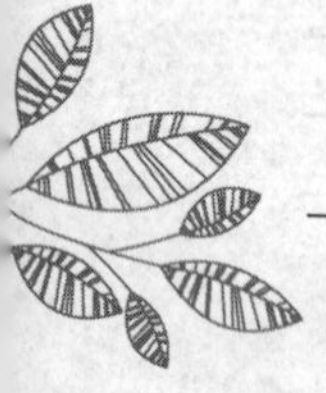

续表

序号	评分项目	配分	评分标准	备注	自评20%	他组评30%	教师评50%	总评
7	**停机功能：** 正常停机时系统立即停止运行（若龙门架有吸附物料，则保持吸附状态）；再按下复位按钮，系统回归原点后才能重新启动运行	15	该项错扣5～15分					

2．在工作任务检测过程中，对各方的评价及建议进行记录。

	检测情况的评价及建议	改进措施
本组		
其他组		
老师		

3．各小组派代表叙述完成工程任务的设计思路及展示触摸屏画面和PLC梯形图（利用投影仪），并解析程序的含义，记录各方的评价和建议。

	评价及改进建议	备　注
其他组		
老师		

二、各小组对工作岗位的“6S”处理。

在小组和教师都完成工作任务总结以后，各小组必须对自己的工作岗位进行“整理、整顿、清扫、清洁、安全、素养”；归还所借的工具和资料。

三、学生对本项目学习成果自我评估与总结。

（可以参考以下几点提示：你掌握了哪些知识点？你在编程、接线、调试过程中出现了哪些问题，怎么解决的？你觉得你完成的任务中哪些地方做得比较好，哪些地方做得不够好（编程、接线、调试）；你有哪些还没掌握好，不够清楚的？说说你的心得体会。）

四、对学生综合职业能力进行评价。

综合评价表5

班级：______ 小组：______ 姓名：______		指导教师：______ 日期：______					
评价项目	评价标准	评价依据	评价方式			权重	得分小计
			学生自评20%	小组互评30%	教师评价50%		
职业素养	1. 遵守规章制度、劳动纪律； 2. 有良好的职业道德和职业行为规范。 3. 积极主动承担工作任务，爱岗敬业、勤学好问、有较强责任意识，按时按质完成工作任务； 4. 具备严谨细致的工作作风，积极向上努力进取精神； 5. 注意人身安全与设备安全； 6. 自觉认真完成工作岗位的6S	1. 出勤、仪容仪表； 2. 工作态度和行为； 3. 学习和劳动纪律； 4. 团队协作精神； 5. 完成工作岗位的6S				0.2	
专业能力	1. 熟练设定步进电动机驱动器参数； 2. 熟练运用触摸屏组态软件进行工程设计、下载和运行； 3. 熟练运用PLC编程软件进行编程设计、下载和运行； 4. 掌握采用PLC步进指令编程方法和触摸屏、步进电动机驱动的综合应用； 5. 会独立进行系统整体的运行与调试； 6. 具有较强的信息分析、处理及基本的PLC系统开发能力。 7. 符合安全操作规程	1. 操作的准确性和规范性； 2. 工作页或项目技术总结完成情况； 3. 专业技能任务完成情况				0.5	
方法能力	1. 能够将理论联系实际，自主学习，独立完成工作任务； 2. 善于阅读分析和总结归纳规律，积累经验和技巧，具备收集及处理信息的能力； 3. 具备良好的工作敏感性及分析和处理生产中出现的突发事件能力； 4. 具有较强的工作服务意识； 5. 在任务完成过程中能提出自己的有一定见解的方案，具备创新能力； 6. 在教学或生产管理上提出合理建议，具有创新性	1. 学习过程能力表现； 2. 处理突发事件的能力表现； 3. 创新方案的可行性及意义； 4. 合理建议的可行性				0.15	
社会能力	1. 具备团队合作精神和能力； 2. 拥有良好的与人交流、沟通表达、合作能力； 3. 具有组织管理、协调处理和解决问题的能力	学习过程能力表现情况				0.15	
合计							

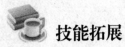

技能拓展

如生产线启动后采用自动循环运行实现工件的入仓输送；要求物料如是开口向上的依次按顺序放入 1～3 号仓位，开口向下的依次按顺序放入 4～5 号仓位，各类仓满后，指示灯亮，不再传送物料，需要复位清零才能继续工作，如何修改程序？

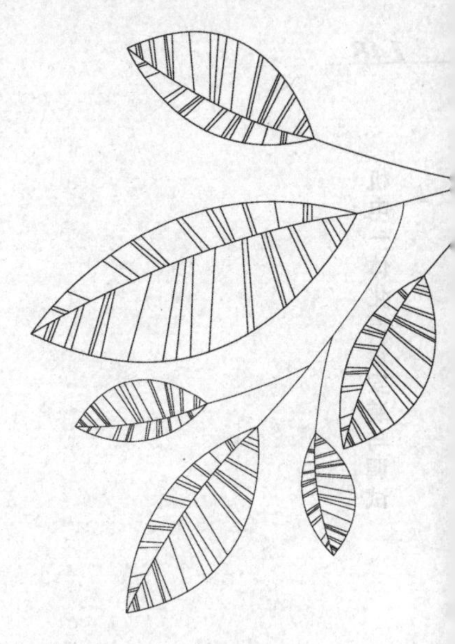

学习任务七

生产线传送带系统与移动机械手系统联合调试

Chapter 7

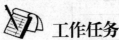

工作任务

具有工件自动材质识别、分拣、姿态调整及入仓生产线的调试

任务描述

生产线的组成主要由间歇式送料装置、传送带、姿态监测装置（电容传感器）、物性检测装置（电感传感器）、水平推杆装置、工件翻转装置、吸盘式移动机械手装置（有 X 轴和 Y 轴构成的龙门架、用步进电动机驱动 X 轴移动的定位单元、真空发生器吸附单元）等功能单元以及配套的电气控制系统、气动回路组成。自动生产线的结构简图如图 7-1 所示。

控制系统框图如图 7-2 所示。

生产线的功能是在生产过程中，随机摆放的物料工件经间歇式送料装置依次放置在输送带上，输送带在电动机的驱动下将物料工件向前输送。物料工件经物性传感器检测后，检测为金属物料工件的则经推杆装置推入指定的回收箱，检测为非金属物料工件的再经姿态监测装置识别，如开口向上的工件直接向前输送，开口向下的工件则经工件翻转装置翻转后再继续向前传送至传送带末端。

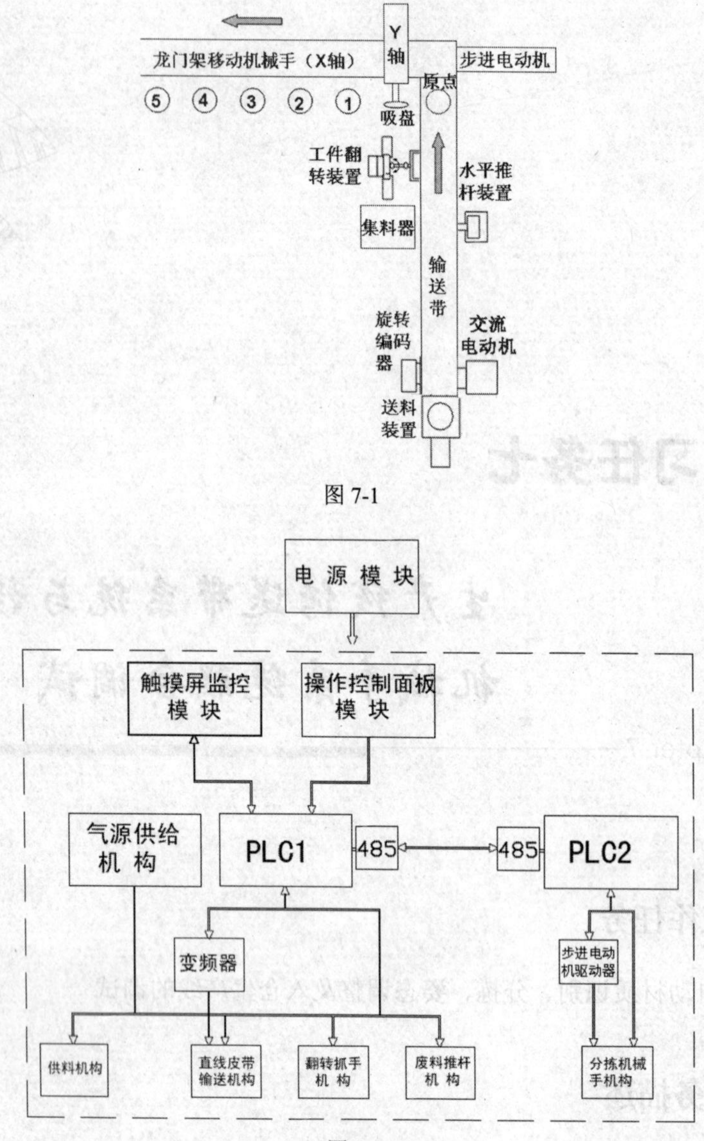

图 7-1

图 7-2

当输送带将工件传送到输送带末端时，皮带末端传感器检测到工件到位，吸盘移动机械手 Y 轴气缸下降，真空吸盘将工件吸住，Y 轴气缸上升，然后步进电机驱动 X 轴移动至指定仓位，Y 轴气缸再次下降，工件入仓。

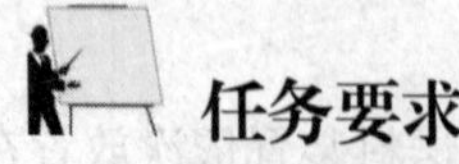

任务要求

生产线的控制要求

1．系统工作模式

采用自动模式：生产线启动后能自动循环实现工件的姿态调整、材质分拣与输送，最

后入仓。正常停机时能处理完已送出工件后自动停机，按启动按钮后重新运行。

2．执行机构的驱动方式

传送带采用交流异步电动机驱动，变频无极调速。龙门移动机械手 X 轴移动采用步进电动机驱动定位。其他执行机构均采用气动器件，详细工作原理参考《生产线气动回路图》。

3．工件翻转装置

工件翻转运动机构工作时，注意不能发生碰撞，必须合理的按一定顺序和轨迹运行：工件在翻转运动时，翻转运动机构须在上限位置。

4．原点回归动作

系统上电后需进行原点回归操作，各机构必须处于原点位置（原点指示灯亮），系统才能启动运行。原点回归操作：按复位按钮，各执行机构返回原点位置：

（1）送料单元推料气缸活塞杆内缩。

（2）翻转装置初始位置：旋转马达处于左限位，垂直活塞杆上位，气动手指打开。

（3）水平推杆装置气缸活塞杆内缩。

（4）皮带静止不动。

（5）龙门机械手初始位置：龙门架步进电动机处于原点（靠近输送带一侧）位置，升降气缸处于上升状态，吸盘处于释放状态。

5．传送带高效运行

送料装置感应到物料工件后将物料工件推出，物料工件上传输带后，传输带以高速运行，当物料运行至距离传感器检测区约 80mm 时，传输带以中速运行。经检测如为金属工件则继续中速运行至推杆装置前停行，并推入指定的回收箱结束本次分拣任务。

如检测是非金属工件为姿态不正确的，则经姿态调整后高速运行至输送带末端并自动停机；如检测是非金属工件且姿态正确的，则直接高速运行至输送带末端并自动停机，结束本次分拣任务。

6．入仓控制要求

龙门架由 PLC 脉冲定位入仓，要求非金属工件依次按顺序放入 1～5 号仓位，（靠近输送带为 1 号仓位，离开输送带最远为 5 号仓位），本次入仓结束后再由送料装置送出下一个物料，物料的仓位装满后，人工取出物料后，再次依次按顺序放入。

7．变频器设置要求

传送带只能单方向运行且采用两段速度运行：中速运行（25Hz）、高速运行（35Hz），频率加减速时间（0.8s）。

8．人机界面监控功能

（1）自动运行的设备控制（按钮）与运行状态监视（指示灯）；

（2）能实时显示工件运转位置参数；能设定工件运行至减速区、传感器检测区、推杆装置和工件翻转装置位置参数，能设定 1～5 号仓位位置参数。

9．安全保护功能

（1）运动机构不能发生碰撞。

（2）具有紧急停机功能。紧急停机时，报警红色指示灯闪烁（发光频率 2.5 Hz），蜂鸣器发出报警声（响声频率 1Hz）；紧急停机后需对设备进行复位后才能再启动运行。

完成工作任务要求

根据系统设计要求，分析、制定控制系统技术要求及控制方案，并在实训/考核设备上完成如下工作。

1．创建、调试触摸屏监控画面；

2．调试变频器，设定变频器参数和步进电动机驱动器参数；

3．两 PLC 通讯模块（Fx2N-485-BD）间通讯线的联接与参数设置；

4．编写、调试 PLC 控制程序；

5．进行系统调试，满足功能要求。

所设计的 PLC 程序调试时请仔细检查和调整各单元中机械元件相关位置，气动元件气阀的开度，电气元件各传感器的位置和灵敏度参数，调整各驱动机械的参数设置等，使系统各单元动作定位准确，运行正常，符合控制要求。

能力目标

1．职业素养目标

培养学生具有自觉遵守教学和企业规章制度、劳动纪律，使学生养成良好的职业道德和职业行为习惯，爱岗敬业、勤学好问、较强责任意识，按时按质自觉地完成工作任务。

2．专业能力目标

理解本工作任务的设计思路，学会本工作任务整个控制系统的设计及系统的整体综合调试，主要有：原点回归、正常停机与急停、传送带的运行、翻转装置动作、工件姿态与材质判断、姿态调整与材质分拣、采用 PLSY 指令脉冲定位入仓、指示灯功能等程序的设计；了解 FX 系列 PLC 通信基本知识，学会编写主从站通信控制程序，及 PLC 间通讯线的联接与参数设置；变频器相关参数的设定；步进电机驱动器参数设定；人机界面按钮指示灯、数据显示与设定功能的制作；传感器位置和灵敏度的调整；机械位置的调整；气动系统运行时的调节；系统的整体综合调试。

3．方法能力和社会能力目标

培养学生具有自学、阅读、表达、总结、信息收集处理与积累、独立分析、创新改造等方法能力；和交流沟通、合作、评价、综合决策、处理和解决问题等社会能力。

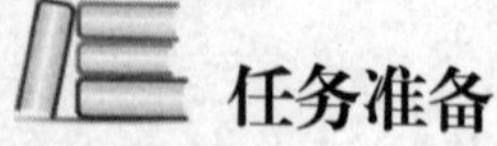

任务准备

一、相关理论知识

（一）三菱 FX2N 系列 PLC 的通信分类和功能（见表 7-1）

表 7-1

CC-LINK	功能	可构建以 FX 可编程控制器为主站的系统
	用途	生产线的分散控制和集中管理，与上位网络之间进行信息交换

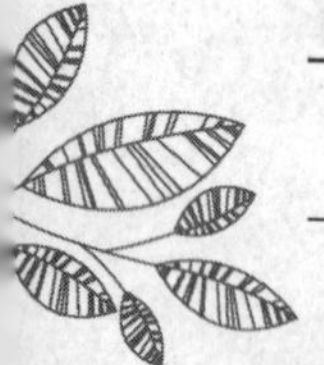

续表

N:N 网络	功能	在 FX 可编程控制器之间进行简单的数据链接
	用途	生产线的分散控制和集中管理
并联链接	功能	在 FX 可编程控制器之间进行简单的数据链接
	用途	生产线的分散控制和集中管理
计算机链接	功能	可将计算机作为主站，FX 做从站进行连接
	用途	数据的采集和集中管理
无协议链接	功能	与 232 或者 485 接口的设备，以无协议的方式数据交换
	用途	与打印机、条形码阅读器、各种测量仪表连接
变频器通信	功能	控制三菱变频器
	用途	运行监控、控制值的写入，参数的参考及变更

（二）FX2N-485-BD 通信接口模块

FX2N-485-BD 是用于 RS-485 通信的特殊功能板，可连接 FX2N 系列 PLC 基本单元，用于 PLC 之间的数据的发送与接收，主要有下述应用：（1）无协议的数据传送；（2）专用协议的数据传送；（3）并行连接的数据传送，如图 7-3 所示；（4）使用 N：N 网络的数据传送，如图 7-4 所示。

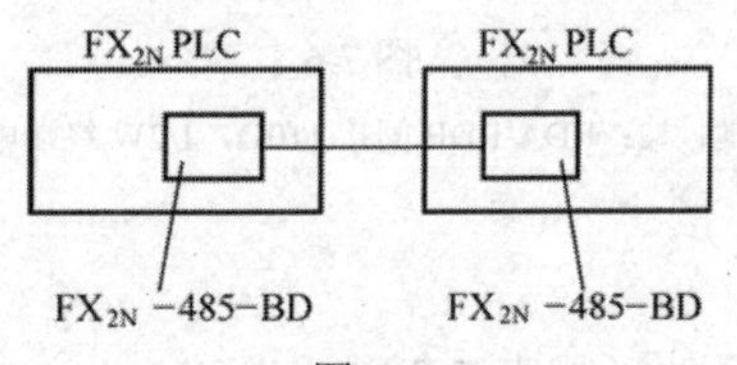

图 7-3

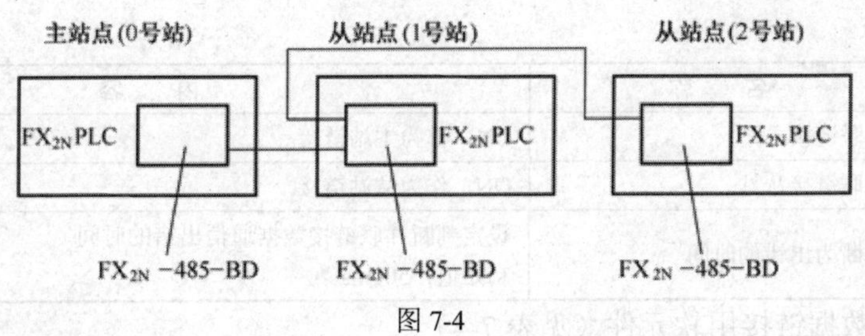

图 7-4

（三）两个 PLC 之间并联链接（1：1）通信功能

并联链接功能，就是连接 2 台同一系列的 FX 可编程控制器，且其软件互相链接的功能。

1．系统结构图（见图 7-5）

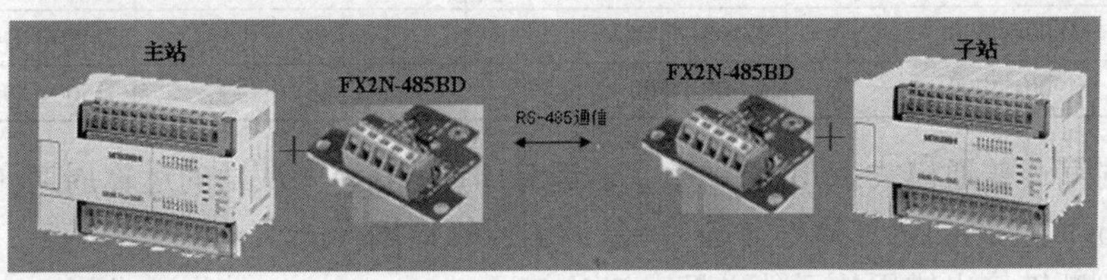

图 7-5

2．并联链接通信规格一览表（见表 7-2）

表 7–2 并联链接通信规格

连接台数	传送规格	延长距离	协议形式	通信方法	波特率	字符格式	报头/报尾	和校验
最大 2 台	RS-485\RS-422	500M/50M	并联链接	半双工双向	固定	固定	固定	固定

3．通信连线方式（见图 7-6）

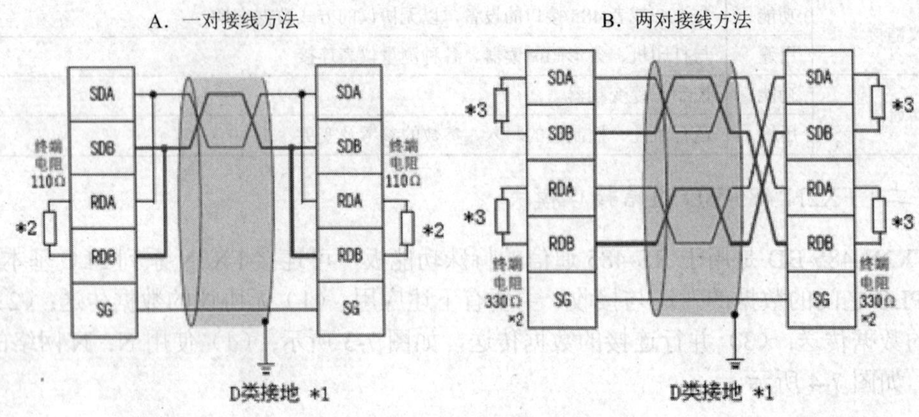

图 7-6

备注：*1：屏蔽双绞线采用 D 类接地；*2：RDA-RDB 间接 110Ω，1/2W 终端电阻，共两个；*3：SDA-SDB、RDA-RDB 间接 330Ω，1/4W 终端电阻，共四个。

4．相关软元件分配

（1）通信链接设定用软元件（见表 7-3）

表 7–3

软 元 件	名　　称	内　　容
M8070	并联链接主站	ON，作为主站链接
M8071	并联链接从站	ON，作为从站链接
D8070	判断为出错的时间	设定判断并联链接数据通信出错的时间 初始值，500ms

（2）通信数据链接用软元件（见表 7-4）

表 7–4

模　式	普通并联模式（M8162：OFF）		高速并联模式（M8162：ON）	
	位软元件（M）	字软元件（D）	位软元件（M）	字软元件（D）
范围	各站 100 点	各站 10 点	0	各站 2 点
主站	M800-M899	D490-D499	-	D490，D491
从站	M900-M999	D500-D509	-	D500，D501

通信时间：普通模式：70ms＋ 主站的运算周期（ms）+从站的运算周期（ms）；高速模式：20ms＋ 主站的运算周期（ms）+从站的运算周期（ms）。

（3）判断链接出错用软元件（见表 7-5）

表 7–5

软元件	名称	内容
M8072	并联链接运行中	ON，运行正常
M8073	主站/从站设定异常	ON，设定异常
M8063	链接出错	通信出错时置 ON

5．通信注意事项

（1）GX-Developer 参数设置

参数-PLC 参数 –PLC 系统（2）：确保“通信设置操作”未勾选（如果勾选，请去除，见图 7-7）

图 7-7

（2）请勿在本站中修改其他站的链接软元件的内容

主站，不能输出 M900-M999，D500-D509 线圈；从站，不能输出 M800-M899，D490-D499 线圈。

（3）发生链接出错时，链接软元件的信息会保持在出错前的状态。请编写合理化程序，以便发生链接出错时能安全运行。

6．通信出错检查

（1）检查 LED 状态（见表 7-6）

表 7–6

LED 显示状态		运行状态
RD	SD	
闪烁	闪烁	正在执行数据的发送接收
闪烁	灯灭	正在执行数据的接收，但是发送不成功
灯灭	闪烁	正在执行数据的发送，但是接收不成功
灯灭	灯灭	数据的发送和接收都没有成功

正常地执行并联链接时，两个 LED 都应该清晰地闪烁。当闪烁不正常时，请确认接线，或者主站/从站的设定情况。

（2）检查链接软元件（见表 7-7）

当 M8072 为 OFF 时，表示并联链接的设定或是通信中出现错误。

当 M8073 为 ON 时，请确认程序中的主站/从站设定是否正确。

当 M8063 为 ON 时，出现链接错误，可以查看 D8063 的内容。

表 7–7

软元件	出错代码	内容	解决方法
D8063	0000	没有异常	确认是否正确设定了并联链接的设定程序，并确认接线情况
	6312	并联链接字符出错	

续表

软 元 件	出错代码	内　　容	解决方法
	6313	并联链接求和出错	
	6314	并联链接格式出错	

（四）PLC 并联链接通信应用实例

1. 主站程序（见图 7-8）

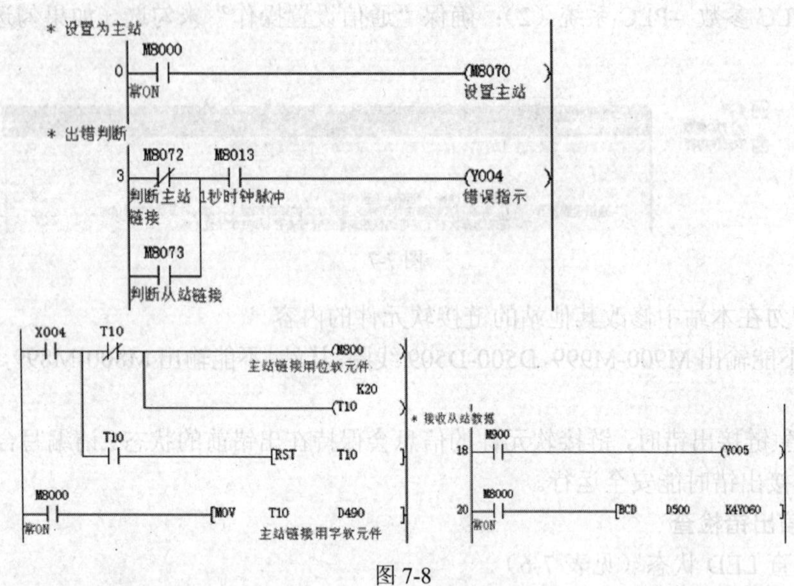

图 7-8

2. 从站程序（见图 7-9）

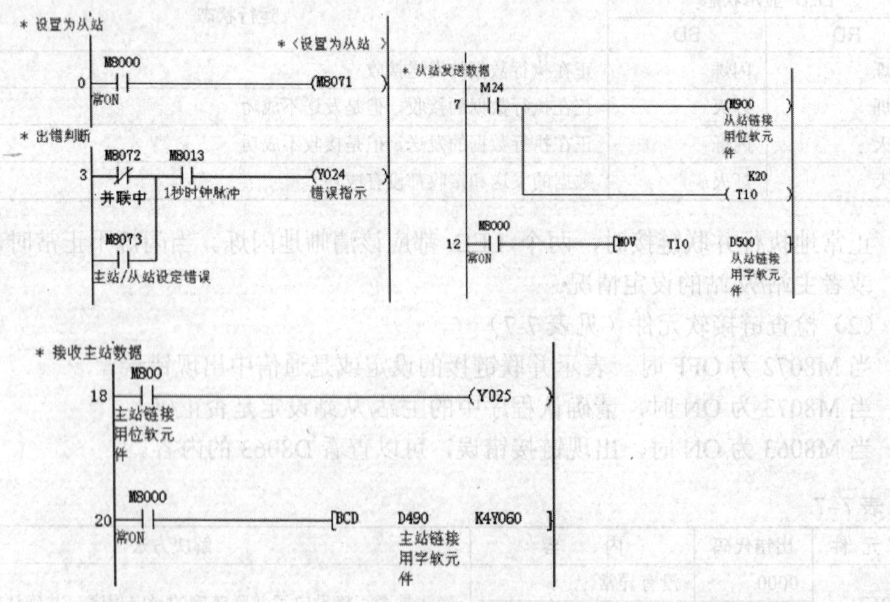

图 7-9

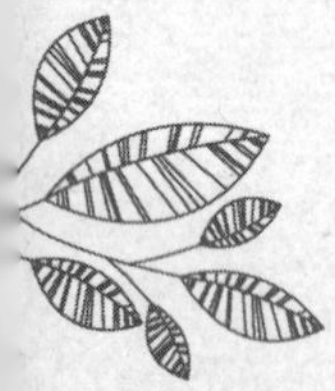

3．从站通信用触摸屏画面（见图 7-10）

Y24，位指示灯，Y25，位指示灯；

M24，位开关/交替，如图 7-11 所示。

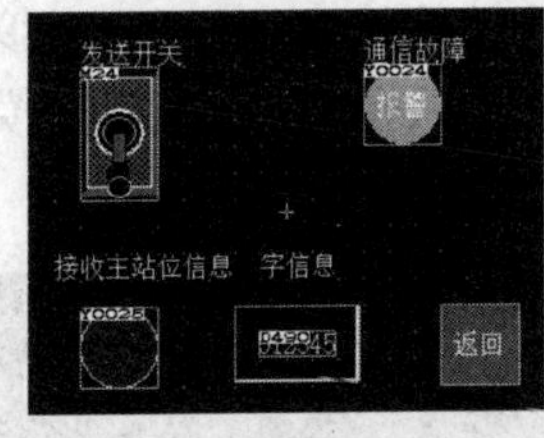

图 7-10

图 7-11

D490，数值显示，如图 7-12 所示。

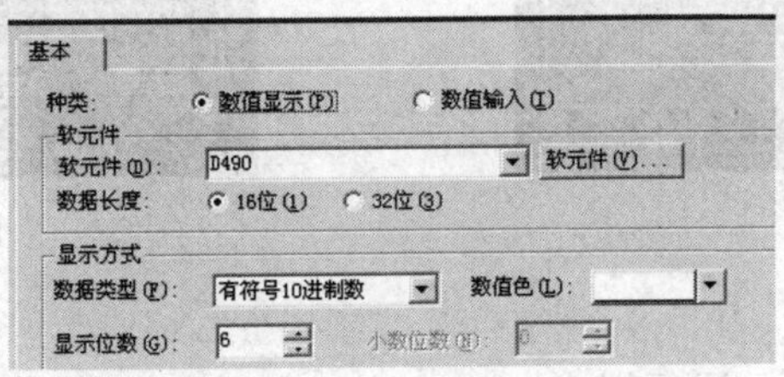

图 7-12

二、完成任务思路及剖析

根据任务要求，分步提供以下编程思路供参考。

1．一号 PLC 主程序梯形图（见图 7-13）

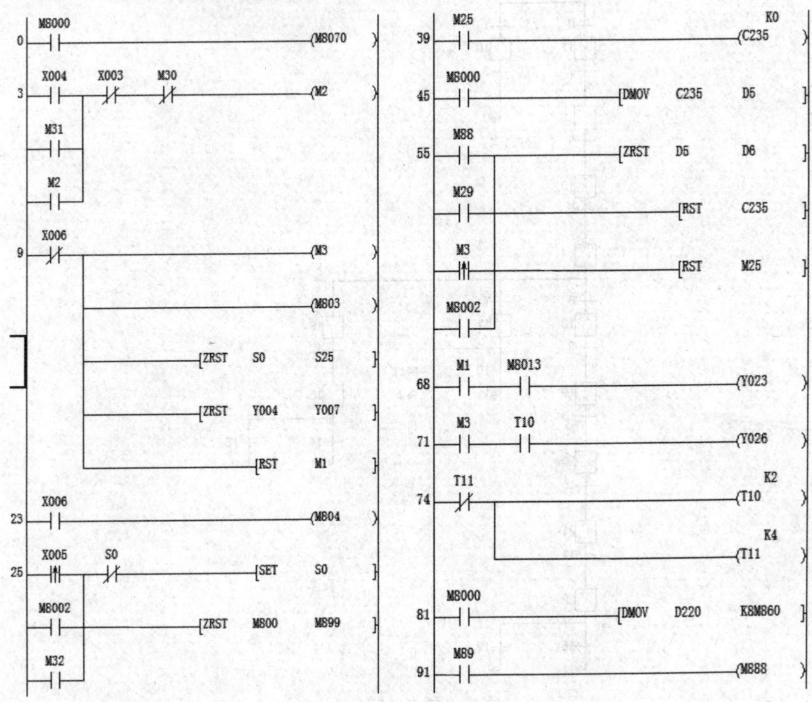

图 7-13

注释：

M8070：主站设置、M0：原点标志、M1：运行标志、M2：停止标志、M3、M803：急停状态标志、M804：非急停状态标志、M30：启动按钮（触摸屏）、M31：停止按钮（触摸屏）、M32：复位按钮（触摸屏）、M25：开始计算脉冲、M29：停止计算脉冲、M88、M89：数据复位按钮（触摸屏）、D5：工件当前位置显示（触摸屏）、D220：入仓位置设置（触摸屏）。

2．触摸屏画面（见图 7-14、图 7-15）

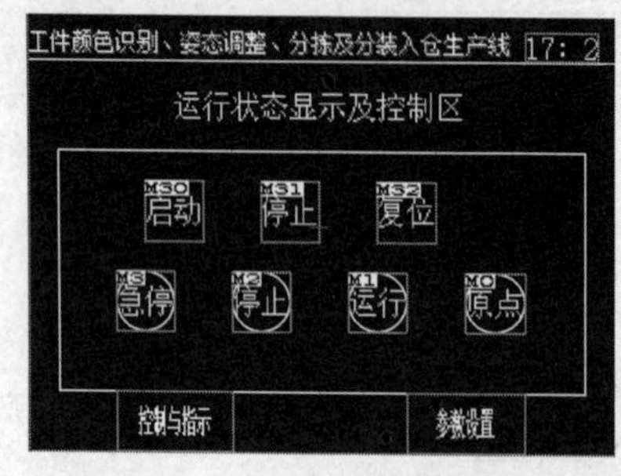

图 7-14

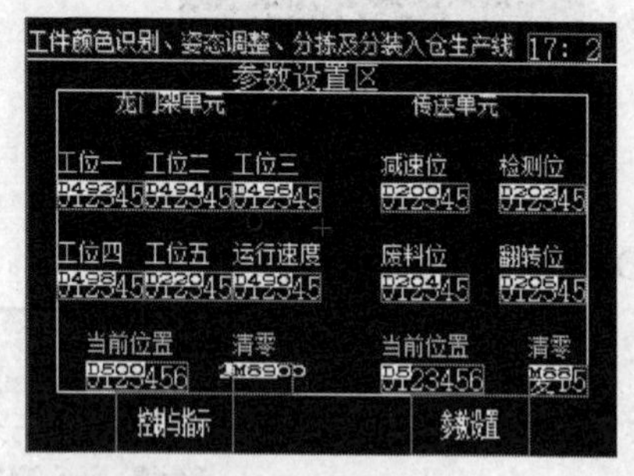

图 7-15

注释：

M0：原点标志、M1：运行标志、M2：停止标志、M3：急停标志、M30：启动按钮（触摸屏）、M31：停止按钮（触摸屏）、M32：复位按钮（触摸屏）、D5：传送带工件当前位置显示、D500：龙门架工件当前位置显示、M88、M89：数据复位按钮。

3．一号 PLC 状态流程图（见图 7-16）

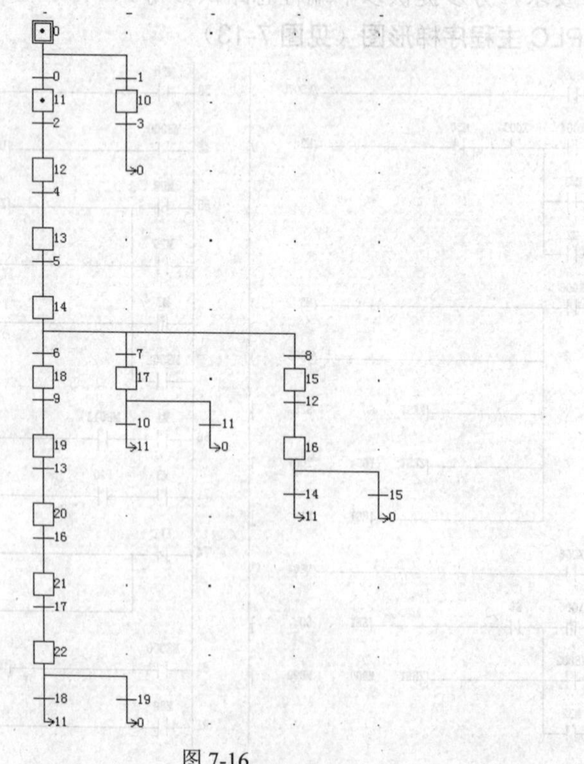

图 7-16

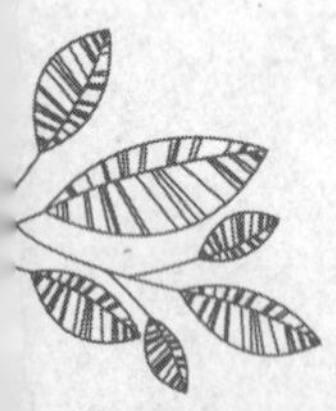

一号 PLC 状态流程图各状态编程思路。

（1）状态 0

初始状态，要求是电动机停止运行，复位运行标志，停止指示灯亮，原点检测、原点检测指示灯。

（2）状态 10

进入本状态条件为：检测不在原点且按下复位按钮；状态内容是：送出 2 号机复位通讯指示，所有输出复位、电动机复位，抓手反翻转归位（左限位），手指松开延时 1s。

（3）条件 3

手指松开延时 1s。

（4）状态 11

进入本状态条件为：检测在原点位置时按下启动按钮；状态内容是：置位运行标志，复位检测标志。

（5）状态 12

进入本状态条件为：工件送料检测有料；状态内容是：计时 1s 后送料气缸推出，再延时 1s。

（6）状态 13

进入本状态条件为：状态 12 计时到 1s；状态内容是：电动机高速运行，开始计算脉冲（M25 置位）。

（7）状态 14

进入本状态条件为：高速计数器达设定值（触摸屏 D200）后；状态内容是：电动机中速运行通过检测区并判断材质及姿势。

参考梯形图（见图 7-17）

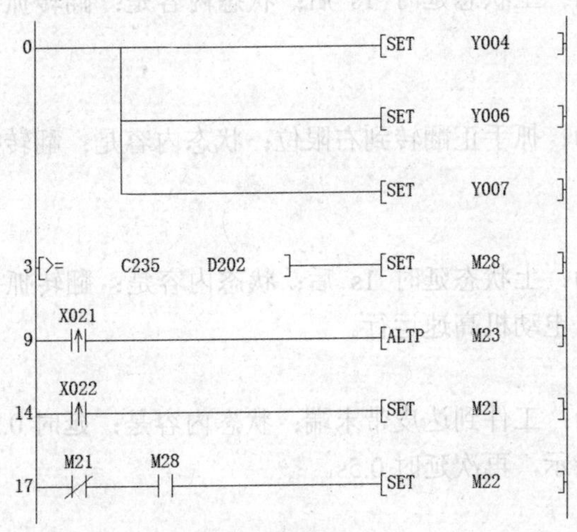

图 7-17

注释：

M21：金属工件标志、M22：非金属工件标志、M23：姿态不正确工件（开口向下）标志、M28：检测区结束标志、D202 检测区结束设定（触摸屏）。

（8）状态 15

进入本状态条件为：检测区结束后如是非金属且工件开口向上；状态内容是：电动机高速运行。

（9）状态 16

进入本状态条件为：工件到达皮带末端；状态内容是：延时 0.5s 后电动机停止运行，且停止计算脉冲，送出 2 号机取料通讯指示，再次延时 0.5s。

（10）条件 14，15

条件 14：状态 16 结束后，皮带末端没工件，自动连续运行状态下，2 号机取料完成通讯指示；条件 15：状态 16 结束后，皮带末端没工件，停止运行状态下，2 号机取料完成通信指示。

（11）状态 17

进入本状态条件为：检测区结束后如是金属材质，电动机中速运行到推杆前（触摸屏 D204 设定值）；状态内容是：电动机停止运行，推杆推出再复位，且停止计算脉冲。

（12）条件 10、11

条件 10：推杆推出复位后，自动连续运行状态下；条件 11：推杆推出复位后，停止运行状态下。

（13）状态 18

进入本状态条件为：检测区结束后如是非金属且工件开口向下，电动机中速运行至翻转抓手位置（触摸屏 D206 设定值）后；状态内容是：电动机停止运行且停止计算脉冲，翻转抓手下降，到下限位时夹紧，并延时 1s。

（14）状态 19

进入本状态条件为：上状态延时 1s 后；状态内容是：翻转抓手上升到上限位时，抓手正翻转到右限位停。

（15）状态 20

进入本状态条件为：抓手正翻转到右限位；状态内容是：翻转抓手下降，到下限位时松开，并延时 1s。

（16）状态 21

进入本状态条件为：上状态延时 1s 后；状态内容是：翻转抓手上升到上限位时，抓手反翻转到左限位停，电动机高速运行。

（17）状态 22

进入本状态条件为：工件到达皮带末端；状态内容是：延时 0.5s 后电动机停止运行，送出 2 号机取料通讯指示，再次延时 0.5s。

（18）条件 18，19

条件 18：状态 22 结束后，皮带末端没工件，自动连续运行状态下，2 号机取料完成通讯指示；条件 19：状态 22 结束后，皮带末端没工件，停止运行状态下，2 号机取料完成通信指示。

4．二号 PLC 主程序梯形图（见图 7-18）

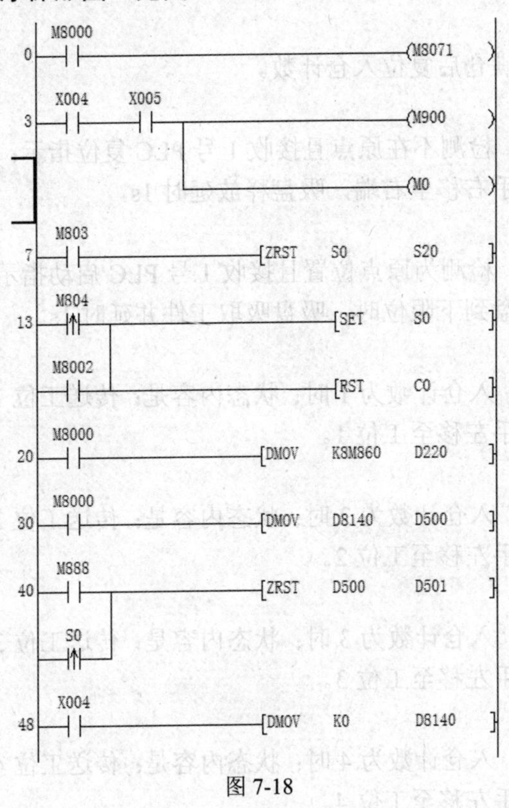

图 7-18

注释：

M8071：从站设置、M0、M900：原点标志、M888：数据复位按钮（触摸屏）、D500：工件当前位置显示（触摸屏）、D220：入仓数据。

5．二号 PLC 状态流程图（见图 7-19）

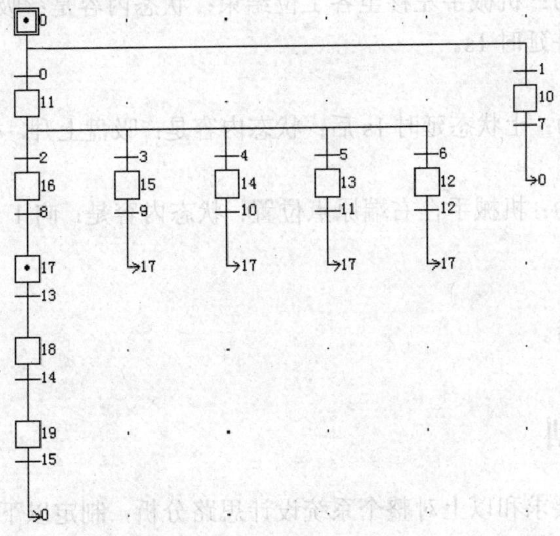

图 7-19

二号 PLC 状态流程图各状态编程思路。

（1）状态 0

初始状态，要求是满仓后复位入仓计数。

（2）状态 10

进入本状态条件为：检测不在原点且接收 1 号 PLC 复位指示；状态内容是：所有输出复位，吸盘上升，机械手右移至右端，吸盘释放延时 1s。

（3）状态 11

进入本状态条件为：检测为原点位置且接收 1 号 PLC 启动指示；状态内容是：工件入仓计数，吸盘下降，吸盘到下限位时，吸盘吸取工件并延时 1s。

（4）状态 12

进入本状态条件为：入仓计数为 1 时；状态内容是：传送工位 1 位置参数，吸盘上升，吸盘到上限位时，机械手左移至工位 1。

（5）状态 13

进入本状态条件为：入仓计数为 2 时；状态内容是：传送工位 2 位置参数，吸盘上升，吸盘到上限位时，机械手左移至工位 2。

（6）状态 14

进入本状态条件为：入仓计数为 3 时；状态内容是：传送工位 3 位置参数，吸盘上升，吸盘到上限位时，机械手左移至工位 3。

（7）状态 15

进入本状态条件为：入仓计数为 4 时；状态内容是：传送工位 4 位置参数，吸盘上升，吸盘到上限位时，机械手左移至工位 4。

（8）状态 16

进入本状态条件为：入仓计数为 5 时；状态内容是：传送工位 5 位置参数，吸盘上升，吸盘到上限位时，机械手左移至工位 5。

（9）状态 17

进入本状态条件为：机械手左移至各工位结束；状态内容是：吸盘下降，吸盘到下限位时，吸盘释放工件并延时 1s。

（10）状态 18

进入本状态条件为：上状态延时 1s 后；状态内容是：吸盘上升，机械手右移至右端停。

（11）状态 19

进入本状态条件为：机械手在右端原点位置；状态内容是：向 1 号 PLC 发出完成入仓指示，并延时 1s。

（12）条件 15

状态 19 延时 1s 后。

制定计划

根据工作任务的要求和以上对整个系统设计思路分析，制定以下控制系统的技术要求及控制方案。

1．设计出一号 PLC 状态流程图，对每一个状态内容和条件内容进行详细注释。（可参考如图 7-20 所示状态流程图）

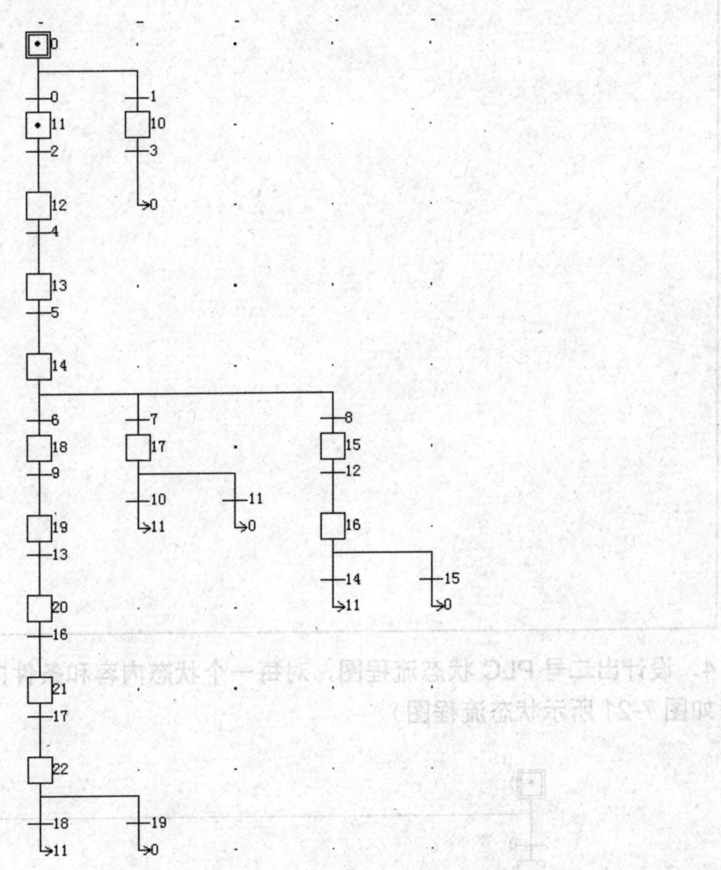

图 7-20

2．设计出一号 PLC 主程序梯形图草图。

3．设计出触摸屏画面草图。

4．设计出二号 PLC 状态流程图，对每一个状态内容和条件内容进行详细注释。（可参考如图 7-21 所示状态流程图）

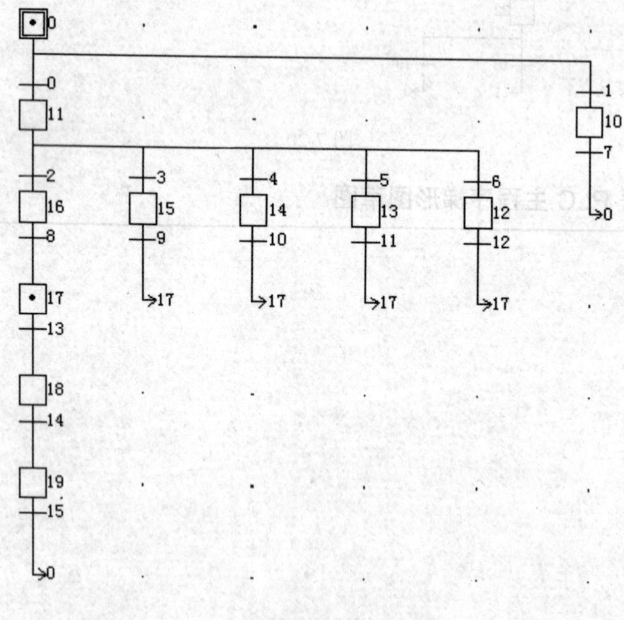

图 7-21

5. 设计出二号 PLC 主程序梯形图草图。

6. 根据任务要求设定变频器参数，将所需的参数设置列于下表。

顺　序	参 数 号	名　称	初 始 值	设 定 值	内　容
1					
2					
3					
4					
5					
6					
7					
8					
9					

任务实施

参考步骤

第一步：创建、调试触摸屏控制画面

根据设计出的触摸屏画面草图，创建触摸屏控制画面，再仿真调试好保存。

第二步：用 GX 编程软件编制 PLC 控制程序

先根据设计好的主程序梯形图草图，编写好主程序，再根据设计好的状态流程图，编写状态转移程序，并不断地修改优化程序并保存。

第三步：设定变频器参数，调试变频器

将变频器设置处于内部控制状态（PU 模式），再根据任务要求设定好变频器参数，再将变频器设置处于外部控制状态（EXT 模式）。

第四步：设定步进电动机驱动器参数

设置步进驱动器的拨码为 00001010。

第五步：进行 1 号和 2 号 PLC 通讯模块（Fx2N-485-BD）间通信线的联接

第六步：把编制好的程序下载到 PLC 中进行调试和修改

程序调试时应仔细检查和调整各单元中机械元件相关位置，气动元件气阀的开度，电气元件各传感器的位置和灵敏度参数，调整各驱动机械的参数设置等，并不断对 PLC 程序进行修改和完善，使系统各单元动作定位准确，运行正常，符合系统控制要求。为便于分步骤条理的调试，在调试过程中，对调试的步骤、工作现象及功能等进行记录。

调试步骤	描述该步骤现象	修改措施
1.		
2.		
3.		
4.		
5.		
6.		
7.		
8.		

任务检查、总结与评价

一、各小组展示工作任务成果，接受全体同学和老师的检阅。

1．根据系统控制要求，演示设备运行效果，测试控制要求的实现情况。并请其他小组代表及辅导教师按功能评分表对任务完成情况进行评分。

功能评分表 5

序号	评分项目	配分	评分标准	备注	自评 20%	他组评 30%	教师评 50%	总评
1	**PLC 编程运行：** 1．使用软件编写程序和下载程序；2．程序能运行；3．运行监控；4．设置 PLC 通讯参数	10	1．能正确使用软件得 5 分；2．能清除 PLC，传送程序后能运行得 3 分；3．能正确进行程序运行监控得 4 分；4．正确设置 PLC 通讯参数得 2 分					
2	**人机界面运行：** 1．使用软件建立工程画面和下载工程；2．工程画面能运行	5	1．能正确使用软件得 3 分；2．传送工程画面后能运行得 2 分					
3	**PLC 通讯模块接线：** 485BD 通讯板正确接线	5	能正确接线得 5 分					

续表

序号	评分项目	配分	评分标准	备注	自评20%	他组评30%	教师评50%	总评
4	**供料过程：** 1．送料装置感应到工件后将工件推出；2．推出后退回	5	1．项错扣 3 分； 2．项错扣 2 分					
5	**传输带运行过程：** 1．工件上传输带后且送料杆退回，传输带以高速运行；2．当物料运行至距离传感器检测区约 80mm 时，传输带以中速运行	8	1．项错扣 4 分； 2．项错扣 4 分					
6	**检测分拣过程：** 1. 金属工件中速运行至推杆装置前停行，并推入指定的回收箱；2．非金属工件且姿态正确的，则直接高速运行至输送带末端并自动停机	8	1．项错扣 4 分； 2．项错扣 4 分					
7	**姿态调整过程：** 非金属工件为姿态不正确的，则经姿态调整后高速运行至输送带末端并自动停行	8	1．不能进行姿态调整的扣 8 分； 2．姿态调整过程错误的扣 2～3 分； 3．调整后不能高速运行至输送带末端的扣 3 分					
8	**原点回归动作：** 各机构按合理的轨道回归初始位置	10	1．没有原点回归功能的 5～10 扣分；2．原点回归动作有错误的扣 3～5 分					
9	**工件入仓控制：** 1．非金属工件依次按顺序放入 1～5 号仓位；2．仓位装满后，再次依次按顺序放入	15	1．项错扣 8 分； 2．项错扣 7 分					
10	**人机界面功能：** 1. 有正常运行控制的启动、停止、复位按钮；2．系统运行、停止、原点指示、紧急停机、自动、手动状态指示灯；3. 能实时显示工件运转位置；4. 能设定工件运行至减速位、传感器检测区、推杆装置和工件翻转装置参数，能设定 1～5 号仓位位置参数；5．画面有切换功能	10	1．无 1 项功能扣 1～2 分；2．无 2 项功能扣 1～2 分； 3．无 3 项功能扣 2～3 分；4．4 项功能不全扣 1～5 分；5．无 5 项功能扣 2 分					
11	**停机功能：** 1. 正常停机时能处理完已送出工件后自动停机，按起动按钮后重新运行； 2. 紧急停机后需对设备进行复位后才能再启动运行	6	1．项错扣 3 分； 2．项错扣 3 分					
12	**变频器参数设置：** 1．中速运行（25Hz）；2．高速运行（35Hz）；3．频率加减速时间（0.8s）	5	参数设置错误每个扣 1～2 分					
13	**指示灯、蜂鸣器功能：** 1．系统运行（绿灯）；2．停止（红灯）；3．原点指示灯（黄灯）；4．紧急停机或缺料时蜂鸣器报警	5	指示灯、蜂鸣器无功能或错误显示每个扣 1～2 分					

2．在工作任务检测过程中，对各方的评价及建议进行记录。

	检测情况的评价及建议	改进措施
本组		
其他组		
老师		

3．各小组派代表叙述完成工程任务的设计思路及展示触摸屏画面和 PLC 梯形图（利用投影仪），并解析程序的含义，记录各方的评价和建议。

	评价及改进建议	备　注
其他组		
老师		

二、各小组对工作岗位的“6S”处理。

在小组和教师都完成工作任务总结以后，各小组必须对自己的工作岗位进行“整理、整顿、清扫、清洁、安全、素养”；归还所借的工具和资料。

三、学生对本项目学习成果自我评估与总结。

____

____

____

____

____

（可以参考以下几点提示：你掌握了哪些知识点？你在编程、接线、调试过程中出现了哪些问题，怎么解决的？你觉得你完成的任务中哪些地方做得比较好，哪些地方做得不够好（编程、接线、调试）；你有哪些还没掌握好，不够清楚的？说说你的心得体会。）

四、对学生综合职业能力进行评价。

综合评价表 7

班级：______ 小组：______ 姓名：______		指导教师：______ 日期：______					
评价项目	评价标准	评价依据	评价方式			权重	得分小计
			学生自评 20%	小组互评 30%	教师评价 50%		
职业素养	1．遵守规章制度、劳动纪律； 2．有良好的职业道德和职业行为规范； 3．积极主动承担工作任务，爱岗敬业、勤学好问、有较强责任意识，按时按质完成工作任务； 4．具备严谨细致的工作作风，积极向上努力进取精神； 5．注意人身安全与设备安全； 6．自觉认真完成工作岗位的 6S	1．出勤、仪容仪表； 2．工作态度和行为； 3．学习和劳动纪律； 4．团队协作精神； 5．完成工作岗位的 6S				0.2	
专业能力	1．熟练操作变频器和设定步进电动机驱动器参数； 2．熟练运用触摸屏组态软件进行工程设计、下载和运行； 3．了解 FX 系列 PLC 通信基本知识，学会编写主从站通信控制程序及 PLC 间通信线的联接与参数设置； 4．熟练运用 PLC 编程软件进行编程设计、下载和运行； 5．掌握采用 PLC 步进指令编程方法和触摸屏、变频器、步进电动机驱动的综合应用； 6．会独立进行系统整体的运行与调试； 7．具有较强的信息分析、处理及基本的 PLC 系统开发能力； 8．符合安全操作规程	1．操作的准确性和规范性； 2．工作页或项目技术总结完成情况； 3．专业技能任务完成情况				0.5	
方法能力	1．能够将理论联系实际，自主学习，独立完成工作任务； 2．善于阅读分析和总结归纳规律，积累经验和技巧，具备收集及处理信息的能力； 3．具备良好的工作敏感性及分析和处理生产中出现的突发事件能力； 4．具有较强的工作服务意识； 5．在任务完成过程中能提出自己的有一定见解的方案，具备创新能力； 6．在教学或生产管理上提出合理建议，具有创新性	1．学习过程能力表现； 2．处理突发事件的能力表现； 3．创新方案的可行性及意义； 4．合理建议的可行性				0.15	
社会能力	1．具备团队合作精神和能力； 2．拥有良好的与人交流、沟通表达、合作能力； 3．具有组织管理、协调处理和解决问题的能力	学习过程能力表现情况				0.15	
合计							

技能拓展

如物料工件经传感器检测后，检测为黑色物料工件的则经推杆装置推入指定的回收箱，检测为金属或白色物料工件的再经姿态监测装置识别，如开口向上的工件直接向前输送，开口向下的工件则经工件翻转装置翻转后再继续向前传送至传送带末端，程序如何修改？

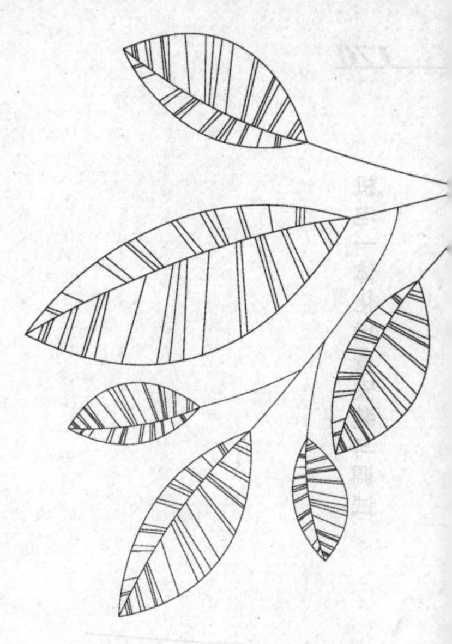

学习任务八

生产线传送带系统与移动机械手系统综合调试

Chapter 8

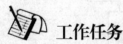

工作任务

具有工件自动颜色识别、姿态调整、分拣及分装入仓生产线的调试

任务描述

生产线主要由间歇式送料装置、传送带、颜色识别装置（光纤传感器）、姿态监测装置（电容传感器）、物性检测装置（电感传感器）、水平推杆装置、工件翻转装置、吸盘式移动机械手装置（有 X 轴和 Y 轴构成的龙门架、用步进电动机驱动 X 轴移动的定位单元、真空发生器吸附单元）等功能单元以及配套的电气控制系统、气动回路组成。自动生产线的结构简图如图 8-1 所示。

控制系统框图如图 8-2 所示。

生产线的功能主要是在生产过程中，随机摆放的物料工件经间歇式送料装置依次放置在输送带上，输送带在电动机的驱动下将物料工件向前输送。物料工件经物性传感器检测后，检测为金属物料工件的则经推杆装置推入指定的回收箱，检测为非金属物料工件的再经姿态监测装置识别，如开口向上的工件直接向前输送，开口向下的工件则经工件翻转装置翻转后再继续向前传送至传送带末端。

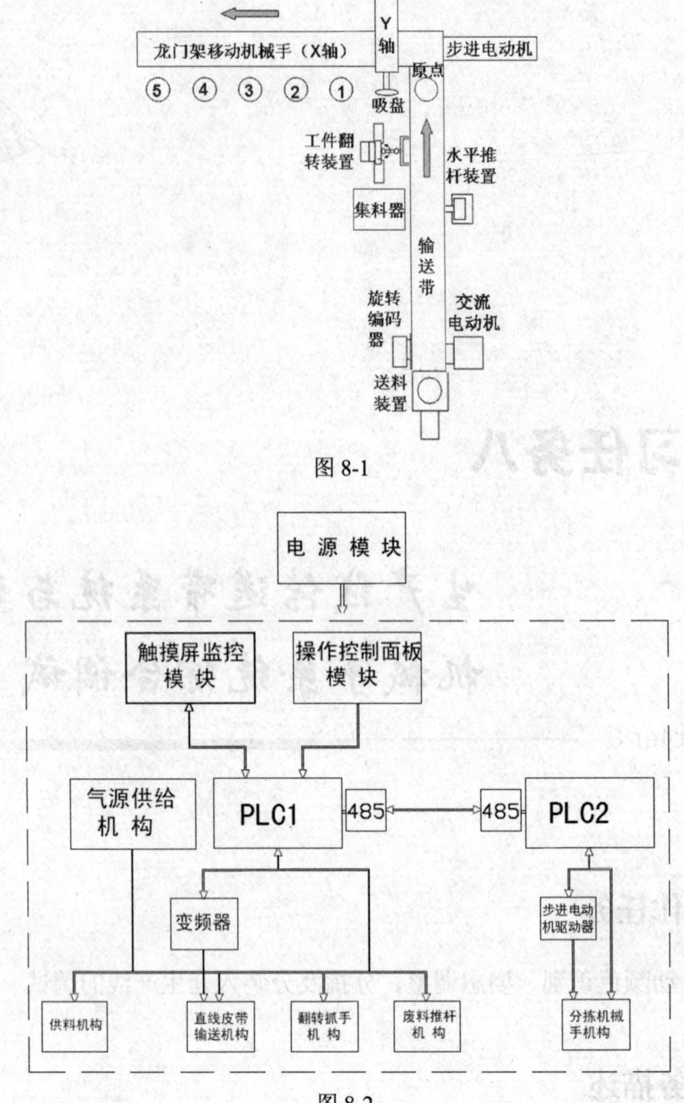

图 8-1

图 8-2

当输送带将工件传送到输送带末端时，皮带末端传感器检测到工件到位，吸盘移动机械手 Y 轴气缸下降，真空吸盘将工件吸住，Y 轴气缸上升，然后步进电动机驱动 X 轴移动至指定仓位，Y 轴气缸再次下降，工件入仓。

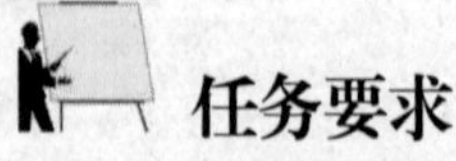

任务要求

生产线的控制要求

1．系统工作模式

自动线具有两种工作模式：自动和手动模式；工作模式间应互锁，由一转换开关切换。

（1）采用自动模式：生产线启动后能循环自动实现工件的颜色识别、姿态调整、分拣

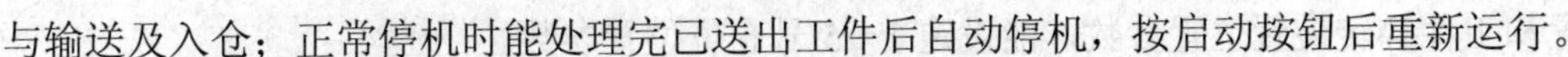

与输送及入仓；正常停机时能处理完已送出工件后自动停机，按启动按钮后重新运行。

（2）手动模式：可分别控制各执行机构的动作，便于设备调试与调整。

2．执行机构的驱动方式

传送带采用交流异步电动机驱动，变频无极调速。龙门移动机械手 X 轴移动采用步进电动机驱动定位。其他执行机构均采用气动器件，详细工作原理参考《生产线气动回路图》。

3．工件翻转装置

工件翻转运动机构工作时，注意不能发生碰撞，必须合理地按一定顺序和轨迹运行。工件在翻转运动时，翻转运动机构须在上限位置。

4．原点回归动作

系统上电后需进行原点回归操作，各机构必须处于原点位置（原点指示灯亮），系统才能启动运行。原点回归操作：按原点复位按钮，各执行机构返回原点位置。

（1）送料单元推料气缸活塞杆内缩。

（2）翻转装置初始位置：旋转马达处于左限位，垂直活塞杆上位，气动手指打开。

（3）水平推杆装置气缸活塞杆内缩。

（4）皮带静止不动。

（5）龙门机械手初始位置：龙门架步进电动机处于原点（靠近输送带一侧）位置，升降气缸处于上升状态，吸盘处于释放状态。

5．传送带高效、节能运行与自动停机

送料装置感应到物料工件后将物料工件推出，物料工件上传输带后，传输带以高速运行，当物料运行至距离传感器检测区约 80mm 时，传输带以中速运行。经检测如为金属工件则继续中速运行至推杆装置前停行，并推入指定的回收箱结束本次分拣任务；处理工件后，传输带继续高速运行输送物料。

如检测是非金属工件为姿态不正确的，则经姿态调整后高速运行至输送带末端并自动停机；如检测是非金属工件且姿态正确的，则直接高速运行至输送带末端并自动停机，结束本次分拣任务。处理工件后，传输带继续高速运行输送物料。

自动工作模式下，传送带在有料传送时高速运行，传送完毕若送料装置中无工件 5s 后则转低速运行，缺料时蜂鸣器发出报警声（响声频率 1Hz）（期间若有工件放入则继续执行正常运行），低速运行一段时间（5s）仍缺料则整条线自动停机，缺料蜂鸣器熄灭。

6．入仓控制要求

龙门架由 PLC 脉冲定位入仓，要求白色非金属工件依次按顺序放入 1～3 号仓位，黑色非金属工件依次按顺序放入 4～5 号仓位，（靠近输送带为 1 号仓位，离开输送带最远为 5 号仓位），本次入仓结束后再由送料装置送出下一个物料，白色物料或黑色物料的仓位装满后，人工取出物料后，再次依次按顺序放入。

7．变频器设置要求

传送带只能单方向运行且采用三段速度运行：低速运行（10Hz）、中速运行（25Hz）、高速运行（35Hz），频率加减速时间（0.8s）。

8．人机界面监控功能

（1）自动运行的设备控制（按钮）与运行状态监视（指示灯）。

（2）能实时显示工件运转位置参数；能设定工件运行至减速区、传感器检测区、推杆装置和工件翻转装置位置参数，能设定 1～5 号仓位位置参数。

（3）可自动统计并显示分拣工件的总数、非金属工件数（黑与白）。

（4）对自动线运行状态有相应状态指示或文本提示：不在原点位置显示："请原点回归后再启动"；缺料运行显示："请放入工件"；紧急停机显示："设备故障"。

（5）手动模式下可分别控制各执行机构的动作。

（6）多个画面且能自由切换。

9．安全保护功能

（1）运动机构不能发生碰撞。

（2）具有紧急停机功能。紧急停机时，报警指示灯闪烁（发光频率 2.5 Hz），蜂鸣器发出报警声（响声频率 1Hz）；紧急停机后需对设备进行复位后才能再启动运行。

完成工作任务要求

根据系统设计要求，分析、制定控制系统技术要求及控制方案，并在实训/考核设备上完成如下工作。

1．创建、调试触摸屏监控画面；

2．调试变频器，设定变频器参数和步进电动机驱动器参数；

3．两 PLC 通讯模块（Fx2N-485-BD）间通讯线的联接与参数设置；

4．编写、调试 PLC 控制程序；

5．进行系统调试，满足功能要求。

所设计的 PLC 程序调试时请仔细检查和调整各单元中机械元件相关位置，气动元件气阀的开度，电气元件各传感器的位置和灵敏度参数，调整各驱动机械的参数设置等，使系统各单元动作定位准确，运行正常，符合控制要求。

能力目标

1．职业素养目标

培养学生具有自觉遵守教学和企业规章制度、劳动纪律，使学生养成良好的职业道德和职业行为习惯，爱岗敬业、勤学好问、有较强责任意识，按时按质自觉地完成工作任务。

2．专业能力目标

理解本工作任务的设计思路，学会本工作任务整个控制系统的设计及系统的整体综合调试，主要有自动和手动工作模式、原点回归、正常停机与急停、传送带高效与节能运行、翻转装置动作、工件颜色识别、工件姿态与材质判断、姿态调整、颜色与材质分拣、工件的计数、指示灯功能、采用 PLSY 指令脉冲定位入仓等程序的设计；PLC 间通信线的联接与参数设置；变频器相关参数的设定；步进电动机驱动器参数设定；人机界面多个画面、文本提示、按钮指示灯、数据显示与设定功能的制作；传感器位置和灵敏度的调整；机械位置的调整；气动系统运行时的调节；系统的整体综合调试。

3．方法能力和社会能力目标

培养学生具有自觉遵守教学和企业规章制度、劳动纪律，使学生养成良好的职业道德和职业行为习惯，爱岗敬业、勤学好问、有较强责任意识，按时按质自觉地完成工作任务。

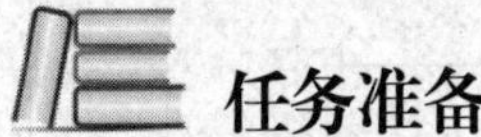

任务准备

一、相关理论知识

二、完成任务思路及剖析

根据任务要求，分步提供以下编程思路供参考。

1. 一号 PLC 主程序梯形图（见图 8-3、图 8-4）

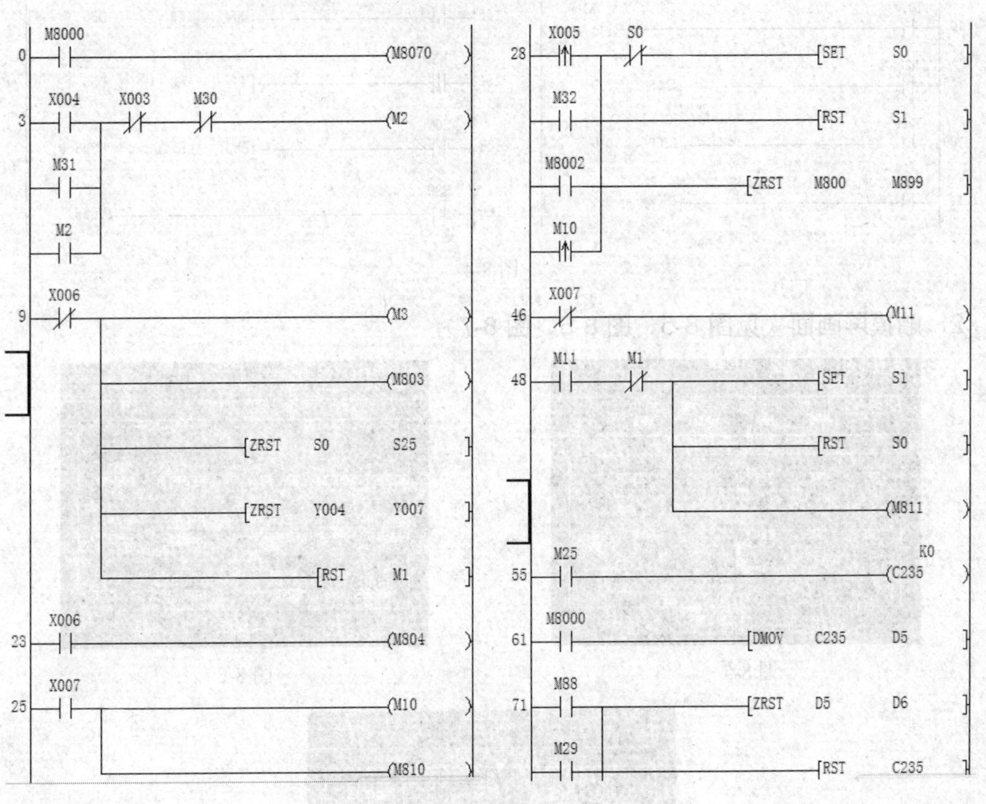

图 8-3

注释：

M8070：主站设置、M0：原点标志、M1：运行标志、M2：停止标志、M3、M803：急停状态标志、M804：非急停状态标志、M30：启动按钮（触摸屏）、M31：停止按钮（触摸屏）、M32：复位按钮（触摸屏）、M25：开始计算脉冲、M29：停止计算脉冲、M88、M89：数据复位按钮（触摸屏）、D5：工件当前位置显示（触摸屏）、D220：入仓位置设置（触摸屏）；M10、M810：自动运行状态标志、M11、M811：手动运行状态标志、D50：文本提示（触摸屏）、S12：缺料状态、M20：白色非金属工件标志、M21：金属工件标志、M22：黑色非金属工件标志。

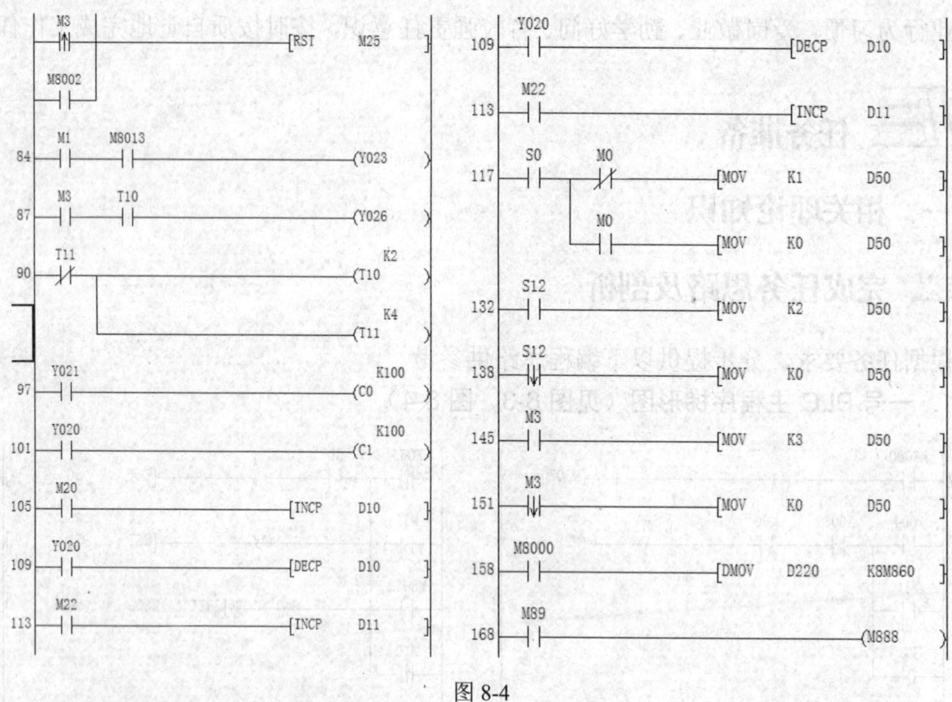

图 8-4

2．触摸屏画面（见图 8-5、图 8-6、图 8-7）

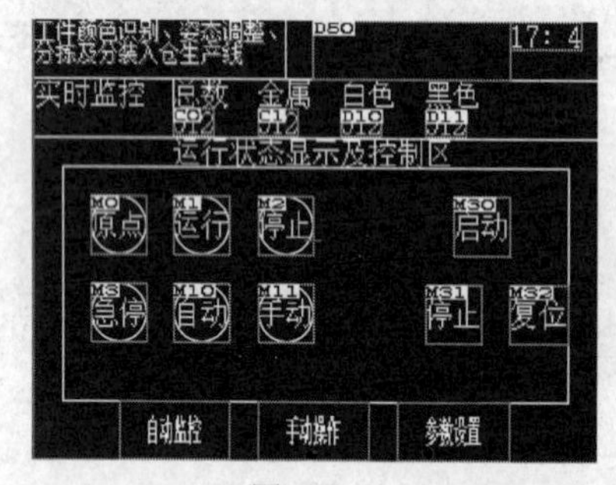

图 8-5

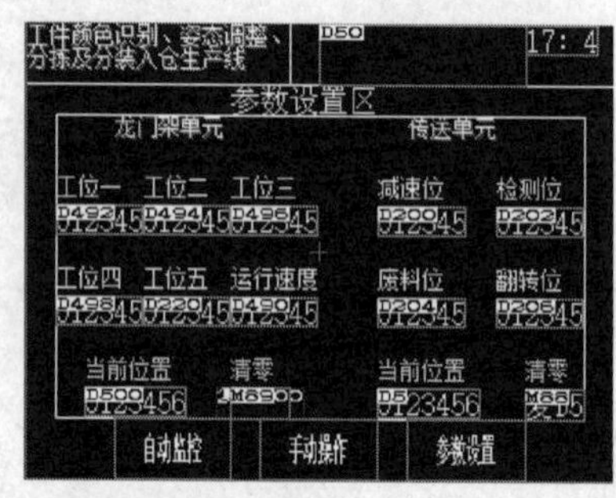

图 8-6

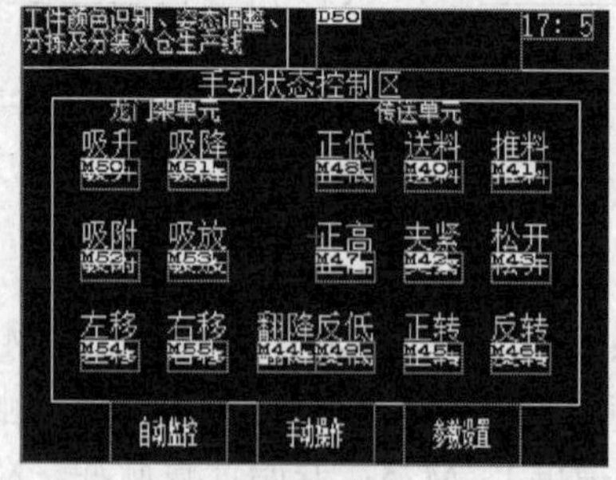

图 8-7

注释：

M0：原点标志、M1：运行标志、M2：停止标志、M3：急停标志、M30：启动按钮（触摸屏）、M31：停止按钮（触摸屏）、M32：复位按钮（触摸屏）、M32：复位按钮（触

摸屏）、D5：传送带工件当前位置显示、D500：龙门架工件当前位置显示、M88、M89：数据复位按钮、D50：文本提示。

3．一号 PLC 状态流程图（见图 8-8）

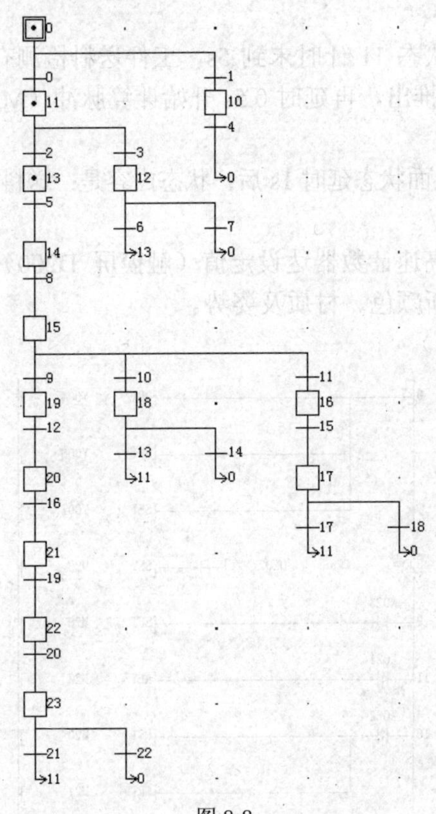

图 8-8

一号 PLC 状态流程图各状态编程思路。

（1）状态 0

初始状态，要求是电动机停止运行，复位运行标志，停止指示灯亮，原点检测、原点检测指示灯，清除计数数据。

（2）状态 10

进入本状态条件为：检测不在原点且按下复位按钮；状态内容是：送出 2 号机复位通信指示，所有输出复位、电动机复位，抓手反翻转归位（左限位），手指松开延时 1s。

（3）条件 4

手指松开延时 1s。

（4）状态 11

进入本状态条件为：检测在原点位置时按下启动按钮；状态内容是：置位运行标志，复位检测标志，电动机高速运行，计时 5s。

（5）状态 12

进入本状态条件为：状态 11 计时 5s 到，工件送料检测无料；状态内容是：电动机低速运行，报警蜂鸣器发出报警声，计时 5s。

（6）条件 6，7

条件 6：状态 12 计时未到 5s，工件送料检测有料；条件 7：计时到 5s，工件送料检测无料。

（7）状态 13

进入本状态条件为：状态 11 计时未到 5s，工件送料检测有料；状态内容是：电动机高速运行，延时 1s 后送料推出，再延时 0.5s 开始计算脉冲（M25 置位）。

（8）状态 14

进入本状态条件为：上面状态延时 1s 后；状态内容是：送料杆后退，电动机高速运行。

（9）状态 15

进入本状态条件为：高速计数器达设定值（触摸屏 D200）后；状态内容是：电动机中速运行通过检测区并判断颜色、材质及姿势。

参考梯形图（见图 8-9）。

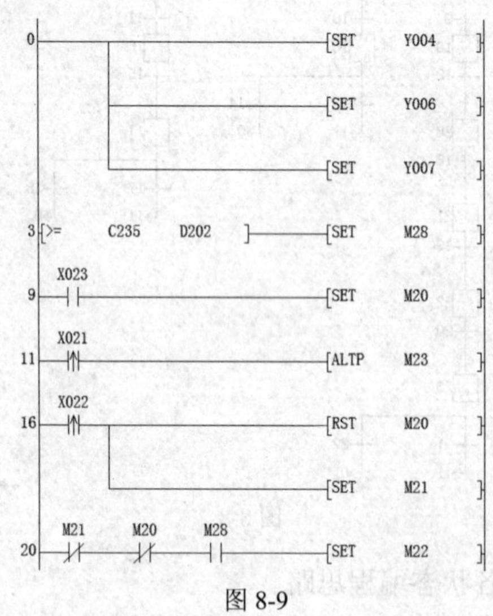

图 8-9

注释：

M20：白色非金属工件标志、M21：金属工件标志、M22：黑色非金属工件标志、M23：姿态不正确工件（开口向下）标志、M28：检测区结束标志、D202 检测区结束设定（触摸屏）。

（10）状态 16

进入本状态条件为：检测区结束后如是黑色非金属或白色非金属且工件开口向上；状态内容是：电动机高速运行，置位黑色非金属和白色非金属标志（用于 2 号 PLC 机用）。

（11）状态 17

进入本状态条件为：工件到达皮带末端；状态内容是：延时 0.5s 后电动机停止运行，且停止计算脉冲，向 2 号 PLC 机发出取料指示。

（12）条件 17，18

条件 17：状态 17 结束后，皮带末端没工件，自动连续运行状态下，2 号 PLC 机发来完成指示；条件 18：状态 17 结束后，皮带末端没工件，停止或手动运行状态下，2 号 PLC 机发来完成指示。

（13）状态 18

进入本状态条件为：检测区结束后如是金属材质，电动机中速运行到推杆前（触摸屏 D204 设定值）；状态内容是：电动机停止运行，推杆推出再复位，且停止计算脉冲。

（14）条件 13、14

条件 13：推杆推出复位后，自动连续运行状态下；条件 14：推杆推出复位后，停止或手动运行状态下。

（15）状态 19

进入本状态条件为：检测区结束后如是白色非金属或黑色非金属，且工件开口向下，电动机中速运行至翻转抓手位置（触摸屏 D206 设定值）后；状态内容是：电动机停止运行且停止计算脉冲，翻转抓手下降，到下限位时夹紧，并延时 1s，置位黑色非金属和白色非金属标志（用于 2 号 PLC 机用）。

（16）状态 20

进入本状态条件为：上状态延时 1s 后；状态内容是：翻转抓手上升到上限位时，抓手正翻转到右限位停。

（17）状态 21

进入本状态条件为：抓手正翻转到右限位；状态内容是：翻转抓手下降，到下限位时松开，并延时 1s。

（18）状态 22

进入本状态条件为：上状态延时 1s 后；状态内容是：翻转抓手上升到上限位时，抓手反翻转到左限位停，电动机高速运行。

（19）状态 23

进入本状态条件为：工件到达皮带末端；状态内容是：延时 0.5s 后电动机停止运行，向 2 号 PLC 机发出取料指示。

（20）条件 21，22

条件 21：状态 23 结束后，皮带末端没工件，自动连续运行状态下，2 号 PLC 机发来完成指示；条件 22：状态 23 结束后，皮带末端没工件，停止或手动运行状态下，2 号 PLC 机发来完成指示。

4．二号 PLC 主程序梯形图（见图 8-10）

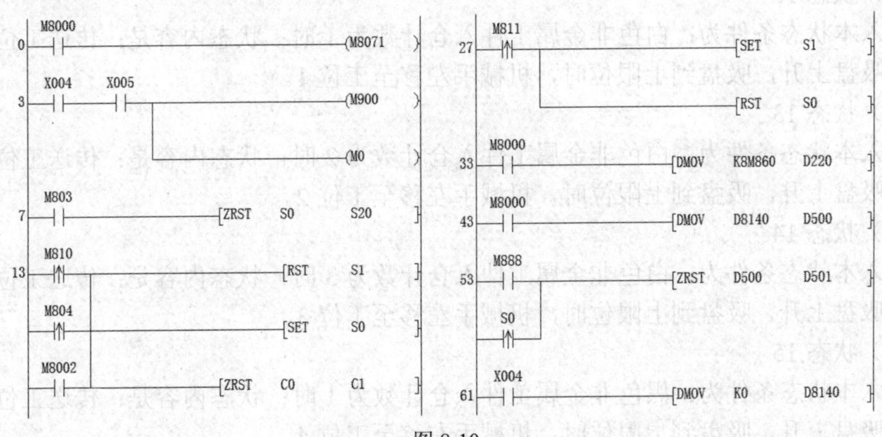

图 8-10

注释：

M8071：从站设置、M0、M900：原点标志、M888：数据复位按钮（触摸屏）、D500：工件当前位置显示（触摸屏）、D220：入仓数据。

5．二号 PLC 状态流程图（见图 8-11）

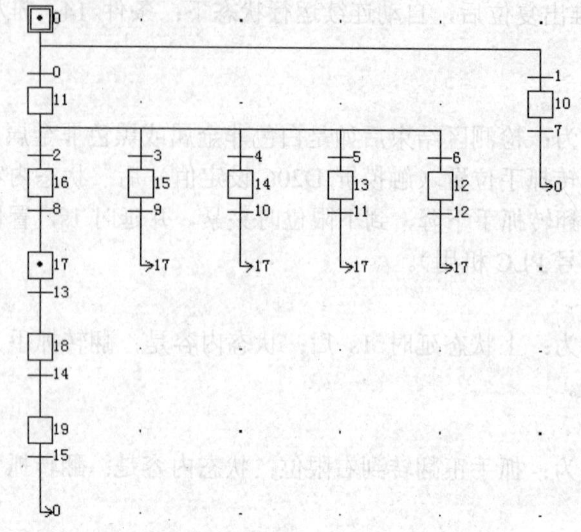

图 8-11

二号 PLC 状态流程图各状态编程思路。

（1）状态 0

初始状态，要求是黑色非金属和白色非金属满仓后复位本入仓计数。

（2）状态 10

进入本状态条件为：检测不在原点且接收 1 号 PLC 复位指示；状态内容是：所有输出复位，吸盘上升，机械手右移至右端，吸盘释放延时 1s。

（3）状态 11

进入本状态条件为：检测为原点位置且接收 1 号 PLC 启动指示；状态内容是：黑色非金属和白色非金属工件入仓分别计数，吸盘下降，吸盘到下限位时，吸盘吸取工件并延时 1s。

（4）状态 12

进入本状态条件为：白色非金属工件入仓计数为 1 时；状态内容是：传送工位 1 位置参数，吸盘上升，吸盘到上限位时，机械手左移至工位 1。

（5）状态 13

进入本状态条件为：白色非金属工件入仓计数为 2 时；状态内容是：传送工位 2 位置参数，吸盘上升，吸盘到上限位时，机械手左移至工位 2。

（6）状态 14

进入本状态条件为：白色非金属工件入仓计数为 3 时；状态内容是：传送工位 3 位置参数，吸盘上升，吸盘到上限位时，机械手左移至工位 3。

（7）状态 15

进入本状态条件为：黑色非金属工件入仓计数为 1 时；状态内容是：传送工位 4 位置参数，吸盘上升，吸盘到上限位时，机械手左移至工位 4。

（8）状态 16

进入本状态条件为：黑色非金属工件入仓计数为 2 时；状态内容是：传送工位 5 位置参数，吸盘上升，吸盘到上限位时，机械手左移至工位 5。

（9）状态 17

进入本状态条件为：机械手左移至各工位结束；状态内容是：吸盘下降，吸盘到下限位时，吸盘释放工件并延时 1s。

（10）状态 18

进入本状态条件为：上状态延时 1s 后；状态内容是：吸盘上升，机械手右移至右端停。

（11）状态 19

进入本状态条件为：机械手在右端原点位置；状态内容是：向 1 号 PLC 发出完成入仓指示，并延时 1s。

（12）条件 15

状态 19 延时 1s 后。

制定计划

根据工作任务的要求和以上对整个系统设计思路分析，制定以下控制系统的技术要求及控制方案。

1．设计出一号 PLC 状态流程图，对每一个状态内容和条件内容进行详细注释。（可参考如图 8-12 所示状态流程图）

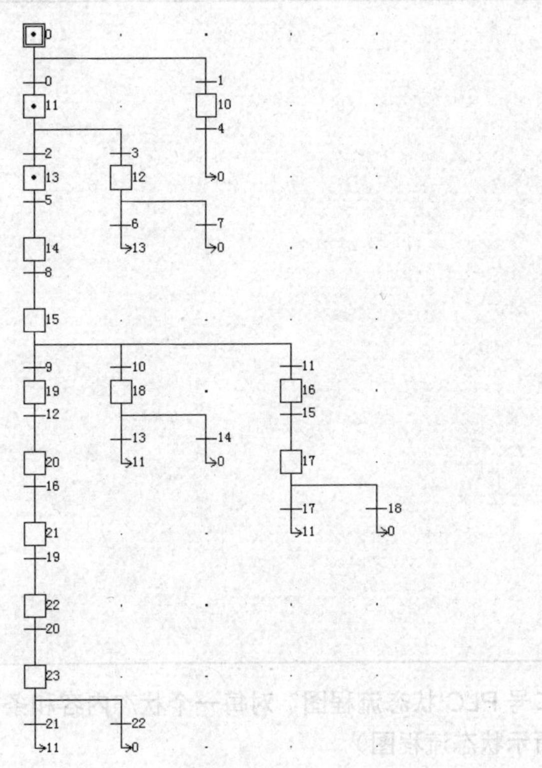

图 8-12

2．设计出一号 PLC 主程序梯形图草图。

3．设计出触摸屏画面草图。

4．设计出二号 PLC 状态流程图，对每一个状态内容和条件内容进行详细注释。（可参考如图 8-13 所示状态流程图）

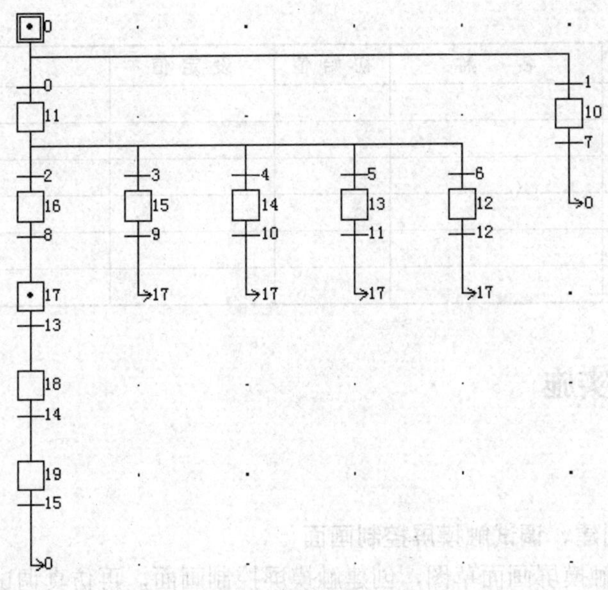

图 8-13

5．设计出二号 PLC 主程序梯形图草图。

6．根据任务要求设定变频器参数，将所需的参数设置列于下表。

顺　序	参 数 号	名　称	初 始 值	设 定 值	内　容
1					
2					
3					

续表

顺序	参数号	名称	初始值	设定值	内容
4					
5					
6					
7					
8					
9					

任务实施

参考步骤

1. 第一步：创建、调试触摸屏控制画面

根据设计出的触摸屏画面草图，创建触摸屏控制画面，再仿真调试好保存。

2. 第二步：用 GX 编程软件编制 PLC 控制程序

先根据设计好的主程序梯形图草图，编写好主程序，再根据设计好的状态流程图，编写状态转移程序，并不断地修改优化程序并保存。

3. 第三步：设定变频器参数，调试变频器

将变频器设置处于内部控制状态（PU 模式），再根据任务要求设定好变频器参数，再将变频器设置处于外部控制状态（EXT 模式）。

4. 第四步：设定步进电机驱动器参数

设置步进驱动器的拨码为 00001010。

5. 第五步：进行 1 号和 2 号 PLC 通信模块（Fx2N-485-BD）间通信线的联接

6. 第六步：把编制好的程序下载到 PLC 中进行调试和修改

程序调试时应仔细检查和调整各单元中机械元件相关位置，气动元件气阀的开度，电气元件各传感器的位置和灵敏度参数，调整各驱动机械的参数设置等，并不断对 PLC 程序进行修改和完善，使系统各单元动作定位准确，运行正常，符合系统控制要求。为便于分步骤条理的调试，在调试过程中，对调试的步骤、工作现象及功能等进行记录。

调试步骤	描述该步骤现象	修改措施
1.		
2.		
3.		
4.		
5.		
6.		
7.		
8.		

任务检查、总结与评价

一、各小组展示工作任务成果，接受全体同学和老师的检阅。

1．根据系统控制要求，演示设备运行效果，测试控制要求的实现情况。并请其他小组代表及辅导教师按功能评分表对任务完成情况进行评分。

功能评分表6

序号	评分项目	配分	评分标准	备注	自评 20%	他组评 30%	教师评 50%	总评
1	**PLC 编程运行：** 1．使用软件编写程序和下载程序；2．程序能运行；3．运行监控；4．设置 PLC 通信参数	10	1．能正确使用软件得 2 分；2．能清除 PLC，传送程序后能运行得 3 分；3．能正确进行程序运行监控得 2 分；4．正确设置 PLC 通信参数得 3 分					
2	**人机界面运行：** 1．使用软件建立工程画面和下载工程；2．工程画面能运行	5	1．能正确使用软件得 3 分；2．传送工程画面后能运行得 2 分					
3	**PLC 通信模块接线：** 485BD 通信板正确接线	5	能正确接线得 5 分					
4	**工作模式：** 1．自动和手动工作模式间有互锁；2．自动模式能自动循环运行；3．手动模式可分别控制各执行机构的动作	5	自动和手动工作模式能正确运行各得 2～5 分					
5	**供料过程：** 1．送料装置感应到工件后将工件推出，传输带以高速运行；2．推出后退回	5	1．项错扣 3 分；2．项错扣 2 分					
6	**传输带运行过程：** 当物料运行至距离传感器检测区约 80mm 时，传输带以中速运行	5	该项错扣 5 分					
7	**检测分拣过程：** 1．金属工件中速运行至推杆装置前停行，并推入指定的回收箱，后传输带继续高速运行；2．非金属工件且姿态正确的，则直接高速运行至输送带末端并自动停机，后传输带继续高速运行	8	1．项错扣 4 分；2．项错扣 4 分					
8	**姿态调整过程：** 非金属工件为姿态不正确的，则经姿态调整后高速运行至输送带末端并自动停行，后传输带继续高速运行	7	1．不能进行姿态调整的扣 7 分；2．姿态调整过程错误的扣 2～3 分；3．调整后不能高速运行至输送带末端的扣 2 分					

续表

序号	评分项目	配分	评分标准	备注	自评 20%	他组评 30%	教师评 50%	总评
9	节能运行与自动停机功能： 1．传送完毕若供料装置中无工件 5s 后则转低速运行（期间若有工件放入则继续执行正常运行）； 2．缺料低速运行一段时间（5s）仍缺料则整条线自动停机	10	1．项错扣 5 分；2．项错扣 5 分					
10	原点回归动作： 各机构按合理的轨道回归初始位置	5	1．没有原点回归功能的扣 5 分；2．原点回归动作有错误的扣 1～2 分					
11	工件入仓控制： 1．白色非金属工件依次按顺序放入 1～3 号仓位；2．黑色非金属工件依次按顺序放入 4～5 号仓位；3．白色物料或黑色物料的仓位装满后，再次依次按顺序放入	10	1．项错扣 3 分；2．项错扣 3 分；3．项错扣 4 分					
12	人机界面功能： 1. 有正常运行控制的启动、停止、复位按钮；2．系统运行、停止、原点指示、紧急停机、自动、手动状态指示灯；3．能实时显示工件运转位置；4．能设定工件运行至减速位、传感器检测区、推杆装置和工件翻转装置参数，能设定 1～5 号仓位位置参数；5．手动模式下各执行机构的动作控制；6．统计工件的总数、非金属工件数（黑与白）；7．运行状态文本提示（不在原点位置显示："请原点回归后再启动"，缺料运行显示："请放入工件"，紧急停机显示："设备故障"）；8．画面有切换功能	10	1．无 1 项功能扣 1～2 分；2．无 2 项功能扣 1～2 分；3．无 3 项功能扣 2～3 分；4．无 4 项功能扣 2～3 分；5. 5 项功能不全扣 1～4 分；6．无 6 项功能扣 1～3 分；7. 7 项功能不全扣 2～3 分；8．无 8 项功能扣 2 分					
13	停机功能： 1．正常停机时能处理完已送出工件后自动停机，按启动按钮后重新运行；2．紧急停机后需对设备进行复位后才能再启动运行；3．紧急停机时不允许出现工件跌落	5	1．项错扣 2 分；2．项错扣 2 分；3．项错扣 1 分					
14	变频器参数设置： 1．中速运行（25Hz）；2．高速运行（35Hz）；3．频率加减速时间（0.8s）	5	参数设置错误每个扣 1～2 分					
15	指示灯、蜂鸣器功能： 1．系统运行（绿灯）；2．停止（红灯）；3．原点指示灯（黄灯）；4．紧急停机或缺料时蜂鸣器报警	5	指示灯、蜂鸣器无功能或错误显示每个扣 1～2 分					

2．在工作任务检测过程中，对各方的评价及建议进行记录。

	检测情况的评价及建议	改进措施
本组		
其他组		
老师		

3．各小组派代表叙述完成工程任务的设计思路及展示触摸屏画面和PLC梯形图（利用投影仪），并解析程序的含义，记录各方的评价和建议。

	评价及改进建议	备　注
其他组		
老师		

二、各小组对工作岗位的“6S”处理。

在小组和教师都完成工作任务总结以后，各小组必须对自己的工作岗位进行“整理、整顿、清扫、清洁、安全、素养”；归还所借的工具和资料。

三、学生对本项目学习成果自我评估与总结。

___

___

___

___

___

（可以参考以下几点提示：你掌握了哪些知识点？你在编程、接线、调试过程中出现了哪些问题，怎么解决的？你觉得你完成的任务中哪些地方做得比较好，哪些地方做得不够好（编程、接线、调试）；你有哪些还没掌握好，不够清楚的？说说你的心得体会。）

四、对学生综合职业能力进行评价。

综合评价表 8

班级：________ 小组：________ 姓名：________		指导教师：________ 日期：________					
评价项目	评价标准	评价依据	评价方式			权重	得分小计
			学生自评 20%	小组互评 30%	教师评价 50%		
职业素养	1．遵守规章制度、劳动纪律； 2．有良好的职业道德和职业行为规范。 3．积极主动承担工作任务，爱岗敬业、勤学好问、有较强责任意识，按时按质完成工作任务； 4．具备严谨细致的工作作风，积极向上努力进取精神； 5．注意人身安全与设备安全； 6．自觉认真完成工作岗位的 6S	1．出勤、仪容仪表； 2．工作态度和行为； 3．学习和劳动纪律； 4．团队协作精神； 5．完成工作岗位的 6S				0.2	
专业能力	1．熟练操作变频器和设定步进电动机驱动器参数； 2．熟练运用触摸屏组态软件进行工程设计、下载和运行； 3．熟练运用 PLC 编程软件进行编程设计、下载和运行； 4．掌握采用 PLC 步进指令编程方法和触摸屏、变频器、步进电动机驱动的综合应用； 5．会独立进行系统整体的运行与调试； 6．具有较强的信息分析、处理及基本的 PLC 系统开发能力； 7．符合安全操作规程	1．操作的准确性和规范性； 2．工作页或项目技术总结完成情况； 3．专业技能任务完成情况				0.5	
方法能力	1．能够将理论联系实际，自主学习，独立完成工作任务； 2．善于阅读分析和总结归纳规律，积累经验和技巧，具备收集及处理信息的能力； 3．具备良好的工作敏感性及分析和处理生产中出现的突发事件能力； 4．具有较强的工作服务意识； 5．在任务完成过程中能提出自己的有一定见解的方案，具备创新能力； 6．在教学或生产管理上提出合理建议，具有创新性	1．学习过程能力表现； 2．处理突发事件的能力表现； 3．创新方案的可行性及意义； 4．合理建议的可行性				0.15	
社会能力	1．具备团队合作精神和能力； 2．拥有良好的与人交流、沟通表达、合作能力； 3．具有组织管理、协调处理和解决问题的能力	学习过程能力表现情况				0.15	
合计							

技能拓展